内容简介

随着大数据、人工智能的进一步发展，特别是开源数据的不断积累，使得如何快速将开源数据转换为可理解的态势，形成可预判的决策，并产生精准的行动已成为从数据智能化运用需要解决的重要问题。本书引入OODA决策循环理论，以观察（Observe）、判断（Orient）、决策（Decide）和行动（Act）循环理论来贯穿整个开源数据分析过程，为从数据到行动提供整套开源情报分析框架与理论技术。不同于传统的仅从大数据分析技术视角来阐述开源数据分析的专著，本书更加全面地阐述从数据到决策、从决策到行动的全环节开源数据分析技术，使读者能够更加清晰地了解开源数据分析环节流程及各环节对应的典型关键技术，能够为数据产生真正决策与行动提供理论与技术支撑，为数据智能化运用提供理论支撑。

本书的内容包括近几年开源数据挖掘的前沿技术，内容新颖，时效性强。本书适用于计算机科学与技术专业、管理科学与工程专业及相关学科本科生、研究生、博士生等；同时，也可以作为工业界大数据、人工智能等方向的业务指导书。

图书在版编目（CIP）数据

“观察—判断—决策—行动”全环节开源数据分析／丁兆云等编著．--北京：北京理工大学出版社，2022.4

ISBN 978-7-5763-1277-5

Ⅰ.①观…　Ⅱ.①丁…　Ⅲ.①数据处理　Ⅳ.①TP274

中国版本图书馆CIP数据核字（2022）第066900号

出版发行／北京理工大学出版社有限责任公司
社　　址／北京市海淀区中关村南大街5号
邮　　编／100081
电　　话／（010）68914775（总编室）
　　　　　（010）82562903（教材售后服务热线）
　　　　　（010）68944723（其他图书服务热线）
网　　址／http：//www.bitpress.com.cn
经　　销／全国各地新华书店
印　　刷／三河市华骏印务包装有限公司
开　　本／710毫米×1000毫米　1/16
印　　张／15.5
字　　数／335千字
版　　次／2022年4月第1版　2022年4月第1次印刷
定　　价／88.00元

责任编辑／王玲玲
文案编辑／王玲玲
责任校对／周瑞红
责任印制／李志强

“观察—判断—决策—行动”全环节开源数据分析

丁兆云　沈大勇　李　俊　左晓亮　编著

北京理工大学出版社
BEIJING INSTITUTE OF TECHNOLOGY PRESS

前　言

目前，大数据、人工智能等成为新的技术热潮，其应用遍布各行各业，各种智能化技术被提出，人类逐渐迈入智能化时代。各种新的智能化技术飞速发展将引出一个新的问题，即如何综合使用这些技术，充分利用每个技术的优势，构造出“1+1≥2”的复杂系统，这是目前智能化技术飞速发展过程中亟待解决的问题。

本书以系统工程思维为指导，根据经典的指挥控制 OODA 环模型，系统性地阐述如何将开源数据分析技术系统性映射到“观察—判断—决策—行动”四个过程，构造出高效、复杂的开源数据分析系统。OODA 环模型不只适用于复杂的开源数据分析系统构造，还适用于工业界其他复杂智能化系统的构造，该模型对目前的智能化技术综合运用具有较好的借鉴作用。

本书围绕 OODA 环模型，分五个篇幅进行阐述。第一篇绪论，统领全书，主要阐述了 OODA 的基础理论、开源数据分析的基础概念，以及开源数据分析的综合运用。第二篇观察，主要阐述了开源数据分析观察阶段经典的智能化技术，主要包括文本表示模型与话题表示模型。第三篇判断，主要阐述了开源数据分析判断阶段经典的智能化技术，主要包括影响力分析基础理论、基于多关系网络的微博话题层次影响力个体挖掘、基于用户行为的话题层面影响力度量、面向信息传播的相互影响力分析、基于误差重构的关键传输节点识别、文本情感分析基础、面向公众实体情感民调的实体级微博文本情感分析、基于层次化注意网络的方面级文本情感分类等技术。第四篇决策，主要阐述了开源数据分析决策阶段经典的智能化技术，主要包括基于深度神经网络与注意力机制的机器阅读理解、基于集成学习的机器阅读理解、融合相互影响力的转发行为预测、基于相似关系和共现关系的话题流行度预测等技术。第五篇行动，主要阐述了开源数据分析行动阶段经典的智能化技术，主要包括信息推荐基础理论、基于转推网络的个性化推荐模型、基于内容标签的个性化推荐模型、基于转推网络和内容标签的混合推荐模型、基于排序学习的多因素融合推荐模型、基于指派模型的推荐优化模型等。

感谢参与本书资料收集、内容整理，以及成果贡献的专家学者。

目　录

绪 论 篇

观 察 篇

判 断 篇

决　策　篇

行 动 篇

绪 论 篇

第1章 OODA 基础理论

1.1 模型构成

1987 年，美国空军上校约翰·博伊德在分析为何朝鲜战争中美军飞行员比其对手胜率更高时，提出一种描述空战 C2 过程的 OODA（Observe，Orient，Decide，Act）环模型，并将 OODA 环的概念应用于理解空空作战。

OODA 环将整个指挥控制过程视为包含四个分离而又不独立的阶段的循环，如图 1－1 所示。

①观察（Observe）：采取一切可能的方式获取战场空间中的信息。

②判断（Orient）：利用知识和经验来理解获取的信息，形成态势感知。

③决策（Decide）：根据任务目标和作战原则，选择行动方案。

④行动（Act）：实施具体行动。

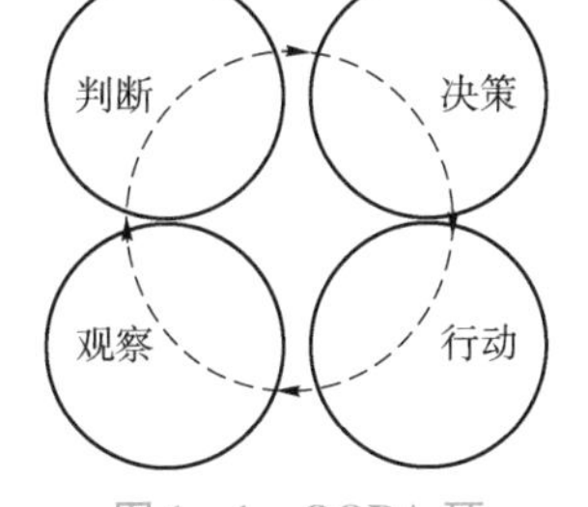

图 1－1　OODA 环

博伊德认为交战双方的作战活动都需要经历这四个阶段，环环相扣，循环迭代。以空战为例，在 OODA 环的观察阶段，需要侦查、感知到敌机的位置和状态等信息；在判断阶段，需要指挥己方飞机锁定某敌机；在决策阶段，需要决定将要采取的动作，如继续监视或进行拦截等；在行动阶段，需要执行决策制定的具体动作，例如发射导弹进行攻击。执行行动后，决策者观察行动的效果，再次进入“观察、判断、决策、行动”的循环，如此不断迭代。

博伊德提出 OODA 的独特之处在于对“节奏”的强调，即 OODA 过程的循环时间。博伊德认为要获取战场的主动权，就必须在指挥控制上比敌人有更快的节奏，介入敌人的 OODA 循环中，扰乱敌人的指挥控制过程。事实上，对抗竞争环境中每一个个体都拥有自己的 OODA，这些 OODA 都遵循相似的过程，即对环境的观察→对态势的判断→根据判断做出决定→根据决策做出行动。在任何冲突中，谁能让 OODA 循环更快，并确保其一致性和有效性，那么他就能维持战场行动更快的节奏，因而能获取 OODA 每一个循环的优势。与优势一方相反，劣势一方将越来越陷入反应慢和滞后的困境。伴随每一次 OODA 循环，战场态势由于交战双方的持续对抗而不断动态变化，劣势方会因为节奏缓慢而越来越跟不上实时态势的发展，从而导致 C2 自身的恶化，不得不面对作战的颓势。

博伊德用 OODA 环理论来解释美军在朝鲜空战中的成功。他发现在朝鲜战争中，美国空军在 OODA 环的所有四个环节上都要优于其对手，他们能够更好地进行观察，更快地进行判断、决策和行动，因而能够进入并干扰对方的 OODA 循环，打乱对手的节奏，取得战斗的优势。以朝鲜战场上 F－86 对米格－15 的情况为例，F－86 可以更迅速地变换蛇形机动的方向，而米格－15 虽然持续机动能力更强，但瞬时机动能力不如 F－86。因此，当 F－86 不断地迅速改变机动方向时，米格－15 就逐渐地因机动灵活性弱而跟不上。这样，F－86 就以更快的机动性能扰乱米格－15 的作战节奏，占据作战的主动。

OODA 环适用于描述组织与复杂环境的互动，因为它提出并解答了适应性（Adaptive）问题，即有机体如何迅速适应不可预知的技术、对手、规则和周围环境的突变。为使己方的 OODA 环具有竞争优势，必须实现决策力与执行力的整合，方法是从观察到行动形成良性的环路，把经观察、选择而来的决策视为需经行动验证的假设，把行动效果作为环境变化的一个组成部分，进入下一轮观察、行动循环。拥有竞争优势的 OODA 环，就可以更自主、更迅速、更不规则地实施观察、判断、决策和行动，反复和出其不意地利用敌人暴露出来的弱点，使敌人疲于应对，最终打败敌人。

1.2 基于 OODA 数据分析相关理论及案例

麦肯锡提道：数据分析需要一个目的和一个计划。但俗话说：“没有任何作战计划在与敌人遭遇后还能保持有效。”为此，麦肯锡引入 OODA 全环节数据分析理论，利用观察、判断、决策和行动来贯穿数据分析的整个过程。

1.2.1 网络空间数据分析——OODA 全环节数据分析案例

网络空间数据分析过程与现实世界有很大的相似性，具备 OODA 全环节数据分析流程，具体表现如下：

观察：实时了解网络中发生的事件，包括传统的被动检测方式：各种已知检测工具的报警，或者来自第三方的通报。在此基础上，还需要采用更积极的检测方式。即由事件响应团队基于已知行为模式、情报甚至某种灵感，积极、主动地去发现入侵事件。

判断：需要根据相关的环境信息和其他情报，分析以下问题：这是一个真实的攻击吗？是否成功？是否损害了其他资产？攻击者还进行了哪些活动？

决策：即确定应该做什么。这里面包括了缓解、清除、恢复，同时也可能包括选择请求第三方支持甚至反击。

行动：能够根据决策，快速展开相应活动。

1.2.2 疫情大数据分析——OODA 全环节数据分析案例

大数据疫情应用本质上属于公共卫生信息化范畴，而围绕公共卫生事件的应急管理属于国家大应急管理的一个门类。对于这类应急管理事件，可以用 OODA 环理论来分析。

1. 观察

观察即搜集各方面的信息，典型的为情报大数据，譬如疫情大数据情报，就是要从正式渠道，包括公共卫生上报系统、HIS 系统或者社区综合治理系统等采集各种大数据，以了解发生了什么事情。也包括非正式渠道，包括各种媒体、社交群，甚至是类似“朝阳群众”这类社交网络数据。这些数据主体可能是结构化的信息，例如各种信息化系统的接口数据，也可能是半结构化的文本数据或者类似图像、声音或者视频的非结构化数据。观察是浅层的事实搜集，却是所有分析决策的开始。

2. 判断

判断是 OODA 的第二个 O（Orient），其含义是将各种信息融合起来进行分析，以产生进一步的洞察信息，这些信息可能是对表面现象的进一步关联、背后原因的挖掘、异常的发现等。

简单的大数据统计分析可以发现整个疫情的基本情况，包括感染者和疑似感染者等，这些信息可以按照时间和空间来进行划分，并进而可以对地区感染趋势进行查看，这是一般统计学的范畴。复杂一些可以是对确诊患者的关系分析和挖掘，通常使用流行病学调查就可以发现一些端倪。

3. 决策

在了解了事实，掌握了情况之后，就需要依据掌握的信息进行决策，比如准备采取什么行动。为了使决策更加有效，有时候也会采用辅助方法。

其一，预测分析，预测分析的本质是为了更好地做决策，这里面包括一些机器学习的方法和数据统计的方法，也有一些物理方程的方法；其二，科学仿真，仿真是认识事物规律常用的方法，也用于通过不同要素的搭配对可能结果进行模拟，来为决策者提供决策依据；其三，运筹优化，运筹优化用于决策有非常悠久的历史，选址和路径规划是最常见的运筹优化的场景，还关系到资源匹配、库存管理或者投资的组合优化，都可以用运筹优化来解决；其四，推荐引擎，推荐是根据过去的经验给出的决策建议，良好的推荐系统不仅考虑过去的经验，还考虑先验知识和最近的情况。在疫情大数据决策阶段，具体可以完成的任务譬如确诊人数即感染人数预测、新冠肺炎 CT 影像的 AI 辅助诊断等。

4. 行动

一旦有了决策，下面就需要执行，行动的执行一个是解决效率问题，尽量提高投入产出比，能自动化的自动化，类似智能督办、智能推送都是一些提升效率的方法，金融系统里面使用智能客服进行催缴就是一个典型提高效率的方法，在疫情处理中，涉及电话沟通的，可以通过智能督办来完成。

在疫情中，譬如健康码这些简单的信息化应用，可以大大提升防疫的效率，健康码根据输入的相关信息、过去的行程信息及地方政府要求的信息，最后生成一个健康码，通过不同颜色来标识，一般绿色的都是通行状态。

第 2 章　OODA 全环节开源数据分析概述

2.1　开源数据分析概述

2.1.1　相关概念及案例

所谓开源数据，是指通过对公开的信息或其他资源进行分析后所得到的信息和知识。开源数据的利用其实比人们更感兴趣的秘密数据的使用更古老，但长期以来开源数据的价值远不及秘密数据，以至并没有得到专门的关注。然而，现代通信网络技术和高性能计算技术的发展，特别是因特网的日益普及和网络时代的来临，已彻底改变了开源数据的价值、地位和影响。

【案例 1】日本数据机构对大庆油田的开源数据分析

1964 年，日本数据机构从《人民日报》上看到题为“大庆精神，大庆人”的报道，并以此为线索，开始全面从中国公开报刊上收集有关大庆的报道，覆盖的范围包括各个报纸杂志，除了重点关注的能源、勘测、冶炼机械等领域外，甚至包括了《中国画报》之类与石油能源毫不相关的资料。1966 年，《中国画报》第一期封面刊出了一张照片。大庆油田的“铁人”王进喜握着钻机手柄眺望远方，在他身后散布着高大井架。

日本数据机构根据照片上王进喜的衣着判断，只有在北纬 46°和 48°的区域内，冬季才有可能穿这样的衣服。因而，大庆油田有可能在冬季为 -30 ℃的中国齐齐哈尔和哈尔滨之间的东北北部地区，并通过照片中王进喜所握手柄的架势，推断出油井的直径；从王进喜所站的钻井与背后油田间的距离和井架密度，推断出油田的大致储量和产量。1966 年 10 月，日本数据机构又对《人民中国》

杂志上发表的铁人王进喜的事迹进行了详细的分析，其中有一句“最早钻井是在北安附近开始的”，同时，通过对铁人王进喜的报道中提到的一个地名“马家窑子”进行判断，因为窑子是东北地区特有的对地名的称呼，他们从伪满旧地图上查到：马家窑子是位于黑龙江海伦县（今为海伦市）东南的一个村子，在北安铁路上一个小车站东边10 km处。为了弄清大庆油田的开采时间，日本数据机构对王进喜的事迹做了进一步的分析，报道说：王进喜是玉门油矿的工人，是1959年在北京参加国庆以后志愿去大庆的。日本数据机构由此断定：大庆油田在1959年以前就开钻了。

【案例2】美国中央数据局的互联网开源数据分析

美国中央数据局（CIA）与Google公司联合投资的一家开源数据分析公司Recorded Future为美国中央数据局提供开源数据产品。以下是该公司提供的有关黎巴嫩真主党拥有远程导弹的开源数据分析结果。2010年3月，以色列总统西蒙·佩雷斯指控叙利亚违背承诺，向黎巴嫩真主党提供飞毛腿导弹。由于飞毛腿导弹拥有打击以色列境内纵深地带的能力，这一消息使得该地区的紧张局势迅速升级。事实上，在佩雷斯披露这一事件之前，黎巴嫩真主党领导人哈桑·纳斯鲁拉发表的公开声明已经为此提供了充分证据。Recorded Future公司研发的事件时间演化分析系统分析了互联网上关于黎巴嫩真主党的开源数据。如图2－1所示，早在2010年2月，黎巴嫩真主党领导人纳斯鲁拉的言论就开始包括打击以色列的纵深目标（最显著的为特拉维夫机场和海上以色列军舰）。

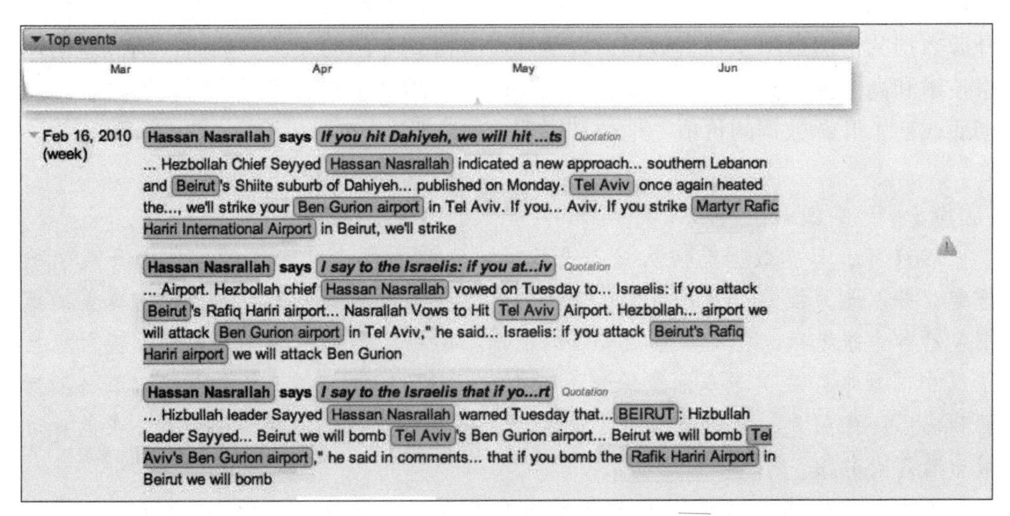

图2－1　黎巴嫩真主党的开源数据

从历史上看，黎巴嫩真主党的目标主要集中在以色列北部的城镇，或者是靠近海岸、港口的军舰。考虑到特拉维夫距离黎巴嫩真主党营地大约300 km，这意味着黎巴嫩真主党拥有远程导弹打击能力。这一言论虽未经证实，但可能是第一个能精确显示黎巴嫩真主党拥有飞毛腿导弹的证据。如图 2－2 所示，在 2010 年 5 月到 6 月期间，纳斯鲁拉的言论更加明显指出黎巴嫩真主党确实拥有射程更远的导弹，他甚至暗示真主党现在已经有能力造成大规模破坏，这似乎是一个黎巴嫩真主党购置了先进武器的明确证据。

纳斯鲁拉还谈到了直接打击，这是飞毛腿不具备的一个能力，这表明黎巴嫩真主党可能已经获得伊朗更先进的法塔赫－110 地对空导弹，因而拥有更好的定位能力。可以看到，一个开源数据研究可以预测未来的事情，开源数据分析提供一个低成本、高价值的途径，用来补充卫星图像、秘密数据来源和其他传统的平台。

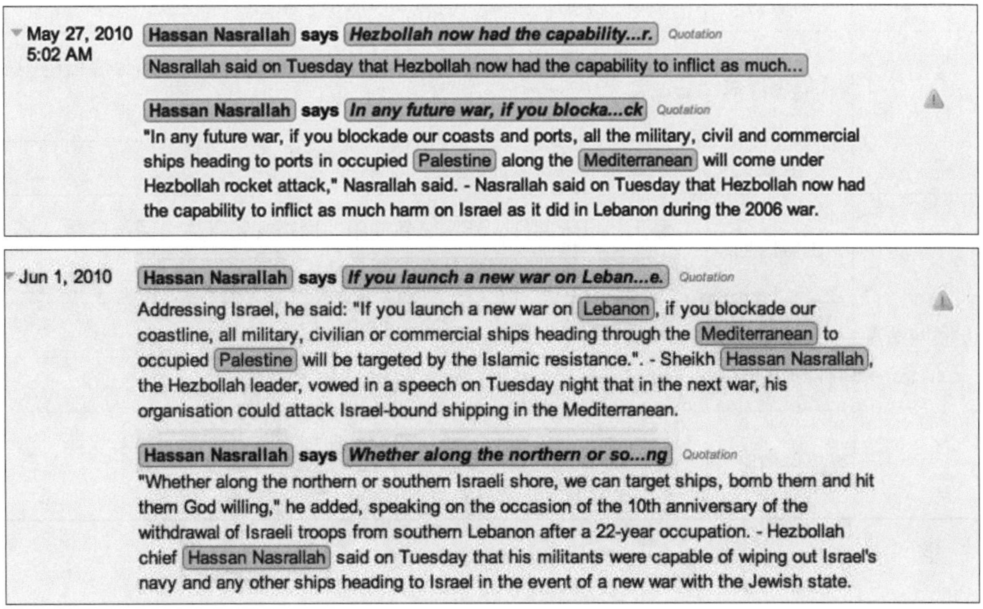

May 27, 2010 5:02 AM

Hassan Nasrallah **says** ***Hezbollah now had the capability...r.*** Quotation

Nasrallah said on Tuesday that Hezbollah now had the capability to inflict as much...

Hassan Nasrallah **says** ***In any future war, if you blocka...ck*** Quotation

"In any future war, if you blockade our coasts and ports, all the military, civil and commercial ships heading to ports in occupied Palestine along the Mediterranean will come under Hezbollah rocket attack," Nasrallah said. - Nasrallah said on Tuesday that Hezbollah now had the capability to inflict as much harm on Israel as it did in Lebanon during the 2006 war.

Jun 1, 2010

Hassan Nasrallah **says** ***If you launch a new war on Leban...e.*** Quotation

Addressing Israel, he said: "If you launch a new war on Lebanon, if you blockade our coastline, all military, civilian or commercial ships heading through the Mediterranean to occupied Palestine will be targeted by the Islamic resistance.". - Sheikh Hassan Nasrallah, the Hezbollah leader, vowed in a speech on Tuesday night that in the next war, his organisation could attack Israel-bound shipping in the Mediterranean.

Hassan Nasrallah **says** ***Whether along the northern or so...ng*** Quotation

"Whether along the northern or southern Israeli shore, we can target ships, bomb them and hit them God willing," he added, speaking on the occasion of the 10th anniversary of the withdrawal of Israeli troops from southern Lebanon after a 22-year occupation. - Hezbollah chief Hassan Nasrallah said on Tuesday that his militants were capable of wiping out Israel's navy and any other ships heading to Israel in the event of a new war with the Jewish state.

图 2－2 纳斯鲁拉的言论

据瑞士苏黎世安全研究中心的估计，目前国际数据机构的 80% ~95% 的数据来源于开源数据分析。虽然这一比例还值得验证，但足以说明开源数据，尤其是网络数据已越来越受到重视。这一变化根本性地改变了个体与组织，特别是与国家组织的权力生态及其平衡，具有深远和广泛的影响，并将深刻地改变国家安全的概念、内涵和保障措施。

2.1.2 开源数据主要来源

开源数据主要来源于互联网、报纸杂志、公开文献、各类信息与数据库及电台电视广播媒体等。美国陆军于 2006 年年底专门制定的《开源数据》手册中界定了开源数据的主要来源，见表 2－1。

表2-1 美陆军界定的开源数据的主要来源

来源	组成部分	构成元素
公开演说	演讲者	发起人、关系、演讲内容
	演讲形式	会议、辩论会、论证报告、授课、集会
	听众	所处位置、组成成分
公开文献	图表	绘图、雕刻、喷绘、图片、印刷品
	已存储的信息	压缩数据存储装置（CD、DVD）、数字视频光盘、硬盘、录音带
	出版物	书籍、手册、报纸、期刊、小册子、报告
公众广播	无线电广播	低频AM广播、中频AM广播、高频FM广播、L和S波段的卫星广播
	电视	卫星接收电视
互联网站点信息	通信信息	聊天、电子邮件、新闻、新闻组、网络视频直播、网络广播、博客、论坛、微博、在线社会网络
	数据库	商业、教育、政府、军事、组织机构
	网页内容信息	商业、教育、政府、军事组织
	可提供的服务	知识查询、目录、下载、金融、地理空间、搜索、技术支持、翻译、URL查找

2.1.3 开源数据分析国外相关研究

2005年年底，美国国家数据主任办公室成立了开源数据分析中心OSC，2006年7月又立法启动了国家开源数据事业计划NOSE，专注公开信息的搜集、共享和分析，而且规定任何数据工作必须包含开源成分。通过OSC，美国力图实现“在任何国家，从任何语言”获取开源数据的能力，并已得到了关于相关国家军事、国防、政府、社会和经济方面大量的有价值数据，其中因特网是其主要的开源之一。另外，开源数据分析在美国军事研究中越来越受到重视，如美国陆军于2006年年底专门制定了《开源数据》手册，明确了美军数据战中除反数据（CI）、人员数据（HUMINT）、地理空间数据（GEOINT）、测量与签名数据（MASINT）、信号数据（SIGINT）和技术数据（TECHINT）外，根据开源数据（OSINT）的地位与作用，定义了陆军开源数据的范畴与特点，规范了开源数据分析任务的指挥控制、任务规划与分析、数据搜集、数据处理与数据产生等流程。陆军安全司令部亚洲研究分部长期搜集、处理与分析其他国家军队的开源信息，不仅包括军事行动、军事装备发展、军事人员变动、后勤保障等军事信息，还涉及国家经济、环境、政治与社会形态等国家社会信息。

2.1.4　开源数据分析的复杂学科及研究机构

开源数据分析涉及信息科学、管理科学、社会科学、认知科学等多个学科领域，是典型的多学科交叉融合研究领域，是研究由开源信息、人、组织和社会构成的复杂社会系统学科。目前开源数据分析领域的相关研究主要有海量数据分析与挖掘、社会计算、组织计算、知识发现与管理、复杂系统建模与仿真、数据与安全信息学、防卫分析技术等。尤其是以美国为首的西方军事强国自“9·11”事件以后，加紧本土安全防卫技术、数据与安全信息学和反恐信息学的研究，其中主要研究内容就是开源数据分析方法与技术。2002年，美国白宫颁布了《国土安全的国家战略》的报告。同年，美国国家研究委员会公布了《使国家更安全：科学和技术在反恐中的角色》的报告 。2003年，美国国家基金会宣布，强制性资助在信息技术、组织研究以及安全策略方向所展开的有关中长期国家安全的研究。在此背景下，美国在2003年率先提出“数据与安全信息学”的概念，并于2003年和2004年由美国家基金会、数据与安全机构2次资助召开ISI国际研讨会议。2005年至今，IEEE与美国国家基金会每年合办IEEE ISI国际年会，并且承办地点逐步扩展到欧洲、亚洲地区。2010年，*Science*杂志第三期发表了一组复杂系统与复杂网络研究专题，其中专门报道了美国西点军校研究的动态社会网络分析工具辅助美军在伊拉克执行反恐行动的成果。同时，美国国家自然科学基金委员会和国防部高级研究计划署DARPA自“9·11”事件后资助了大量基于互联网的数据与安全信息学、反恐信息学和防卫分析技术研究课题，亚利桑那大学、卡尔基美隆大学和普林斯顿大学等众多名校都设有相关研究方向和研究中心。

开源数据分析较著名的应用计划与应用系统有美国全面信息感知（TIA）计划、美国亚利桑那大学的暗网（Dark Web）反恐门户系统、英国的Autonomy语义计算系统、美国中央数据局投资的Visible Technologies公司开发的开源数据分析系统、美国中央数据局与Google公司联合投资的Recorded Future公司开发的开源数据突发事件时间演变分析系统等。

2.2　基于OODA的开源数据分析各环节概述

开源数据分析一体化过程通常包括观察、判断、决策、行动四个典型环节，在行动之后，通过效果评估实现反馈控制，从而形成闭环。其中，效果评估的参照基准是既定的数据分析目标，而度量办法则常常基于行动前后的态势改变，具体评估内容包括：评估态势是否朝着预先设想的方向改变，改变的程度是否达到预期。由此可见，精准、全面地描述和测度态势，是准确进行效果评估的前提与基础，决定着能否合理、准确地实施反馈控制，对于最后的成败至关重要。

观察即搜集各方面的开源数据，建立数据分析模型。文本数据为开源数据的一个重要来源，针对搜集到的开源文本数据，建立文本表示模型、话题表示模型，为后续的判断提供数据及模型基础。

判断即对数据态势有整体认知。“认知”是指人对对象的认识判断，主要反映为人对对象抱持的情感（正面、负面或中立）态度（支持、反对）。这里的“对象”既包括开源数据涉及的人物、组织、物品等物理实体，也可能是政策、论述等抽象实体。在开源数据分析过程中，认知主体也即“人”通常是网上用户，或者说网民。社交网络中，网民的不同的行为、言论、网络位置将使得其表现为不同的影响能力；另外，网民的情感态度主要反映在所发布的网上信息中，特别是社交网络帖文中。开源数据的整体认知态势通常涉及网络群体中哪些人物的影响力更高，网络群体中网民的情感态度如何。此外，认知态势是一定时期，网络中众多网民的集体认知情况，具有动态性，随着有关对象的新事件、新言论不断出现（也即随时间演进）而持续发生变化。因此，对象、事件/言论、网民影响力、集体情感构成了认知态势描述的四个要素。

决策即在判断的基础上，利用机器学习等技术自动理解数据含义，生成问题答案；在此基础上，对数据进一步预测分析。开源数据分析决策阶段主要涉及机器阅读理解、转发行为预测、话题流行度预测等关键技术。

行动即在决策的基础上，提供高效率的个性化推荐结果。开源数据行动阶段主要涉及基于转推网络的个性化推荐模型、基于内容标签的个性化推荐模型、基于转推网络和内容标签的混合推荐模型、基于排序学习的多因素融合推荐模型、基于指派模型的推荐优化模型等关键技术。

观 察 篇

第 3 章　文本表示模型

文本数据是由自然语言表达的，被认为是半结构化或非结构化的、不能被计算机直接识别的数据，因而需要将无结构或半结构的原始文本转化成结构化的、可以被计算机识别并处理的格式的数据，并且又能尽量保存较多的语义信息。随着自然语言处理技术的不断发展和改进，一系列的文本表示模型被不断提出，常用的文本特征表示模型主要有布尔模型（Boolean Model）、概率模型（Probabilistic Model）、向量空间模型（Vector Space Model，VSM）和图空间模型等，这些模型分别从不同的方向对文本进行描述。

3.1　布尔模型

布尔模型是比较简单的文本表示模型，最早应用于信息检索领域，它是一种基于集合论和布尔代数对信息进行检索的二元评价体系的严格匹配模型，通过用户输入的逻辑运算在信息库中进行检索，当逻辑表达式为真时，返回检索结果，当逻辑表达式为假时，不返回检索结果。也就是说，如果特征项在文本中出现，就标记为 1，不出现，则标记为 0。

布尔模型简单易行且效率高，但是也有一定的缺陷：在信息检索领域中，对文档的检索结果只有出现和未出现两种情形，没有考虑对文档的重要或检索匹配程度进行排序。在文本表示中，布尔模型的硬性匹配也同样没有顾及特征项的出现次数和对文本的重要程度。

3.2　概率模型

概率模型是一种通过计算统计概率来表示文本特征信息的方法。它计算各特征项之间的相互关联程度，并根据相互关联程度的高低将文本分为相关类别和无关类别，然后对每个特征项赋予一个值，从而确定其在相关类别或无关类别中出现的概率。计算概率公式为

$$\mathrm{sim}(d,I) = \sum \lg \frac{p_i(1-q_i)}{q_i(1-p_i)} \tag{3-1}$$

式中，d 表示文档；I 表示文本对用户的吸引程度；p_i、q_i 表示概率值，满足 $p_i = m_i/m$，$q_i = n_i/n$，其中，n 为总文本数，n_i 为特征项 t_i 出现在所有文本构成集合中的文本数目，m 为所有文本中吸引用户兴趣的文本数目，m_i 为包含特征项 t_i 且吸引用户兴趣的文本数目。概率模型具有严格的数学理论基础，但需要事先确定相关概率，并且参数估计难度较大，不适合大规模数据集的文本表示工作。

3.3 向量空间模型

向量空间模型由 Salton G 等于 1975 年提出，是当前最具代表性的文本表示方法。在该模型中，最小的数据单元是特征项，字、词、词组、短语、词簇和 n-gram 单元等都可以用来作为特征项进行处理。若把文本 d 当作向量空间中的一个 n 维向量，其表达式为

$$d = ((w_1,t_1),(w_2,t_2),\cdots,(w_n,t_n)) \tag{3-2}$$

式中，$t_1,t_2,\cdots,t_n$ 表示这 n 个特征项的权重值，除了可以用 0、1 表示外，还可以用词频、TF-IDF 值来表示。权重 t_i 的大小反映了特征项 w_i 包含该文本 d 的语义信息的多少，权重越大，则包括的语义信息就越多，权重越小，则包含的语义信息就越少。向量空间模型虽然没有把特征项的顺序关系和各特征项之间的相关性考虑进去，但是该模型方法简便易行，具有较高的可操作性，被大多数学者采用。

自向量空间模型提出后，就广泛地应用于信息检索、自然语言处理等与文本相关的领域中。

3.4 分布式词向量

词向量是最常见的中文文本表示方式。将每个词转换成固定长度的向量的形式，因此，文档的句子可以表示为若干个词向量组成的序列。词向量可以将文档分解成一个个词语的组合，从较小的粒度上对文档进行分解，文档的分解显得简洁直接。

词向量首先要对文章进行分词，将文档变成词语的组合。可以使用结巴（Jieba）分词工具对文本进行分词。

对文档进行分词后，利用 Word2Vec 模型得到词向量。Word2Vec 由 Mikolov 在 2013 年提出，到目前为止，Word2Vec 是应用最广泛的神经网络语言模型。该模型

对神经网络语言模型（Neural Network Language Model，NNLM）进行了改进，将难以计算的隐藏层去除，大大提升了计算的速度。

Word2Vec 包含两种训练模型，即 CBOW 模型（Continuous Bag - of - Words Model）和 Skip - gram 模型（Continuous Skip - gram Model），CBOW 模型利用上下文来预测当前字或词，Skip - gram 模型则相反，利用当前的字或词来预测上下文。

CBOW 模型如图 3 - 1 所示。

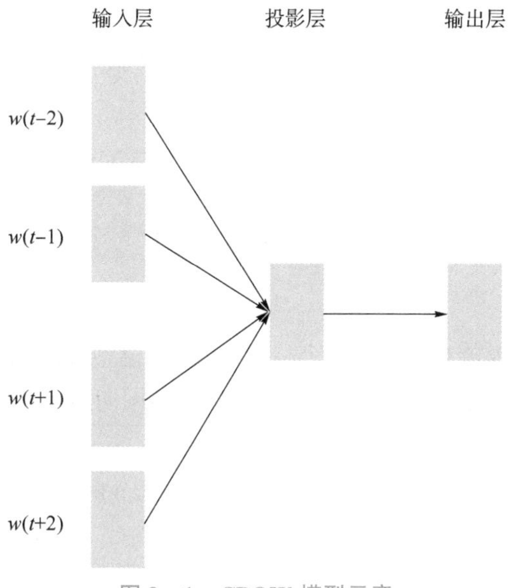

图 3 - 1　CBOW 模型示意

CBOW 模型由输入层、投影层和输出层组成。CBOW 模型等价于一个词袋模型的向量乘以一个嵌入矩阵，从而得到一个连续的嵌入向量。该模型的目的是从文本对目标词的预测中学习到词向量的表达。

当文本长度为 T，文本中第 t 个词为 $w(t)$，设时间窗口为 m（图 3 - 1 中的时间窗口为 2），将要预测的词作为中心词，辅助预测的词作为背景词，那么 CBOW 模型需要最大化中心词的概率为

$$\prod_{t=1}^{T} P(w(t) \mid w(t-m), \cdots, w(t-1), w(t+1), \cdots, w(t+m)) \qquad (3-3)$$

对式（3 - 3）求极大似然估计，与最小化式（3 - 4）等价。

$$-\sum_{t=1}^{T} \lg P(w(t) \mid w(t-m), \cdots, w(t-1), w(t+1), \cdots, w(t+m)) \qquad (3-4)$$

因此，CBOW 模型转化为求最小化式（3 - 4）的损失函数。

接着引入词典索引 D，将所有可能出现的词放入词典中，那么每个词会有一个单独的索引。

用 $\boldsymbol{v}_i$ 表示索引为 i 的词作为背景词时的词向量，用 $\boldsymbol{u}_i$ 表示索引为 i 的词作为中

心词时的词向量，词典中所有词的背景词词向量和中心词词向量即为 *CBOW* 模型所要求的模型参数。根据 $\boldsymbol{v}_i$ 和 $\boldsymbol{u}_i$ 构建损失函数，使用背景词词向量和中心词词向量来计算给定背景词，从而生成中心词的概率。

设中心词 $w(t)$ 在词典中的索引为 c，背景词 $w(t-m),\cdots,w(t-1),w(t+1),\cdots,w(t+m)$ 在词典中的索引分别为 i_1，i_2，…，i_{2m}，则从背景词词向量生成中心词词向量的概率为

$$P(w(t)\mid w(t-m),\cdots,w(t+m)) = \frac{\exp[\boldsymbol{u}_c^{\mathrm{T}}(v_{i_1}+\cdots+v_{i_{2m}})/(2m)]}{\sum_{d\in D}\exp[\boldsymbol{u}_d^{\mathrm{T}}(v_{i_1}+\cdots+v_{i_{2m}})/(2m)]} \tag{3-5}$$

通过微分，可以计算出上式条件概率中任一背景词词向量的梯度为

$$\frac{\partial \lg P(w(t)\mid w(t-m),\cdots,w(t+m))}{\partial v_{i_k}} = \frac{1}{2m}\left[u_c - \sum_{d\in D}\frac{\exp(\boldsymbol{u}_d^{\mathrm{T}}\boldsymbol{v}_c)}{\sum_{t\in D}\exp(\boldsymbol{u}_t^{\mathrm{T}}\boldsymbol{v}_c)}u_d\right] \tag{3-6}$$

中心词词向量的梯度公式同理可得。在 CBOW 模型训练结束后，可以得到在词典索引中索引为 i 的词的中心词词向量 $\boldsymbol{u}_i$ 和背景词词向量 $\boldsymbol{v}_i$。

Skip－gram 模型如图 3－2 所示。

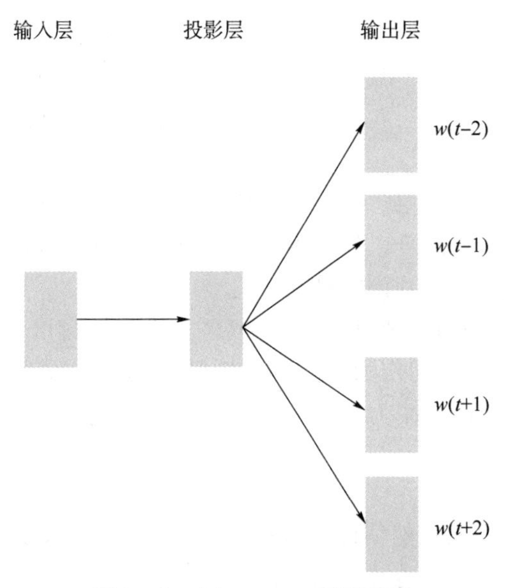

图 3－2　Skip－gram 模型示意

Skip－gram 模型由输入层、投影层和输出层组成。输入层是当前词的词向量，投影层是将词向量进行复制，输出层是对当前词的上下文的预测。

当文本长度为 T，文本中第 t 个词为 $w(t)$，设时间窗口为 m（图 3－2 中的时间窗口为2），将给定的词作为中心词，需要预测的词作为背景词，那么 Skip－gram

模型需要最大化生成背景词的概率为

$$\prod_{t=1}^{T} \prod_{-m \leqslant j \leqslant m, j \neq 0} P(w(t+j) \mid w(t)) \tag{3-7}$$

对式（3－5）求极大似然估计，与最小化式（3－8）等价。

$$-\frac{1}{T}\sum_{t=1}^{T} \sum_{-m \leqslant j \leqslant m, j \neq 0} \lg P(w(t+j) \mid w(t)) \tag{3-8}$$

因此，Skip－gram 模型转化为求最小化公式的损失函数。

同样，用 $\boldsymbol{v}_i$ 表示索引为 i 的词作为中心词时的词向量，用 $\boldsymbol{u}_i$ 表示索引为 i 的词作为背景词时的词向量，词典中所有词的背景词词向量和中心词词向量即为 Skip－gram 模型所要求的模型参数。根据 $\boldsymbol{v}_i$ 和 $\boldsymbol{u}_i$ 构建损失函数，使用背景词词向量和中心词词向量来计算给定中心词，从而生成背景词的概率。

设中心词 $w(t)$ 在词典中的索引为 c，背景词 $w(t-m),\cdots,w(t-1),w(t+1),\cdots,w(t+m)$ 在词典中的索引分别为 i_1，i_2，$\cdots$，i_{2m}，则从背景词词向量生成中心词词向量的概率为

$$P(w(t+j) \mid w(t)) = \frac{\exp(\boldsymbol{u}_o^{\mathrm{T}}\boldsymbol{v}_c)}{\sum_{d \in D}\exp(\boldsymbol{u}_d^{\mathrm{T}}\boldsymbol{v}_c)} \tag{3-9}$$

通过微分，可以计算出上式条件概率中心词向量 $\boldsymbol{v}_c$ 的梯度，即

$$\frac{\partial \lg P(w(t+j) \mid w(t))}{\partial \boldsymbol{v}_c} = u_i - \sum_{d \in D} \frac{\exp(\boldsymbol{u}_d^{\mathrm{T}}\boldsymbol{v}_c)}{\sum_{t \in D}\exp(\boldsymbol{u}_t^{\mathrm{T}}\boldsymbol{v}_c)} u_d \tag{3-10}$$

背景词词向量的梯度公式同理可得。在 Skip－gram 模型训练结束后，可以得到在词典索引中索引为 i 的词的中心词词向量 $\boldsymbol{v}_i$ 和背景词词向量 $\boldsymbol{u}_i$。

尽管 CBOW 模型和 Skip－gram 模型去掉了耗时最长的隐藏层，但当语料较大时，耗时仍然较多。因此，为了解决这一问题，CBOW 模型先将字进行聚类或分类。例如 10 000 字的语料，聚成 100 类，则时间复杂度也会从原来的 10 000 变成之后的 100，速度加快了 100 倍。

为此，Mikolov 引入了两种优化算法：层次 Softmax（Hierarchical Softmax）和负采样（Negative Sampling）。

层次 Softmax 的方法最早由 Bengio 在 2005 年引入语言模型中。层次 Softmax 的流程如图 3－3所示。

它的基本思想是将复杂的归一化的概率转变为一系列条件概率的乘积的形式，见式（3－11）。

$$p(v \mid \text{context}) = \prod_{i=1}^{m} p(b_i(v) \mid b_1(v),\cdots,b_{i-1}(v),\text{context}) \tag{3-11}$$

每一个条件概率都可以转换成一个二分类问题，因此可以用一个简单的逻辑回归函数去拟合，从而将对 V 个字或词的概率归一化问题转变成了对 $\lg V$ 个字或词的概率求解问题，因此大大降低了计算量，提升了计算速度。

而负采样是一种对模型似然函数改进的方法，在 Word2Vec 模型中，极大似然

法求解的损失函数为

$$J(\theta) = -\frac{1}{T}\sum_{t=1}^{T}\sum_{-c\leqslant j\leqslant c, j\neq 0} \lg p(\omega_{t+j} \mid \omega_t) \tag{3-12}$$

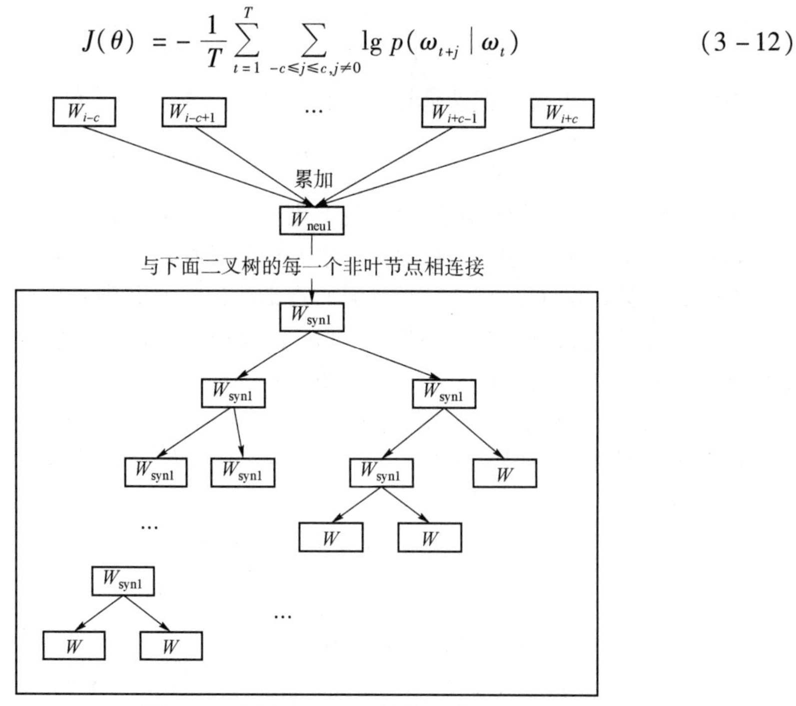

图 3－3 层次 Softmax 流程示意

而利用负采样之后，模型的目标函数变为

$$J(\theta) = \lg \sigma(U_o \cdot V_i) + \sum_{j=1}^{k} E_{\omega_j \sim p_n(\omega)}[\lg \sigma(-U_j \cdot V_i)] \tag{3-13}$$

计算好的词向量在语义上有较好的可解释性，如图 3－4 所示。

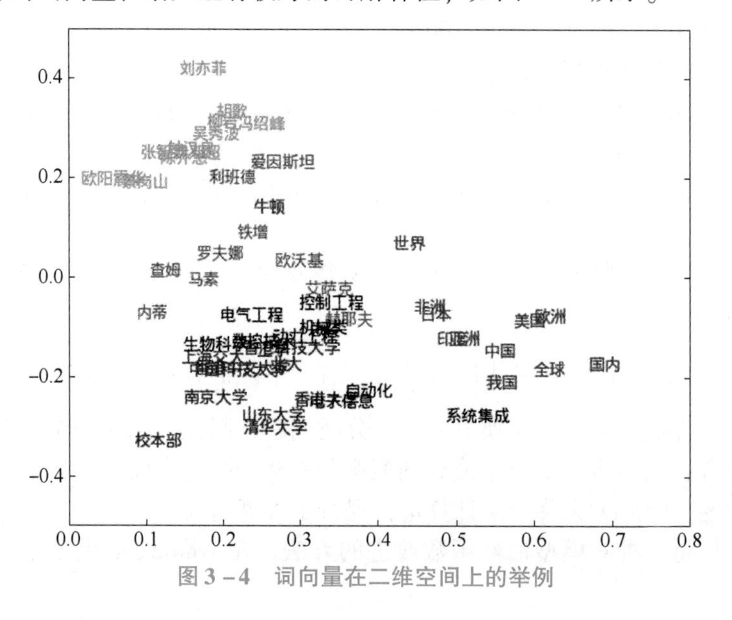

图 3－4 词向量在二维空间上的举例

从图3-4中可以看出，在利用PCA进行降维，投影到2维空间中后，相近类型的词在词向量空间里聚集在一起，说明词向量在语义上有较好的可解释性，为之后的机器阅读理解提供了便利。

3.5 分布式字向量

由于分词工具的局限性，词向量无法较好地表达该词的语义特征，因此需要使用字向量来辅助表示。

与词向量类似，字向量就是用向量来表示汉字。由于中文中词的个数远大于字的个数，因此，使用字向量可以使词典的大小大大降低，从而使训练参数减少，使得字向量的训练速度进一步加快。

字向量最早应用于英文文本中，用来表示英文字母，但中文中的字与英文中的字不同，中文中的字虽然在表达意思上不如词语丰富，但相较字母而言，包含较多的语义信息，因此，使用字向量有一定的现实意义。

字向量同样使用Word2Vec模型进行训练，但将CBOW模型和Skip-gram模型中的输入从词变成单字。

以“中华人民共和国”为例，将训练好的字向量通过图3-5的方式进行处理，得到“中华人民共和国”的字向量表示方式。

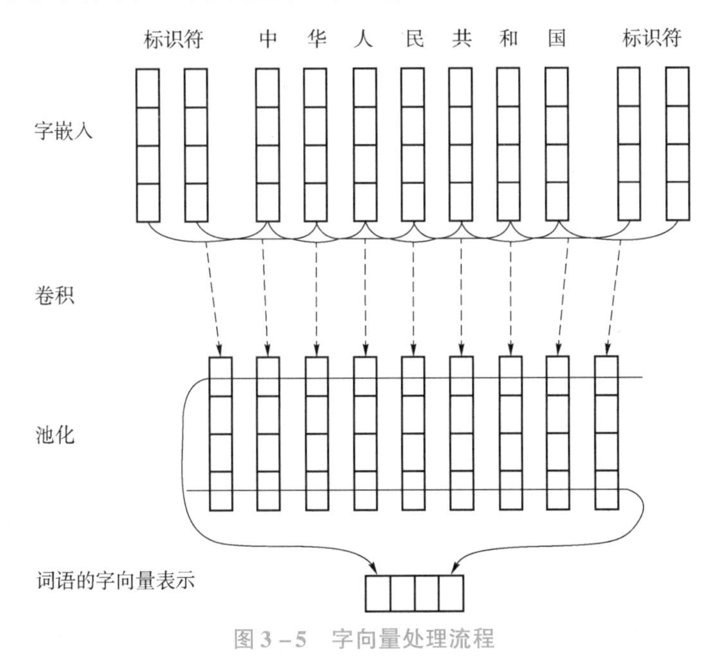

图3-5 字向量处理流程

得到词语的字向量表示后，可以从字的角度对词语进行表示，从而提取到一些独特的语义特征。

3.6 基于上下文的动态词向量语义表示

传统的词向量往往没有考虑上下文信息，而实际情况是，上下文不同可能会导致词语语义的变化。以小米为例，当上下文和食品有关时，小米有极大可能指的是一种农作物，而当上下文和电子产品有关时，小米指代小米手机。因此，一个好的词向量应该既能反映出词语在语义和语法上的复杂特点，同时也要随着上下文的变化而变化。

ELMo（Embeddings from Language Models）是一种基于上下文语境的动态词向量语义表示技术。每一个词语的语义表示都是整个输入语句的函数。ELMo 先在大语料上以语言模型（Language Model）为目标训练出双向长短期记忆网络（Bidirectional LSTM）模型，然后利用 LSTM 产生词语的向量语义表示。

ELMo 技术不但能够处理同一个单词在用法中的复杂特性，还可以捕捉到这些用法在不同的上下文中是如何变化的，例如吃苹果和用苹果手机，ELMo 可以捕捉到两个不同的苹果的语义特征。

ELMo 先分别通过前向语言模型和后向语言模型对已有的序列进行处理，计算得到两个似然函数，如下所示。

$$p(t_1,t_2,\cdots,t_N) = \prod_{k=1}^{N} p(t_k \mid t_1,t_2,\cdots,t_{k-1}) \tag{3-14}$$

$$p(t_1,t_2,\cdots,t_N) = \prod_{k=1}^{N} p(t_k \mid t_{k+1},t_{k+2},\cdots,t_N) \tag{3-15}$$

其中，式（3－14）表示前向语言模型的似然函数，式（3－15）表示后向语言模型的似然函数。

然后求得这两个函数的极大似然估计：

$$\sum_{k}^{N} (\lg p(t_k \mid t_1,\cdots,t_{k-1};\Theta_x,\overrightarrow{\Theta}_{\mathrm{LSTM}},\Theta_s) + \lg p(t_k \mid t_{k+1},\cdots,t_N;\Theta_x,\overleftarrow{\Theta}_{\mathrm{LSTM}},\Theta_s)) \tag{3-16}$$

因为使用的是长短期记忆网络模型（LSTM），因此用$\overrightarrow{h}_{k,j}^{\mathrm{LM}}$表示第 k 个单词在第 j 层的输出（箭头方向代表前向和后向）。而对于循环神经网络，每一层都是有输出的，因此要将上文中的 $\boldsymbol{h}$ 向量线性组合起来。

但不同层级的 $\boldsymbol{h}$ 向量所能捕捉到的特征不同，高层的 $\boldsymbol{h}$ 更加容易捕捉独立于文章的词义信息，而低层的 $\boldsymbol{h}$ 则更加容易捕捉语法信息，所以，在线性组合时，需要考虑各个层级的权重。

完成前向语言模型和后向语言模型的预训练之后，ELMo 利用下面的公式来作

为词向量的表示

$$R_k = \{x_k^{\mathrm{LM}}, \overrightarrow{h}_{k,j}^{\mathrm{LM}}, \overleftarrow{h}_{k,j}^{\mathrm{LM}} \mid j = 1, \cdots, L\} = \{h_{k,j}^{\mathrm{LM}} \mid j = 0, \cdots, L\} \tag{3-17}$$

$$\mathrm{ELMo}_k^{\mathrm{task}} = E(R_k; \Theta^{\mathrm{task}}) = \gamma^{\mathrm{task}} \sum_{j=0}^{l} s_j^{\mathrm{task}} h_{k,j}^{\mathrm{LM}} \tag{3-18}$$

式中，s_j^{task} 表示第 j 层的 $h_{k,j}^{\mathrm{LM}}$ 向量的权重；γ^{task} 表示整个词向量的权重。

训练完后的 ELMo 模型，不像传统的词向量，每一个词只能对应一个词向量，ELMo 利用预训练好的双向语言模型，根据具体的文本输入通过该双向模型得到基于上下文的当前词的词向量，也就是说，对于不同上下文，同一个词的词向量也是不同的，会随着上下文而改变，再将其当成语义表示特征加入具体的自然语言处理模型中。ELMo 技术在各个数据集上都有较大的提升，因此选用 ELMo 技术对词向量进行优化，提升模型在测试集中的效果。

第 4 章 话题表示模型

在信息爆炸的今天，用户被纷繁错杂的网络信息淹没，难以在庞大的信息海洋中发现重要的内容或话题。个性化定制服务应运而生，而如何从海量的数据中挖掘和抽取潜在的话题以及研究这些话题随着时间的变化趋势，是个性化定制服务的一个重要且基础性的任务。话题演化技术在疾病检测、政党选举、产品推广、市场营销等多个方面起到了举足轻重的作用。

话题表示模型自出现以来就成为话题演化、多文档总结、词义识别与消歧、情感分析、信息检索等多个领域的基础核心技术。这些领域通过话题表示模型训练获取的话题可以直观地被理解为不同词汇上概率分布或者是到预定义离散类集合的映射。但是话题的统计表示对于普通用户而言，是不易解读的，即无法适用于需要直接将结果呈现给用户的应用场景，如文档检索和导航等。为了使话题更容易被用户理解，如何选取代表性词项集合表示话题就受到研究人员的广泛关注。

4.1 相关定义

话题检测与跟踪（TDT）对话题等概念给出了明确定义，但是结合社交网络的特点，研究者会根据研究目标的不同而给出新的定义。为了消除概念上的歧义，在TDT 相关概念的定义的基础上，结合社交网络这一研究对象的特点，给出话题表示模型研究中更加具体的定义。

定义 1（**词汇**）：词汇是社交网络中最基本的单元，可以在词汇表中通过索引 $\{1,2,\cdots,V\}$ 获取。同时，词汇能够由对应维度为 1，其他维度为 0 的向量形式化表示。因此，第 i 个词汇可以表示为一个 V 维向量：$v^i=1$ 且 $v^j=0$ 当 $j\neq i$。

定义 2（**微博/文档**）：微博是由词汇表中的词汇以任意数量组合而成的，同样可以被表示为一个 V 维向量。比如，每个维度对应的数值为其在微博博文中的出现次数。由于微博博文过于短小，所以将微博及其评论集合组合的文档作为最终的处理文档。

定义 3（话题）：话题可以看作是词汇上的一个概率分布，可以表示为分布 $\{p(w \mid \theta)_{w \in V}\}$ 且满足条件 $\sum_{w \in V} p(w \mid \theta) = 1$。话题的个数表示为 K。

定义 4（行为）：行为是指用户获取微博博文的途径，如发布、转发、提及等。行为类型的个数表示为 P。

定义 5（用户的文档集合）：用户的文档集合是指用户获取的全部文档的集合，表示为 $D(u)$。

定义 6（话题的文档集合）：话题的文档集合是指用户的文档集合中属于某一特定话题的全部文档集合，表示为 $D(u,\theta_i)$ 且 $\cup_{i=1}^{K} D(u,\theta_i) = D(u)$。

定义 7（行为的文档集合）：行为的文档集合是指在特定话题θ_i下，用户以某种行为方式获取的文档集合，表示为 $D(u,\theta_i,b_j)$ 且 $\cup_{j=1}^{P} D(u,\theta_i,b_j) = D(u,\theta_i)$。

4.2　LDA 模型表示

维基百科中，LDA 模型的定义如下：LDA 模型是一种话题模型，它可以按照概率分布的形式给出文档集合中每篇文档的话题情况。同时，它是一种无监督学习算法，在训练时，不需要手工标注训练集，需要的只是文档集合及话题设定的个数。此外，LDA 模型的另一个优点是可以获取每个话题的词汇分布情况。LDA 模型最早是由 Blei、David M. 等于 2003 年提出的，目前在文本挖掘领域，如文本话题识别、文本分类、文本相似度计算等方面，都有着广泛的应用。

Gibbs Sampling 以其理解容易、处理简单的优势大量应用在模型的参数估计方面，其参数估计的流程为：① 初始时随机为文本中的每个词汇指定一个话题，统计每个话题中出现词汇的数量以及每个文档出现的话题中词汇的数量；②在不考虑当前处理词汇的前提下，根据所有其他词汇的话题指定情况估算当前词汇被分配给各个话题的概率分布；③根据当前词汇的概率分布为当前词汇指定一个话题；④采取相同方式依次处理所有词汇，更新其话题；⑤迭代上述步骤，直到满足设定的终止条件——文档的话题分布和话题的词汇分布均收敛。上述步骤求取的结果即为参数最终的数值。

通过 LDA 模型和 Gibbs Sampling 可以得到每个话题的词汇分布和每个文档的话题分布，将话题在词汇上的概率分布作为话题基于 LDA 模型的表示。话题 θ 基于 LDA 模型的表示见式（4-1），其中 ω_i表示话题 θ 在第 i 个词汇上的分布概率。

$$\rho(\theta)_{\mathrm{LDA}} = (\omega_1, \omega_2, \cdots, \omega_n) \tag{4-1}$$

4.3 基于信息熵的表示

提出的两个话题表示模型是综合考虑了 LDA 模型和信息熵知识的模型。百度百科中，"信息"的定义是泛指人类社会传播的一切内容，是音讯、消息、通信系统传输和处理的对象。而关于信息的量化问题，直到 1948 年才得到解决，是基于香农提出的"信息熵"概念。这个概念的原型是热力学中的热熵——度量分子状态混乱程度，借用后成为度量信源不确定程度的概念。在取值范围为 $V=\{v_1,v_2,\cdots,v_n\}$ 且对应概率为 $P=\{p_1,p_2,\cdots,p_n\}$ 的条件下，信息熵的基本表示见式（4-2）。

$$H(U)=E[-\lg p_i]=-\sum_{i=1}^{n}p_i\lg p_i \tag{4-2}$$

4.4 基于 LDA 模型和信息熵的话题表示模型

4.4.1 问题背景

话题形式上大多是词项上的多项式分布，词项在每个话题中存在一个确切数值的概率，可以通过最高概率的几个或十几个词项组成的集合表示话题。但是这种基于词项集合的话题表示存在以下明显劣势：

①部分专业性较强的词汇难以理解，需要专业背景才可以理解词汇的具体含义。

②一些词汇无法单独使用，需要在特定的上下文环境下才可以表达出其蕴含的意思。

③大多数词项集合中的表示词汇具有很好的代表性，但是其区分性相对较差，没有从整个语料的角度出发考虑词项的选取。

总体来说，基于词项集合的话题表示具有可读性差、语义关联性弱、区分性不强等问题。部分研究通过在模型中引入外界知识，使基于词项集合的话题表示方法适用于更广泛应用场景。Kitajima 等考虑事件因素，将 LDA 模型中的词汇替换为事件或是单个的动词，形式如（subject、predicate）或（predicate1、predicate2）。Sridhar 等人在传统的主题模型中融入了短语元素表示话题。Wang 等人基于维基百科里的词条，将话题映射为词条中的向量，利用词条的可读性提升话题的可读性。这些工作可以在一定程度上弥补基于词项集合表示的可读性差、语义关联性弱的问题，但是并未关注如何选取具有更好区分性词汇的问题。词项在话题内部和不同话题间的分布情况对于话题表示词汇的选取有着巨大的影响：如果一个词项在某一话题的各个文档间分布越均匀，说明该词项是话题中各个文档的共性词汇，就越适合代表这个话题；如果一个词项在各个话题间分布越均匀，说明该词项是所有话题的共性词汇，无法达到区分话题的目的，就越不适合代表任何话题。针对这种情况，阐述一种基于信息熵和 LDA 模型的话题表示模型（TMELDA），在 LDA 模型获取的话题 - 词项分布基础上，重点考虑词项分布均匀情况，重新衡量不同词项对于话题表示的重要程度。

4.4.2　前提假设

话题表示模型是话题演化研究的基础。在处理话题演化问题时，首先应当考虑的是如何表示话题和信息。为了简化分析过程，在阐述话题表示模型之前，做出如下假设：

A4.1　一个信息可以不属于任何一个话题，如果属于，最多只能属于一个话题。

A4.2　一个信息如果属于一个话题，它的评论和转发也属于这个话题。

A4.3　不同行为对用户的影响程度存在差异，如发布、转发、提及等。

话题表示模型的研究通常能够满足上述假设，但也存在这些假设不成立的情形。比如，一个新闻官方发布的信息可能同时包含几个实时流行的话题。但在绝大多数的情形下，这些假设可以应用在大多数话题表示模型的分析中，而且在很大程度上简化问题分析的过程。

在线社交网络中，不同社区或者用户对于一个信息是否描述新话题的判定存在不同看法。比如描述“太湖之光成功问鼎”的信息对大多数社区或者用户可能不是新话题，但仍存在一些用户是首次看到这方面信息。现实生活中，用户的背景、教育程度、领域专业、社会阶级等大不相同，直接将话题表示模型应用到所有用户的数据中会忽略用户间的差异性。因此，考虑从用户视角出发为每个用户建立对应模型是很必要的。

社交网络中，用户的历史文档主要通过用户行为获取，如发布自己的微博、为其他用户的微博添加评论、转发其他用户的微博等。所有这些行为涉及的文档都是用户扩展自己知识的途径，所以每个用户发表、转发、提及的信息都应该加入表示模型的分析中。在多种行为汇总的历史文档集合的基础上，为每个用户建立相应的话题表示模型，并由用户投票判定新话题是否产生是从用户个体这个细粒度上展开有关新话题判定的方法。

4.4.3　话题表示模型 TMELDA

话题表示模型的目标是如何更好地描述话题，如何挖掘有显著特征且易于区别于其他话题的词项集合表示话题。TMELDA 的总体思想是将信息熵和 LDA 模型相结合，如图 4 - 1 所示。LDA 模型用于分类和获取初始话题表示，而信息熵用来计算词项的典型性，选取更具代表性和区分性的词项。因此，TMELDA 综合了 LDA 模型和信息熵的优势。TMELDA - B 是在 TMELDA 的基础上融入行为类型的讨论，对不同的行为类型分别分析其对用户的影响情况。

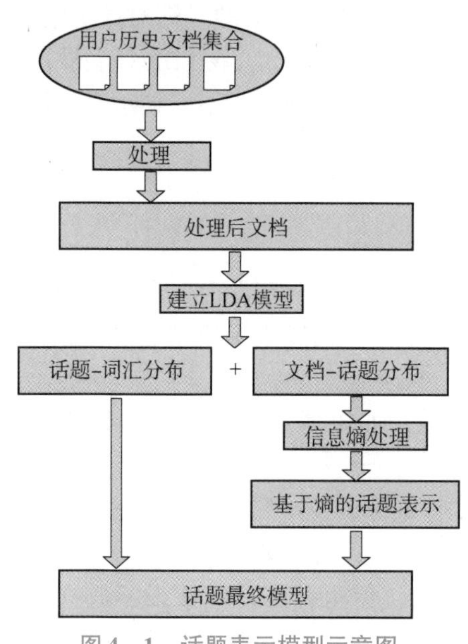

图 4-1　话题表示模型示意图

模型 TMELDA 涉及基于信息熵的两个不同权重：内部权重（Inside Weight）和外部权重（Outside Weight），如图 4-2 所示。内部权重是描述一个词汇在指定话题内部分布的均匀情况。词汇分布越均匀，则越适合描述对应话题，因为其具有很好的代表性。词汇 w 的内部权重计算方法见式（4-3）。

$$H(w,\theta)_{\text{inside}} = -\sum_{i=1}^{m} \frac{\mathrm{TF}_{w_i}}{\mathrm{TF}_w} \lg \frac{\mathrm{TF}_{w_i}}{\mathrm{TF}_w} \tag{4-3}$$

式中，$H(w,\theta)_{\text{inside}}$表示词汇 w 在话题 θ 中的内部权重；m 是话题 θ 的文档集合中包含文档的数量；TF_{w_i}是词汇 w 在第 i 个文档中的出现频率；TF_w是词汇 w 在话题 θ 的各个文档中出现频率之和。如前所述，内部权重越大，词汇 w 在话题 θ 中分布越均匀。最好的情况是词汇 w 在话题 θ 的所有文档中的频率是相同的。

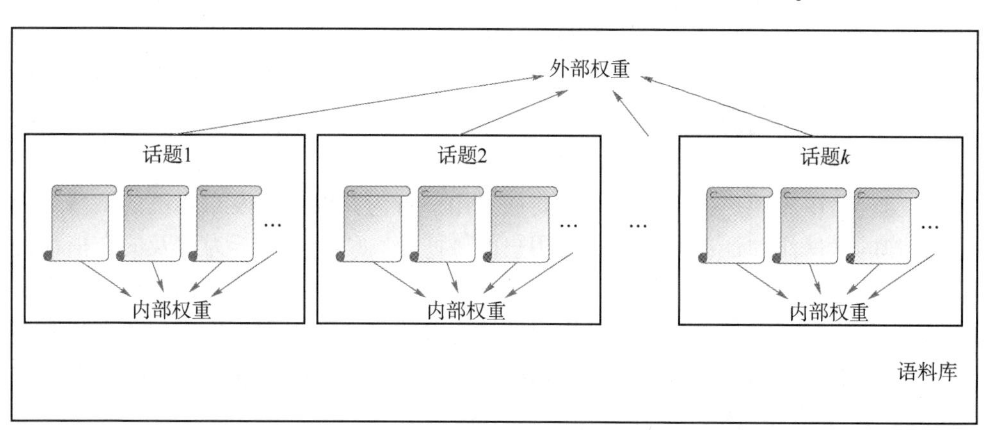

图 4-2　TMELDA 模型中基于信息熵的权重分析

外部权重是描述词汇在所有话题中的分布均匀情况。词汇分布越均匀，则越不适合描述任何话题，因为其不具有很好的区分性。词汇 w 的外部权重计算方法见式（4-4）。

$$H(w)_{\text{outside}} = -\sum_{j=1}^{K} \frac{\mathrm{DF}_{w_j}}{\mathrm{DF}_w} \lg \frac{\mathrm{DF}_{w_j}}{\mathrm{DF}_w} \tag{4-4}$$

式中，$H(w)_{\text{outside}}$表示词汇 w 在所有话题中的外部权重；K 是话题个数；DF_{w_j}表示话题 j 的文档集合中包含词汇 w 的文档数量；DF_w是整个用户文档集合中所有包含词汇 w 的文档数量。外部权重越大，词汇 w 在所有话题中分布越均匀。最坏的情况是每个话题下包含词汇 w 的文档数量是相同的。

通过上面关于内部权重和外部权重的讨论分析可知，这两种权重对于衡量词汇的典型性起到很大作用。因此，词汇对于特定话题的最终权重由其内部权重和外部权重共同衡量，见式（4-5）。

$$\omega(w,\theta) = \mathrm{e}^{H(w,\theta)_{\text{inside}} - H(w)_{\text{outside}}} \tag{4-5}$$

由式（4-3）~式（4-5）可知，每个词汇的外部权重只需要计算一次，即词汇在不同话题下的外部权重相同且外部权重越大越不适合代表，而内部权重需要计算 K 次，即词汇在不同话题下的内部权重不同且内部权重越大越适合表示对应话题。按不同词汇对话题 θ 的权重比例，将词汇权重归一化后，得到了话题 θ 基于信息熵的话题表示，见式（4-6）。

$$\rho(\theta)_{\text{entropy}} = (\omega(w_1,\theta),\omega(w_2,\theta),\cdots,\omega(w_n,\theta)) \tag{4-6}$$

TMELDA 是将 LDA 模型与信息熵表示相结合的模型，所以它不仅有 LDA 模型的优势，也融入了信息熵对于衡量信息分布均匀情况的评定。TMELDA 模型的建模基于多个不同用户的历史文档，具有更好的可扩展性。

TMELDA 是将给定的用户 u 及 LDA 模型的必要参数作为输入，产生每个用户的文档集合 $D(u)$、每个话题的文档集合 $D(u,\theta_i)$ 和话题的最终表示集合Z_{TMELDA}。$D(u)$ 中的每个元素都是合并了评论集合后的长文档。

算法 4.1　话题表示模型 TMELDA

输入：用户 u，LDA 模型相关参数

输出：用户的文档集合 $D(u)$、话题的文档集合 $D(u,\theta_i)$ 和所有话题的向量集合表示Z_{TMELDA}

1. $D(u) \leftarrow \mathrm{Get}(u)$　// 抽取用户 u 的历史文档集合
2. $\boldsymbol{L}(Z,W) \leftarrow \mathrm{TW-LDA}(D(u))$ //通过 LDA 模型得到话题 - 词汇矩阵
3. $\boldsymbol{L}(D(u),Z) \leftarrow \mathrm{DT-LDA}(D(u))$ //通过 LDA 模型得到文档 - 话题矩阵
4. **for** 话题集合中的每个话题 θ_i **do**
5. 　　将每个话题的文档集合 $D(u,\theta_i)$ 初始化为空
6. **end for**
7. **for** 文档集合 $D(u)$ 中的每个文档 d **do**
8. 　　从文档 - 话题矩阵 $\boldsymbol{L}(D(u),Z)$ 得到该文档的向量表示 $\boldsymbol{d}$；
9. 　　从向量 $\boldsymbol{d}$ 中选取该文档分布最大的话题；

（续）

10. 将文档归入对应话题的文档集合；
11. **end for**
12. **for** 文档集合中 $D(u)$ 的每个词汇 w **do**
13. 基于式（4－4）计算词汇 w 的外部权重 $H(w)_{\text{outside}}$
14. **end for**
15. **for** 话题集合中的每个话题 θ_i **do**
16. 从话题－词汇矩阵 $\boldsymbol{L}(T,W)$ 得到该话题的 LDA 模型表示 $\rho(\theta)_{\text{LDA}}$
17. **for** 话题 θ_i 的文档集合 $D(u,\theta_i)$ 中的每个词汇 w **do**
18. 基于式（4－3）计算词汇 w 的内部权重 $H(w,\theta_i)_{\text{inside}}$
19. 基于式（4－5）计算词汇 w 对于话题 θ_i 的权重 $\omega(w,\theta_i)$
20. **end for**
21. 基于式（4－6）计算话题 θ_i 基于信息熵的表示 $\rho(\theta_i)_{\text{entropy}}$
22. 基于式（4－7）计算话题 θ_i 基于 TMELDA 的表示 $\rho(\theta_i)_{\text{TMELDA}}$
23. **add** $\rho(\theta)_{\text{TMELDA}}$ **to** Z_{TMELDA}
24. **end for**
25. **return** Z_{TMELDA}

话题表示模型的目的在于选取更具有代表性词汇的同时增加话题间的区分性，算法 4.1 详细描述了 TMELDA 的生成过程，具体步骤如下：

首先，利用 LDA 模型在用户的历史文档上建模，通过对 LDA 模型的回顾可知，建模后获取了话题的词汇分布和文档的话题分布。因此，每个话题都可以表示成一个在 n 个词汇上的概率分布 $\rho(\theta)_{\text{LDA}}=(\omega_1,\omega_2,\cdots,\omega_n)$。

其次，根据 LDA 模型获取的文档－话题分布，选择每个文档对应分布概率最大的话题，将文档归入该话题，即加入话题的文档集合 $D(u,\theta_i)$。

然后，基于每个话题的文档集合 $D(u,\theta_i)$，计算词汇基于信息熵的权重情况 $\omega(w,\theta_i)$，并将话题表示成以权重为衡量标准的 n 维向量，归一化之后即为话题基于信息熵的表示 $\rho(\theta)_{\text{entropy}}=(\omega(w_1,\theta),\omega(w_2,\theta),\cdots,\omega(w_n,\theta))$。

最后，通过话题 θ 基于 LDA 模型的表示 $\rho(\theta)_{\text{LDA}}$ 和基于信息熵的表示 $\rho(\theta)_{\text{entropy}}$ 求取话题 θ 基于 TMELDA 的话题表示，如式（4－7）所示。其中，$p\in(0,1)$，是一个线性参数，衡量 $\rho(\theta)_{\text{LDA}}$ 和 $\rho(\theta)_{\text{entropy}}$ 间的线性权重。

$$\rho(\theta)_{\text{TMELDA}}=p*\rho(\theta)_{\text{LDA}}+(1-p)*\rho(\theta)_{\text{entropy}} \tag{4-7}$$

4.4.4 融合行为分析的信息熵表示

与 TMELDA 不同，TMELDA－B 在信息熵的讨论中加入了行为类型的考虑。在模型 TMELDA－B 中，同样存在话题内部权重 $H(w,\theta)_{\text{inside-B}}$ 和外部权重 $H(w)_{\text{outside}}$，但是在话题内部权重的分析中加入了关于行为情况的讨论，如图4－3所示。下面围绕这两个权重的计算展开讨论。

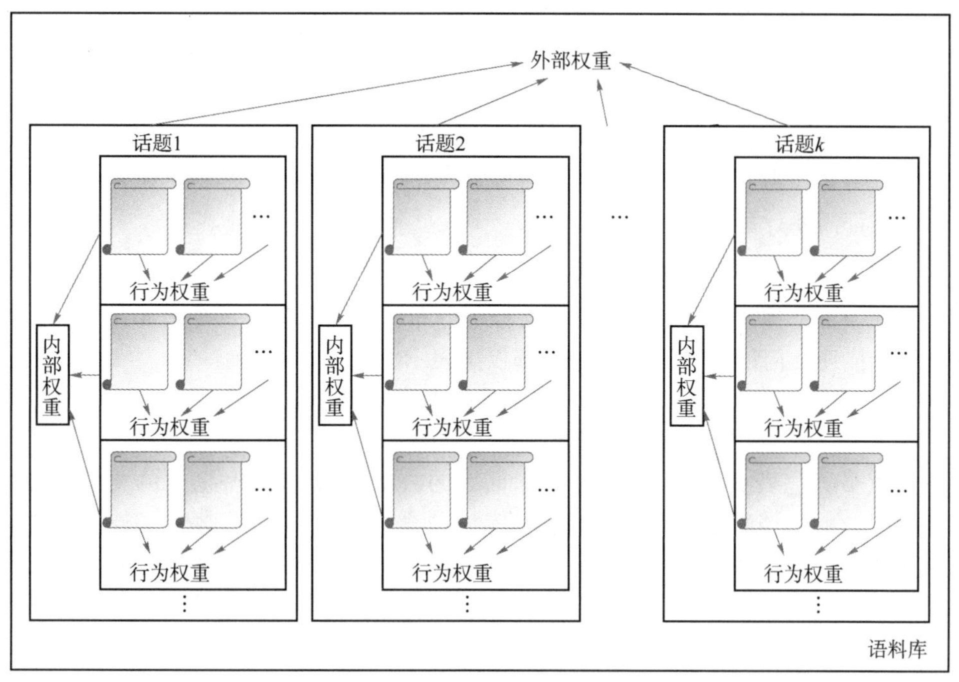

图4.3　TMELDA－B 模型基于信息熵的权重分析

1. 内部权重 $H(w,\theta)_{\text{inside-B}}$

内部权重是描述在一个特定话题下各个文档间词项分布的均匀程度。如假设A4.3所述，不同行为对用户内部权重的影响存在差异。因此，首先根据行为类型分别讨论词汇的行为内部权重。

行为内部权重是描述在一个特定的话题中，词汇在某一行为类型的文档集合中分布的均匀程度。也就是说，词汇分布得越均匀，就越适合表示在特定话题下该行为的属性特点，计算方法见式（4－8）。

$$H(w,\theta,b)_{\text{inside}} = -\sum_{d\in D(u,\theta,b)} \frac{\mathrm{TF}_{w_d}}{\mathrm{TF}_w}\lg\frac{\mathrm{TF}_{w_d}}{\mathrm{TF}_w} \tag{4-8}$$

式中，$H(w,\theta,b)_{\text{inside}}$ 表示词项 w 在话题 θ 下行为类型 b 中的行为内部权重；$D(u,\theta,b)$ 表示话题 θ 中行为 b 下的文档集合；TF_{w_d} 是词项 w 在文档 d 中的出现频率；TF_w 是词项 w 在行为文档集合 $D(u,\theta,b)$ 下所有文档的出现频率之和。行为内部权重越大，词项在特定话题的某一行为下分布越均匀。也就是说，可以更好地表示特定话题下的该类行为的特点。最好的情形是在所有行为文档集合 $D(u,\theta,b)$ 下的文档中出现的频率相同。从式（4－8）可以看出，$H(w,\theta,b)_{\text{inside}}$ 需要计算多次，因为对于特定话题下每个行为都需要计算一次。

在线社交网络存在多种类型的行为，如发布、转发、评论、点赞等。为了简化过程，这里只考虑应用最为广泛的三种类型——发布、转发、评论并赋予它们不同的权重，所以最后内部权重的计算见式（4－9）。

$$H(w,\theta)_{\text{inside-B}}=\sigma*H(w,\theta,b_1)_{\text{inside}}+\mu*H(w,\theta,b_2)_{\text{inside}}+\tau*H(w,\theta,b_3)_{\text{inside}} \quad (4-9)$$

式中，σ，μ，τ 表示不同行为的权重因子。由于这里暂时不考虑其他因素，所以三个权重因子之和为1。从式（4－9）可以看出，$H(w,\theta)_{\text{inside-B}}$需要计算 K 次，因为每个话题都需要计算1次。

2. 外部权重 $H(w)_{\text{outside}}$

外部权重是描述词项在所有话题文档中分布的均匀程度，词项分布越均匀，就越不适合描述任何话题。词项 w 的外部权重表示为

$$H(w)_{\text{outside}}=-\sum_{j=1}^{K}\frac{\mathrm{DF}_{w_j}}{\mathrm{DF}_w}\lg\frac{\mathrm{DF}_{w_j}}{\mathrm{DF}_w} \quad (4-10)$$

式中，$H(w)_{\text{outside}}$表示外部权重；K 表示话题的数量；DF_{w_j}表示话题 j 的文档集合中包含词项 w 的文档数量；DF_w表示语料库中包含词项 w 的文档数量。外部权重越大，词项 w 在所有话题中分布越均匀。最坏的情况是词项 w 在所有话题中的文档数量相同。从式（4－10）可以看出，$H(w)_{\text{outside}}$只需要计算一次，因为其在所有话题下都是相同的。

3. 融合行为分析的权重 $\omega(w,\theta)_{\text{B}}$

由上面的讨论可知，融合行为分析的内部权重和外部权重都在词汇重要程度的度量方面起很大作用。所以，词汇的最终权重计算需要综合考虑内部权重和外部权重，见式（4－11）。

$$\omega(w,\theta)_{\text{B}}=\mathrm{e}^{H(w,\theta)_{\text{inside-B}}-H(w)_{\text{outside}}} \quad (4-11)$$

可以看出，$\omega(w,\theta)_{\text{B}}$同样需要计算 K 次，因为其计算条件与 $\omega(w,\theta)_{\text{inside}}$相同，即词汇在不同话题下基于信息熵的权重存在差异，融合行为分析的信息熵表示计算见式（4－12）。

$$\rho(\theta)_{\text{entropy-B}}=(\omega(w_1,\theta)_{\text{B}},\omega(w_2,\theta)_{\text{B}},\cdots,\omega(w_n,\theta)_{\text{B}}) \quad (4-12)$$

式中，$\omega(w_i,\theta)_{\text{B}}$表示词项$w_i$对于话题 θ 中的重要程度。通过归一化，计算求得融合行为分析的信息熵表示向量。

4.4.5 话题表示模型 TMELDA－B

TMELDA－B 是在 TMELDA 模型的基础上，加入行为类型的分析——在计算内部权重时，根据行为类型的不同，分别讨论得出的基于信息熵表示。也就是说，TMELDA－B 是基于行为分析的信息熵表示。因此，TMELDA－B 的粒度比 TMELDA 的更细，分析更精确。

TMELDA - B 同样是将给定的用户 u 及 LDA 模型的必要参数作为输入，在产生每个用户历史文档集合 $D(u)$、每个话题的文档集合 $D(u,\theta_i)$ 和话题的最终表示向量集合$Z_{\text{TMELDA-B}}$的同时，也得到了话题在不同行为下的文档集合 $D(u,\theta_i,b_j)$，这是得到话题最终表示向量的基础。文档集合中，每个文档同样是合并了评论后的文档。

算法 4.2　话题表示模型 TMELDA - B

Input：用户 u 和 LDA 模型的相关参数

Output：用户 u 的历史文档集合 $D(u)$、话题的文档集合 $D(u,\theta_i)$、行为的文档集合 $D(u,\theta_i,b_j)$、所有话题的向量表示集合 $Z_{\text{TMELDA-B}}$

1. $D(u) \leftarrow \text{Get}(u)$　// 抽取用户 u 的历史文档集合
2. $\boldsymbol{L}(Z,W) \leftarrow \text{TW-LDA}(D(u))$ //通过 LDA 模型得到话题 - 词汇矩阵
3. $\boldsymbol{L}(D(u),Z) \leftarrow \text{DT-LDA}(D(u))$//通过 LDA 模型得到文档 - 话题矩阵
4. **for** 话题集合中的每个话题 θ_i **do**
5. 　　将每个话题的文档集合 $D(u,\theta_i)$ 初始化为空
6. 　　**for** 话题 θ_i的每种行为类型 b_j**do**
7. 　　　　将话题 θ_i在行为类型 b_j下的文档集合 $D(u,\theta_i,b_j)$ 初始化为空
8. 　　**end for**
9. **end for**
10. **for** $d \in D(u)$ **do**
11. 　　从文档 - 话题矩阵 $\boldsymbol{L}(D(u),Z)$ 得到该文档的向量表示 $\boldsymbol{d}$
12. 　　从向量 $\boldsymbol{d}$ 中选取该文档分布概率最大的话题θ_i
13. 　　**if** Maxvalue $\geqslant \delta$　// δ 为阈值
14. 　　　将文档 d 加入话题 θ_i对应的文档集合 $D(u,\theta_i)$
15. 　　　将文档 d 加入话题 θ_i下对应行为类型 b_j的文档集合 $D(u,\theta_i,b_j)$
16. 　　**end if**
17. **end for**
18. **for** 文档集合 $D(u)$ 的词汇 w **do**
19. 　　基于式（4 - 10）计算词汇 w 的外部熵 $H(w)_{\text{outside}}$
20. **end for**
21. **for** 话题集合中的每个话题 θ_i **do**
22. 　　从话题 - 词汇矩阵 $\boldsymbol{L}(T,W)$ 得到该话题的 LDA 模型表示 $\rho(\theta)_{\text{LDA}}$
23. 　　**for** 话题 θ_i的每种行为类型 b_j**do**
24. 　　　**for** 话题 θ_i的行为类型 b_j的文档集合 $D(u,\theta_i,b_j)$ 中的词汇 w **do**
25. 　　　　基于式（4 - 8）计算词汇 w 的行为内部权重 $\omega(w,\theta_i,b_j)_{\text{inside}}$

（续）

26. end for
27. end for
28. 基于式（4-9）计算词汇 w 的内部权重 $H(w, \theta_i)_{\text{inside-B}}$
29. 基于式（4-11）计算词汇 w 对于话题 θ_i 的权重 $\omega(w,\theta_i)_{\text{B}}$
30. 基于式（4-12）计算话题 θ_i 基于行为分析信息熵的表示 $\rho(\theta)_{\text{entropy-B}}$
31. 基于式（4-13）计算话题 θ_i 基于 TMELDA-B 的表示 $\rho(\theta)_{\text{TMELDA-B}}$
32. **add** $\rho(\theta)_{\text{TMELDA-B}}$ to $Z_{\text{TMELDA-B}}$
33. **end for**
34. **retrun** $Z_{TMELDA-B}$

算法 4.2 详细描述了话题表示模型 TMELDA-B 的生成过程，具体阐述如下：

首先，对用户的历史文档集合进行 LDA 模型建模。根据对 LDA 模型的回顾可知，通过建模可以获取话题的词汇分布和文档的话题分布。因此，将每个话题都表示成一个 n 维的向量，归一化之后表示为 $\rho(\theta)_{\text{LDA}} = (\omega_1, \omega_2, \cdots, \omega_n)$，见 4.3.1 节。

其次，根据 LDA 建模获取的文档-话题分布，选择最大分布概率对应的话题 θ_i，将文档归入该话题，即将文档加入话题 θ_i 的文档集合 $D(u,\theta_i)$，并根据文档的行为类型将文档归入话题的行为文档集合 $D(u,\theta_i,b_j)$。

然后，根据发布、转发和提及三种行为类型的文档集合，计算话题的行为内部权重，从而得到基于融合行为分析的最终权重 $\rho(\theta)_{\text{entropy-B}}$，之后将话题表示为以权重大小作为衡量标准的 n 维向量，归一化之后得到融合行为分析的信息熵表示 $\rho(\theta)_{\text{entropy-B}} = (\omega(w_1,\theta)_{\text{B}}, \omega(w_2,\theta)_{\text{B}}, \cdots, \omega(w_n,\theta)_{\text{B}})$，见 4.3.4 节。

最后，通过基于 LDA 模型的表示 $\rho(\theta)_{\text{LDA}}$ 和融合行为分析的信息熵表示 $\rho(\theta)_{\text{entropy-B}}$ 得到话题 θ 基于 TMELDA-B 的表示，见式（4-13）。

$$\rho(\theta)_{\text{TMELDA-B}} = p * \rho(\theta)_{\text{LDA}} + (1-p) * \rho(\theta)_{\text{entropy-B}} \tag{4-13}$$

式中，$p \in (0,1)$，是一个线性参数，衡量基于 LDA 模型的话题表示和融合行为分析的信息熵表示间的线性权重。

4.4.6 模型验证框架

由上述可知，TMELDA 综合考虑了 LDA 模型和信息熵，得到的表示向量更适合话题表示问题。TMELDA-B 模型在此基础上融合了行为类型的分析，具有更细的讨论粒度，表示话题更为准确。为了验证所给出两个模型的性能，这里给出基于话题发现思想的验证框架。

对于给定的信息流，每条信息通过 VSM 模型表示，然后将它与用户的所有话题表示分别作比较，并通过余弦相似性衡量信息与话题间的相似程度。一个用户通常在下述两种情况下更新自己的历史文档集合：

第一，如果判定信息标志着一个新话题的产生，则将该信息作为新话题的第一个信息处理，建立新话题的表示。因此，用户更新自己的历史文档集合。

第二，如果一个消息被判断属于一个已知话题，这个信息需要在综合已知的话题向量和信息向量之后，加入对应的话题文档集合，从而更新用户的历史文档集合。

时间阈值 T_{max} 用来规划更新话题表示模型的间隔，即当时间间隔超过阈值时，话题模型需要根据用户最新的历史文档集合为话题更新建模。算法 4.3 详细阐述了在话题发现框架下模型更新的过程。

Algorithm 4.3　话题表示模型的验证框架

Input：用户 u，LDA 模型参数，相似阈值 δ，按时间顺序排列的信息流 Q，上次更新模型的时间 T_{last}，更新模型的时间区间要求 T_{max}

Output：信息流对应的话题集合 T

1. **if** $T_{now} - T_{last} \geqslant T_{max}$ **then**
2. 　　根据算法 4.1 或算法 4.2 更新模型
3. 　　$T_{last} \leftarrow T_{now}$
4. **end if**
5. **while** $Q \neq \varnothing$ **do**
6. 　　$q \leftarrow Q$. removeFirst( )
7. 　　将信息 q 加入用户文档集合 $D(u)$
8. 　　根据向量空间模型的方法将信息 q 的向量化表示为 $\boldsymbol{q}_{vsm}$
9. 　　**if** $D(u) = \varnothing$ **then**
10. 　　　　以向量 $\boldsymbol{q}_{vsm}$ 建立新话题
11. 　　**else**
12. 　　　　simmax← 0
13. 　　　　**for**　话题集合中的每个话题 θ_i，**do**
14. 　　　　　　$\rho(\theta_i) \leftarrow \text{get}(\theta_i, Z)$//从算法 4.1 或算法 4.2 得到的向量集合中得到话题θ_i的表示
15.
16. 　　　　　　**if** $\text{Sim}(\rho(\theta_i), \boldsymbol{q}_{vsm}) > \text{simmax}$ **then**
17. 　　　　　　　　$\text{simmax} \leftarrow \text{Sim}(\rho(\theta_i), \boldsymbol{q}_{vsm})$
18. 　　　　　　**end if**
19. 　　　　**end for**
20. 　　　　**if** simmax $> \delta$ **then**

（续）

```
21.             将信息 q 加入话题集合集合 D(u,θ_i)
22.         else
23.             以向量 q_vsm 建立新话题
24.         end if
25.     end if
26.     更新集合 T 中的 ρ(θ_i)
27. end while
28. return T
```

话题发现框架是基于用户或者社区的历史文档集合，由于每个社区和用户的专业背景不同，针对不同用户或者社区的话题发现框架可以在更细粒度上衡量话题表示模型的性能。而全局话题发现的判定方面，可以通过成熟的选举方法衡量话题最终结果，如少数服从多数制度、一票否决制度等。

4.5 实验分析

本节以新浪微博数据作为研究对象。新浪微博是一个类似于 Twitter 的微博平台，拥有超过 500 亿的用户，每天发送信息超过 1 亿条。本节的实验是在 8 核处理器、16 GB 内存及 Windows 7 操作系统下的电脑上进行的。

4.5.1 数据集介绍

对于新浪数据集，随机选择从 2008 年 11 月 11 日到 2009 年 10 月 13 日的 1 113 409 435 条信息，其中，5 043 篇微博数据作为测试数据集。模型的输入是经过预处理的微博文本集合，每条微博文本可以清晰地展示词汇的个数情况，但是无法保证词汇的顺序。实验选取 29 名用户判断这些文档，为这 29 名用户分别建模，得到每个用户对应的话题表示模型。最后，采用少数服从多数的制度对新话题产生与否做最终判定，即超过 14 名用户判断一个新话题产生，则认为新话题真的出现。对微博文档进行分割和停用词等预处理任务，而模型性能判定采用人工标注的方式进行。

4.5.2 评价方法

评价方法就采用 Steinbach 等人提出的准确率、召回率和 F 值。首先，利用算法抽取出的每个话题，计算其与人工标注的各个话题之间的准确率、召回率及 F 值的差异。也就是说，对于阐述模型获取的话题 i 与人工标注获取的真实话题 j，准确率（Precision）、召回率（Recall）和 F 值根据以下三个公式进行计算：

$$\text{Precision}(i,j)=\frac{|B_i \cap B_j|}{|B_i|} \tag{4-14}$$

$$\text{Recall}(i,j)=\frac{|B_i \cap B_j|}{|B_j|} \tag{4-15}$$

$$F(i,j)=\frac{2\times \text{Precision}(i,j)\times \text{Recall}(i,j)}{\text{Precision}(i,j)+\text{Recall}(i,j)} \tag{4-16}$$

式中，B_i 表示通过指定模型抽取出的话题 i 的信息集合；B_j 表示人工标注的真实话题 j 的信息集合；$\text{Precision}(i,j)$ 表示抽取出的话题 i 和人工标注的真实话题 j 之间的准确率；$\text{Recall}(i,j)$ 表示抽取出的话题 i 和人工标注的真实话题 j 之间的召回率；$F(i,j)$ 表示抽取出的话题 i 和人工标注的真实话题 j 之间的 F 值。模型抽取的话题结果的平均准确率、平均召回率和平均 F 值由下式算出：

$$\text{Precision}=\frac{1}{n}\sum_{\text{all } j}\text{Max}_{\text{all } i}\text{Precision}(i,j) \tag{4-17}$$

$$\text{Recall}=\frac{1}{n}\sum_{\text{all } j}\text{Max}_{\text{all } i}\text{Recall}(i,j) \tag{4-18}$$

$$F=\frac{1}{n}\sum_{\text{all } j}\text{Max}_{\text{all } i}F(i,j) \tag{4-19}$$

式中，Max 函数扫描所有对应指标的结果，查找与真实话题 j 匹配拥有最大值的话题对应的准确率、召回率或 F 值；n 表示真实话题的个数。

4.5.3　参数设定

在 LDA 模型中有三个参数：两个超参数 α、β 和话题数量 K。在实验之前，需要确定这些参数的值。根据 David 等人的研究，我们知道当 $\alpha=50/K$，$\beta=0.01$ 时，拥有比较不错的结果。因此，将话题数量 K 设置为 100，所以超参数 $\alpha=0.5$。

在 TMBLDA 中，p 是联合 LDA 模型表示和基于信息熵表示的参数，在 TMELDA 模型中有着重要的意义。通过实现统计 p 值从 0.1 到 0.8 对应的准确率、召回率和 F 值来选择合适的 p 值，实验结果如图 4-4 所示。

从图 4-4 的结果中可以看出，准确率、召回率和 F 值都呈现先升高再逐步下降的状态。其中，召回率和 F 值都是在 0.6 时达到最大值，而准确率的值也相对较高。因此，设定参数 p 为 0.6 进行实验。

在 TMBLDA-B 中，将调节参数 p 与 TMBLDA 设定为相同数值，即 $p=0.6$。而参数 σ、μ 和 τ 是计算内部权重的重要参数，需要设定其值。由于它们的和为 1，因此只需要估算其中两个参数的值即可。这里测试了 σ 和 μ 从 0.1 到 0.8 时对应模型性能 F 值的变化，由于需要同时考虑三种行为类型，因此它们最小赋值为 0.1。结果见表 4-1。最后，将相似阈值和时间间隔设定为 0.2 h 和 24 h。

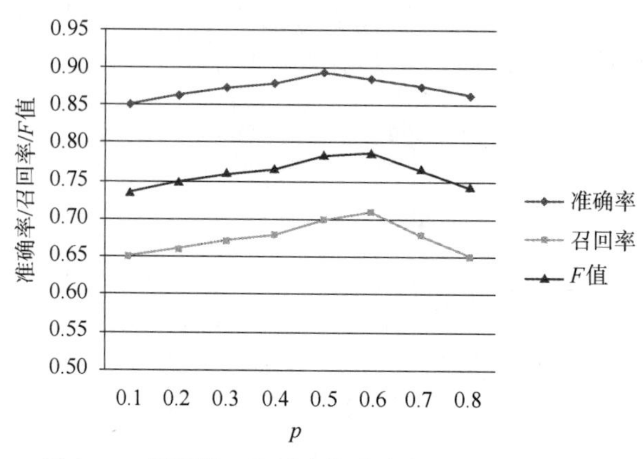

图 4-4 不同的 p 值对应的准确率、召回率和 F 值

表 4-1 不同的 σ 和 μ 值对应的 F 值

σ	F							
	$\mu=0.1$	$\mu=0.2$	$\mu=0.3$	$\mu=0.4$	$\mu=0.5$	$\mu=0.6$	$\mu=0.7$	$\mu=0.8$
0.1	0.591 1	0.603 6	0.622 2	0.649 3	0.671 8	0.699 9	0.653 1	0.603 3
0.2	0.630 7	0.664 3	0.692 3	0.717 5	0.739 6	0.708 5	0.671 7	
0.3	0.671 5	0.700 7	0.739 4	0.777 1	0.722 8	0.688 1		
0.4	0.717 5	0.749 0	0.768 1	0.791 4	0.765 5			
0.5	0.752 3	0.794 1	0.811 5	0.761 2				
0.6	0.764 1	0.783 3	0.763 0					
0.7	0.736 6	0.691 1						
0.8	0.698 4							

4.5.4 实验结果

为了确定 TMELDA 和 TMELDA-B 的性能，选取代表性的表示模型——LDA 模型和向量空间模型作对比，参数的取值与 4.4.3 节所述相同。不同的是，TMELDA 模型和 TMELDA-B 模型是为每一个用户建立模型，而 LDA 模型和向量空间模型是将所有 29 名用户的微博文档合并后作为训练集。图 4-5 表示三个模型的最终实验结果。

从结果中可以看到，LDA 模型的结果要优于 VSM 模型，准确率、召回率和 F 值分别比 VSM 模型高出 0.19、0.15 和 0.17。这是因为 VSM 在计算相似性时只考虑了词汇的频率，而没有考虑词汇之间的潜在语义关联，而 TMELDA 模型的效果优于 LDA 模型。因为 TMELDA 不仅考虑了词汇之间的潜在语义关联，还考虑了词汇

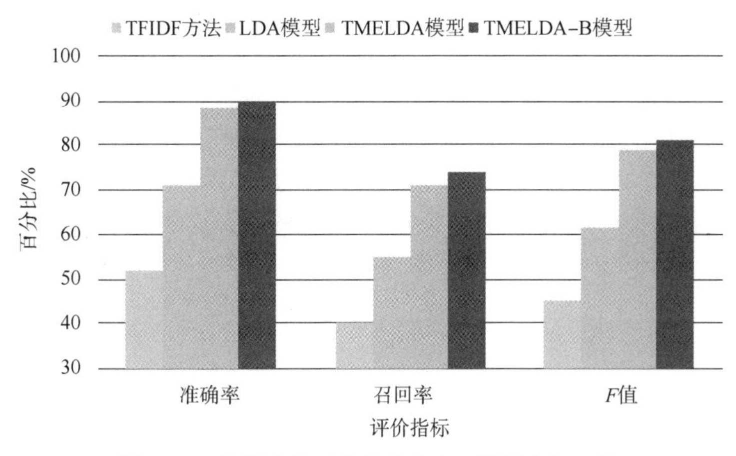

图 4-5　不同方法对应的准确率、召回率和 F 值

分布的均匀性，并且 TMELDA 模型是建立在用户历史文档的基础之上，选取的词汇具有更好的代表性和区分性。TMELDA-B 模型的效果最好，特别是在召回率方面，相较于 TMELDA 模型，性能显著提高。这充分说明行为分析的重要性，不同行为类型拥有自身的习性和特点。

4.6 总　　结

在社交网络和社交媒体分析中，话题演化是一个重要的任务，而该任务建立在话题表示模型的基础之上。主要针对如何更好地表示话题这个问题，结合现有的大多数方法都未考虑词项分布均匀程度的这一现状，阐述基于信息熵和 LDA 模型的话题表示模型 TMELDA 和加入行为类型分析的话题表示模型 TMELDA-B。对互联网的文档内容进行分析，阐述了三个话题分析的假设，并在此三个假设上开展关于话题表示模型的讨论。TMELDA 模型首先通过 LDA 模型对不同用户历史文档进行建模，获取话题基于 LDA 模型的表示；其次，利用信息熵衡量词项在话题内部文档和话题间文档的分布均匀程度，获取每个词项的内部权重和外部权重，进而得到话题基于信息熵的表示；最后，结合话题-词汇分布和基于信息熵的表示得到 TMELDA 模型。TMELDA-B 模型是在 TMELDA 模型的基础上，在内部权重计算的过程中融入了行为类型的分析。采用真实数据集进行测试，所有的实验数据集均来自真实的社交网络——新浪微博。为了更准确地评价两个模型的性能，对模型参数进行估计，评估基于 LDA 模型的话题表示与基于信息熵的话题表示的线性参数，度量不同行为类型，即发布行为、转发行为、提及行为的权重情况。

实验将两个模型在话题发现的框架下与经典公认的 LDA 模型和 VSM 模型作比较，结果表明，结合信息熵和 LDA 模型的话题表示模型 TMELDA 及加入行为类型分析的话题表示模型 TMELDA - B 的性能更优。这是由于这两个模型在一定程度弥补了 LDA 模型和 VSM 模型的劣势，即考虑了词汇分布均匀程度。相比之下，TMELDA - B 的性能更优，因为其融合了对行为类型的分析讨论，粒度更细，结果更精确。然而 TMELDA - B 的计算时间较长，对于追求精度的应用场景，TMELDA - B是更好的选择。对于精度要求不高的应用场景，TMELDA 模型则更为合适，它能够在保证一定精度的同时，拥有较低的计算复杂性。

判　断　篇

第 5 章 影响力分析基础理论

5.1 影响力个体

影响力个体发现在社会学、通信学、经济学、政治科学等领域被广泛研究，影响力个体发现在市场营销与社会运作中起着重要作用，例如在时装推广与政治选举中。1955 年，Katz 等人通过对美国总统选举时选民投票意向的研究，提出了两级传播理论，发现了个体影响力的差异性，小部分“意见领袖”（opinion leaders）或者“影响力个体”影响着大部分普通民众。1962 年，Rogers 等人定义了“影响力个体”，即擅长说服其他人的个体。1969 年，Frank 等人将影响力个体发现的研究应用到市场研究领域中。2002 年，Young 等人将影响力个体发现的研究应用到社会网络领域。

5.2 社会网络影响力个体发现研究现状

随着互联网对社会政治、经济、生活各个领域的日益渗透，越来越多的人习惯借助论坛、博客、微博等网络平台交流心得体会、参与公众话题讨论，社会网络中个体影响力往往是衡量一个节点关键与否的重要标准。

5.2.1 基于信息扩散的影响力个体发现

基于信息扩散发现影响力个体的相关研究主要集中在影响最大化（influence maximization）。Kempe 等人定义影响最大化为使影响力在整个网络中扩散最大化的那些节点，发现影响最大化是一个 NP - hard 问题，以线形阈值模型与独立级联模型为基础给出影响扩散最大化的贪婪算法。Gruhl 等人针对博客数据，利用疾病传染模型模拟话题传播过程，同时利用话题传播路径构造影响传播图。Java 等人将博客网络关系图转换为影响扩散图，对博客中的影响传播建模。

5.2.2 基于个体属性的影响力个体发现

传统的基于个体属性的影响力个体发现方法主要考虑个体在网络中的度大小。在有向图中，节点的出度可以理解为一个节点对他人的影响程度，或该节点的活跃度；节点的入度标志着该节点的受欢迎度。国内乔少杰等人在电子邮件数据中利用用户个性特征的正态分布模型模拟真实的邮件通信行为，发现犯罪网络的核心成员。国外 Nascimento 等人在学术合作网络中将论文数量和引用数量作为衡量一个作者影响力的重要标志。Agarwal 等人在博客数据中综合考虑个体的知名度、活跃度、新颖度及个体表达能力 4 个因素来衡量个体的影响力。Cai 等人基于博客数据考虑了用户所属不同的兴趣领域，认为用户在不同的兴趣领域往往有不同的影响力。Hui 等人基于博客数据，考虑了用户的情感（sentiment），认为信誉（credibility）高的用户相对有更高的影响力。Goya 等人通过分析用户行为产生的日志，根据日志中的用户行为分析用户之间的影响力。Lin 等人考虑用户兴趣相似性确定影响力。Singla、Anagnostopoulos 及 Crandal 等人通过分析社会网络中的用户行为，研究了用户行为属性和个体影响力的关系。

5.2.3 基于网络结构的影响力个体发现

传统的基于网络结构的影响力个体发现方法主要包括 HITS 算法、PageRank 算法。Cai 等人针对 Web 网页能够分成不同板块，提出了 Block - Level PageRank 算法。Xu 等人针对 Web 网络图层次结构特性，提出了 HostRank 算法，该算法将图结构分为两层，分布计算超节点的重要性和下层节点的重要性。针对有权图，Pujo 等人提出了 NodeRanking 算法，该算法是随机游走模型的变体，并且转移（teleportation）参数不固定。

5.2.4 结合个体属性与网络关系的影响力个体发现

传统的结合属性与网络关系的个体影响力评估方法主要为 Personalized PageRank 算法，该算法在 PageRank 算法基础上，考虑节点属性相关的元数据。Liu 等人针对用户浏览网页的时间特性，提出了 BrowseRank 算法，该算法将用户浏览行为模拟为连续马尔科夫过程，将时间因子融入 PageRank 算法中。Gao 等人针对用户浏览网页的时间特性，提出了一种通用的基于马尔科夫的页面重要性衡量框架。Song 等人在博客数据集上提出了 InfluenceRank，不仅考虑了网络链接关系，还考虑了作者发布信息的新颖度。

5.2.5 基于机器学习方法的影响力个体发现

Dietz 等人基于 LDA（Latent Dirichlet Allocation）模型，考虑一篇文章的产生来

自两部分：一部分自己创新的新颖内容，另外一部分为借鉴其他引文文章的词，作者将存在引用关系的两篇文章的影响力设为隐变量，通过参数估计计算两篇文章的影响力。Liu 等人基于前述模型没有考虑影响力的传播，提出了基于话题的影响力传播与聚集算法（propagation & aggregation）。Tang 等人通过因子图（Factor Graph）模拟话题的传播关系，同样将两篇文章的影响力设为隐变量，通过和积（sum - product）算法计算隐变量，从而计算两篇文章之间的影响力。Gerrish 等人针对无链接关系的学术论文数据集提出了基于动态话题模型的学术论文影响力度量方法。

5.3　微博中影响力个体发现研究现状

微博作为一种新的社会媒介，影响力个体发现相关研究还处于起步阶段。Cha 等人在 Twitter 数据集中分别利用个体的追随者数目、被转发数以及被提及数来衡量个体的影响力。Pal 等人在 Twitter 数据集上考虑了个体的发帖数、回复数、被转发数、被提及数（mention）和追随者数目，分别计算个体的转发影响力、被提及影响力和扩散影响力等。Tunkelang 等人针对 Twitter 中的关注关系构造了一种类似 PageRank 的算法，该算法用追随者的影响力来衡量个体的影响力，追随者越重要，并且关注的其他用户越少，则追随者对该用户影响力贡献越大。Bakshy 等人在 Twitter 数据集中，根据每个相同的 URL 构造传播级联树，用种子节点的扩散范围来衡量每个种子节点的影响力。Yang 等人利用提及关系构造影响扩散图，预测微博中传播的速度、规模及范围。Lee 等人在 Twitter 数据集上模拟关注网络中的信息传播，通过计算用户的有效读者数来衡量一个用户的影响力。Weng 等人在 Twitter 数据集上，提出了 TwitterRank 算法，该算法为 PageRank 算法扩展，根据关注网络和用户兴趣相似性计算个体在每个话题上的影响力。Romero 等人根据用户活跃度计算其冷漠性（passivity），冷漠性越高的用户越不容易受到影响。

5.4　多关系网络研究现状

社会网络通常会表现多关系特性，比如学术网络中的网络关系包括引用关系、合作关系等。Michael 等人针对多关系网络数据提出了 co - ranking 算法。Li 等人针对多关系网络数据提出了节点 Hub 和 Authority 的计算方法。

目前，微博中影响力个体发现往往没有综合考虑转发、回复等属性和网络链接关系，同时，传统的多关系网络研究主要集中在确定性关系网络中，比如学术网络中的引用关系和合作关系都是确定的。微博中的转发关系和回复关系容易根据标签类型构造，但复制关系和阅读关系存在不确定性。

第6章 基于多关系网络的微博话题层次影响力个体挖掘

社交网络每天产生大量涉及多个话题的信息，不同用户参与话题的讨论、传播等表现不同的影响力。为了全面度量社交网络中用户在话题层次上的影响力，综合考虑四种网络关系：转发关系、回复关系、复制关系、阅读关系。针对复制关系和阅读关系的不确定性，给出了网络内部转移概率计算方法；针对多关系网络，采用多类型随机游走模型，分别考虑了网络内部的转移概率和不同网络关系之间的转移概率。

6.1 确定博文话题类别

为了挖掘话题层次的影响力个体，首先需要发现属于同一个话题类别的所有博文和用户。使用 LDA 模型确定每篇博文的话题类别，由于 LDA 假设每篇文档由多个话题分布组成，但微博由于字符限制，从而表现为短文本特性，通常每篇博文只表达一个话题的语义信息。为了确定每篇博文话题类别，将文档－话题分布向量中概率最大元素对应的话题作为该文档的话题类别。

令 $\boldsymbol{\theta}$ 表示一篇文档的文档－话题分布向量，即 $\boldsymbol{\theta}=(\theta^1,\theta^2,\cdots,\theta^k)^{\mathrm{T}}$，其中，$\theta^1$，$\theta^2,\cdots,\theta^k$ 为文档－话题分布向量中的每个元素，表示文档在每个话题空间中的概率分布，k 表示设定的话题数目。则每篇博文的话题类别定义如下：

$$t=\underset{z}{\operatorname{argmax}}\{\theta^1,\theta^2,\cdots,\theta^k\} \tag{6-1}$$

式中，$\underset{z}{\operatorname{argmax}}\{\theta^1,\theta^2,\cdots,\theta^k\}$ 表示文档－话题分布向量中概率最大元素对应的话题。

6.2 相关定义

首先定义 C 为整个博文集合，V 为整个用户集合。同时定义 k 个话题，则 C^i 和

V^i $(0<i\leqslant k)$ 分别表示第 i 个话题空间中所有的博文集合和用户集合。

定义微博中的关注网络为一个有向无权图 $G_f=(V,E_f)$，其中 E_f 代表作者直接的关注关系。

定义第 $i(0<i\leqslant k)$ 个话题空间下的多关系网络为多关系图 $G^i=(V^i,E^i_{\text{Retweet}}\cup E^i_{\text{Reply}}\cup E^i_{\text{Copy}}\cup E^i_{\text{Read}})$，该图可以分解为 4 种不同关系类型的图。$G^i_a=(V^i_a,E^i_{\text{Retweet}},W(E^i_{\text{Retweet}}))$ 表示加权有向图，其中，V^i_a 表示第 i 个话题空间下且存在转发关系的用户集合；E^i_{Retweet}是有向边的集合，代表第 i 个话题空间下的转发关系；$W(E^i_{\text{Retweet}})$ 是转发边的权重，为第 i 个话题空间下两用户之间转发次数。同样，$G^i_b=(V^i_b,E^i_{\text{Reply}},W(E^i_{\text{Reply}}))$ 表示加权有向图，其中，V^i_b 表示第 i 个话题空间下且存在回复关系的用户集合；E^i_{Reply} 是有向边的集合，代表第 i 个话题空间下的回复关系；$W(E^i_{\text{Reply}})$ 是回复边的权重，为第 i 个话题空间下两用户之间回复次数。$G^i_c=(V^i_c,E^i_{\text{Copy}})$ 表示有向图，其中，V^i_c 表示第 i 个话题空间下且存在复制关系的用户集合；E^i_{Copy}是有向边集合，表示第 i 个话题空间下用户之间的复制关系。$G^i_d=(V^i_d,E^i_{\text{Read}})$ 表示有向图，其中，V^i_d 表示第 i 个话题空间下且存在阅读关系的用户集合；E^i_{Read}是有向边集合，表示第 i 个话题空间下用户之间的阅读关系。

6.3　转发网络

转发网络图 $G^i_a=(V^i_a,E^i_{\text{Retweet}},W(E^i_{\text{Retweet}}))$ 中随机游走过程构造如下：用户在第 i 个话题空间受到其好友影响，将以一定的转移概率转发其好友博文。转发网络图中的随机游走过程模拟了微博中用户的转发行为。令第 i 个话题空间下转发网络中的转移概率矩阵为 $\boldsymbol{P}^i_a$，用户之间的转移概率定义如下。

定义 6.1：第 i 个话题空间下转发网络中，用户 u^i_s 随机转发用户 u^i_t 博文的转移概率定义为

$$\boldsymbol{P}^i_a(u^i_t \mid u^i_s)=\frac{w_a(u^i_s,u^i_t)}{\sum\limits_{u^i\in \text{out}(u^i_s)} w_a(u^i_s,u^i)} \tag{6-2}$$

式中，$w_a(u^i_s,u^i_t)$ 表示在第 i 个话题空间下，用户 u^i_s 转发用户 u^i_t 的次数；$\sum\limits_{u^i\in \text{out}(u^i_s)} w_a(u^i_s,u^i)$ 表示第 i 个话题空间下，用户 u^i_s 转发其所有好友的博文次数。

6.4　回复网络

回复网络图 $G^i_b=(V^i_b,E^i_{\text{Reply}},W(E^i_{\text{Reply}}))$ 中随机游走过程构造如下：用户在第 i

个话题空间受到其好友影响，将以一定的转移概率回复其好友博文。回复网络图中的随机游走过程模拟了微博中用户的回复行为。令第 i 个话题空间下回复网络中的转移概率矩阵为 $\boldsymbol{P}_b^i$，则用户之间的转移概率定义如下。

定义 6.2：第 i 个话题空间下回复网络中，用户 u_s^i 随机回复用户 u_t^i 博文的转移概率定义为

$$\boldsymbol{P}_b^i(u_t^i \mid u_s^i) = \frac{w_b(u_s^i, u_t^i)}{\sum\limits_{u^i \in \mathrm{out}(u_s^i)} w_b(u_s^i, u^i)} \tag{6-3}$$

式中，$w_b(u_s^i, u_t^i)$ 表示在第 i 个话题空间下，用户 u_s^i 回复用户 u_t^i 的次数；$\sum\limits_{u^i \in \mathrm{out}(u_s^i)} w_b(u_s^i, u^i)$ 表示第 i 个话题空间下，用户 u_s^i 回复其所有好友的博文次数。

6.5 复制网络

为了构造复制网络图 $G_c^i = (V_c^i, E_{\mathrm{Copy}}^i)$ 中随机游走过程，由于微博中不存在"复制"关系标签，所以首先需要推断"复制"关系，挖掘隐含的关系边。

综合考虑两篇博文之间的时间差概率分布与博文的相似性。存在"复制"关系两篇博文的内容相似度比较高，推断"复制"关系的朴素方法可以考虑计算博文之间的相似度，如果相似度高于一定阈值，则可推断该博文的来源。上述朴素方法需要计算用户所有好友的所有博文之间的相似度，计算代价高。为了减小计算代价，不仅考虑博文之间的相似度，还考虑了博文之间的时间间隔 Δt。

微博中的"复制"行为在一定程度上属于转发行为，只不过没有明确使用"RT @ B"或者"via @ B"等转发类型标签，所以使用存在明确转发关系时间间隔 $\Delta t_{\mathrm{Retweet}}$集合 T_{Retweet}的概率分布，拟合于存在"复制"关系的博文之间的时间间隔 Δt 集合 T_{Copy}的概率分布。首先从数据集中随机抽样样本大小为 71 000 的存在明确转发关系时间间隔 $\Delta t_{\mathrm{Retweet}}$集合 T_{Retweet}，即 $|T_{\mathrm{Retweet}}| = 71\,000$。

图 6-1 显示了数据分布，由图可知，大部分时间间隔仅在 1 h 内，仅有少部分时间间隔跨度比较大，甚至有少数时间间隔跨度超过了 10 天。为了更细致地刻画时间间隔分布情况，去掉了时间间隔跨度超过 10 天的长尾点。去掉这些点是合理的，因为通过数据分析发现，时间间隔跨度超过 10 天的转发用户通常是垃圾账号。

去掉时间间隔跨度超过 10 天的长尾点，抽样样本大小变为 69 770，即 $|T'_{\mathrm{Retweet}}| = 69\,770$，时间间隔 Δt 服从负指数分布，如图 6-2 所示。给定样本集合 T'_{Retweet}，估计负指数分布的参数 $\lambda = 1.976\,8 \times 10^4$，则负指数分布概率密度函数如下：

$$f(x) = \begin{cases} \dfrac{1}{19\,768} \mathrm{e}^{-\frac{x}{19\,768}}, & x \geq 0 \\ 0, & x < 0 \end{cases} \tag{6-4}$$

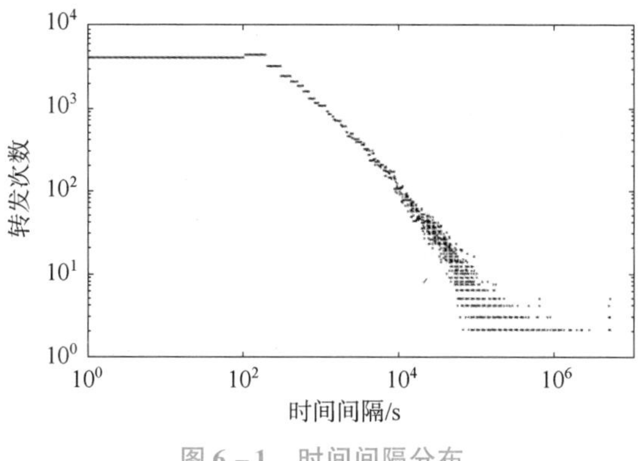

图 6－1　时间间隔分布

所以存在明确转发关系时间间隔集合服从参数 $\lambda = 1.9768 \times 10^4$ 的负指数分布。因“复制”行为在一定程度上属于转发行为，由此可推断存在“复制”关系的两篇博文的时间间隔也服从参数 $\lambda = 1.9768 \times 10^4$ 的负指数分布，分布函数如下所示：

$$F(x) = \begin{cases} 1 - e^{\frac{-x}{19768}}, & x \geqslant 0 \\ 0, & x < 0 \end{cases} \tag{6-5}$$

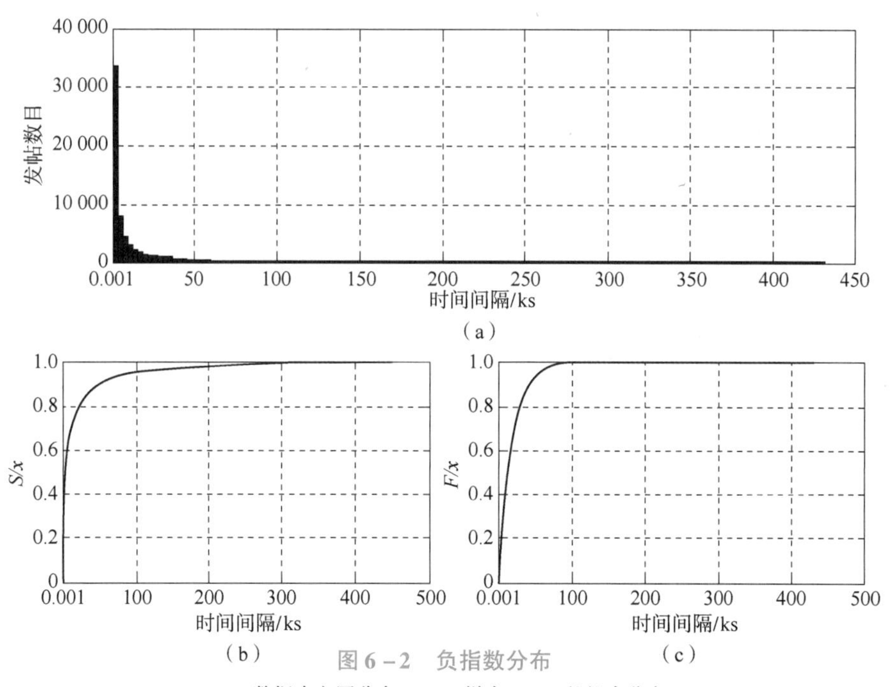

图 6－2　负指数分布

(a) 数据直方图分布；(b) 样本 $S(x)$ 的拟合分布；(c) 假设检验 $F(x)$ 的理论分布

根据负指数分布，可近似给出存在“复制”关系的两篇博文的时间间隔范围 Δt_{range}。综合考虑计算代价与精度，设置存在“复制”关系的两篇博文的时间间隔的范围 $\Delta t_{range} \in (0\ \text{ks}, 1.08\times10^2\text{ks}]$。根据负指数分布，可以推断“复制”关系的召回率 R（Recall）为：

$$R = F(1.08\times10^5) - F(0) = 99.58\% \tag{6-6}$$

如果两篇博文时间间隔 Δt 不在 Δt_{range} 内，则说明存在“复制”关系的概率很低，从而不需要计算两篇博文的相似性，减少计算代价。

由此推断存在好友关系用户发布的博文是否存在“复制”关系，需要满足下面两个条件：

$$\begin{cases} \text{Sim}(p_t, p_s) \geqslant \xi \\ \Delta t_{range} \in (0\ \text{ks}, 1.08\times10^2\text{ks}] \end{cases} \tag{6-7}$$

第一个条件即两篇博文相似度需要高于一定阈值。采用夹角余弦计算两篇博文的相似度，其他的计算文档相似性方法，例如 KL 距离等（kullback - leibler）同样是有效的。

$$\text{sim}(p_t, p_s) = \cos(\boldsymbol{v}_t, \boldsymbol{v}_s) \tag{6-8}$$

式中，$\boldsymbol{v}_t$ 与 $\boldsymbol{v}_s$ 分别代表两篇博文的向量。

定义存在“复制”关系的两篇博文为一个二元组 $<p_t, p_s>$，则两个好友之间所有存在“复制”关系的博文对为一个二元组集合 U。由此可以推断复制网络图 $G_c^i = (V_c^i, E_{\text{Copy}}^i)$ 为一个加权有向图，用户 u_s^i 与 u_t^i 之间的权值 $w_c(u_s^i, u_t^i)$ 定义如下：

$$w_c(u_s^i, u_t^i) = \sum_{<p_t^i, p_s^i> \in U_{s,t}^i} \text{sim}(p_s^i, p_t^i) \times f(\Delta t_{p_s^i, p_t^i}) \tag{6-9}$$

式中，$U_{s,t}^i$ 为第 i 个话题空间下，用户 u_s^i 与 u_t^i 之间所有存在“复制”关系的博文对二元组集合。权值计算综合考虑了两篇博文的相似性与时间差概率分布，两篇博文之间的相似度越高，时间差越小，说明存在“复制”关系的概率越高。

复制网络图 $G_c^i = (V_c^i, E_{\text{Copy}}^i, W(E_{\text{Copy}}^i))$ 中随机游走过程构造如下：用户在第 i 个话题空间受到其好友影响，将以一定的转移概率复制其好友博文。复制网络图中的随机游走过程模拟了微博中用户的复制行为。令第 i 个话题空间下复制网络中的转移概率矩阵为 $\boldsymbol{P}_c^i$，则用户之间的转移概率定义如下。

定义 6.3：第 i 个话题空间下复制网络中，用户 u_s^i 随机复制用户 u_t^i 博文的转移概率定义为

$$\boldsymbol{P}_c^i(u_t^i \mid u_s^i) = \frac{w_c(u_s^i, u_t^i)}{\sum_{u^i \in \text{out}(u_s^i)} w_c(u_s^i, u^i)} \tag{6-10}$$

式中，$w_c(u_s^i, u_t^i)$ 表示在第 i 个话题空间下，用户 u_s^i 与 u_t^i“复制”关系的权值；$\sum_{u^i \in \text{out}(u_s^i)} w_c(u_s^i, u^i)$ 表示第 i 个话题空间下，用户 u_s^i 与其所有好友“复制”关系的权值之和。

6.6 阅读网络

对于用户的发布博文，阅读的用户越多，在一定程度上说明该博文影响范围越广。为了构造阅读网络图 $G_d^i = (V_d^i, E_{\mathrm{Read}}^i)$ 中随机游走过程，首先需要构造阅读网络。

构造阅读网络图的朴素思想即使用关注网络 $G_f = (V, E_f)$ 构造用户之间的关系，依靠用户发布博文数量作为边的权值。直观地解释为在特定话题空间下，用户发布博文越多，并且拥有越多的追随者，则其博文影响范围越广。

该朴素方法的推广即为 TwitterRank 算法，增加了好友之间的话题相似性，直观地理解为用户更有可能阅读与自己话题相似的好友博文。TwitterRank 算法转移概率如下所示：

$$P_t(i,j) = \frac{|\tau_j|}{\sum_{a:s_i \text{follows } s_a} |\tau_a|} \times \mathrm{sim}_t(i,j) \tag{6-11}$$

式中，$|\tau_j|$ 为用户 u_j 发布的博文数目；$\sum_{a:s_i \text{follows } s_a} |\tau_a|$ 为用户 u_i 所有好友发布的博文数目；$\mathrm{sim}_t(i,j)$ 为在第 t 个话题空间下，用户间的相似度。

微博中，用户发布的所有博文被主动推送到其追随者的时间线上，通常追随者登录其个人主页，将能阅读其首页的信息，由此推断用户登录的时间与其好友发帖时间间隔越小，更有可能阅读其好友的博文。但用户登录时间是很难获取的，通过统计每个用户一定数量发帖的规律来计算用户的每天发帖时间序列模式，假设用户之间每天的发帖时间序列模式相似度越高，存在“阅读”关系的概率越大。因为一定数量发帖的时间统计规律在一定程度上反映了用户登录时间规律，每天发帖时间序列模式相似度越高，在一定程度上说明了用户登录的时间与其好友发帖时间间隔越小，则更有可能阅读其好友的博文，所以该假设是合理的。

例如，图 6-3 所示显示了 3 个用户每天发帖时间序列模式，假如用户 A 同时关注了用户 B 和 C，由图可知，用户 A 和 B 的发帖时间序列模式相似度明显高于用户 A 和 C 的发帖时间序列模式，则用户 A 有更大概率阅读 B 的博文。因为用户 B 有更大的概率在用户 A 在线（online）时发布博文，从而微博服务主动将博文推送到 A 的个人主页，使用户 A 有更大概率阅读 B 的博文。

以一天 24 h 内，用户在每个小时的发帖概率来衡量用户的发帖规律，定义发帖时间序列模式如下。

定义 6.4：对任意用户 u，二元组 $<t,p>$ 表示在 t（单位 h）内，用户发帖的概率为 p；时间序列集合 $\{t_0, t_1, \cdots, t_{23}\}$（$t_0 < t_1 < \cdots < t_{23}$）表示 24 h 的离散点，则用户发帖时间序列模式定义如下：

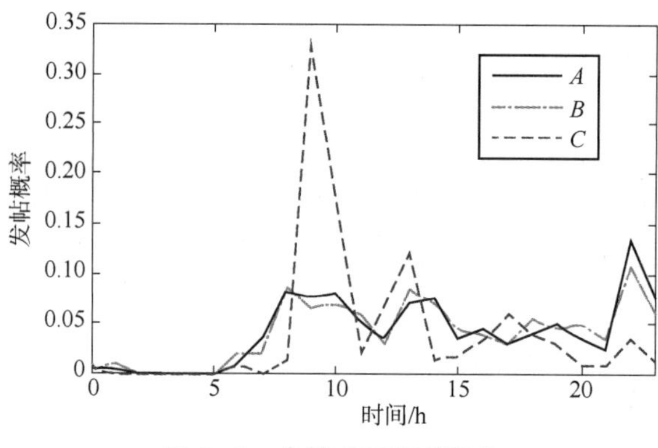

图 6-3　发帖时间序列模式

$$t_s = < t_{s_0} = < t_0, p_0 > , t_{s_1} = < t_1, p_1 > , \cdots , t_{s_{23}} = < t_{23}, p_{23} > > \tag{6-12}$$

统计每个用户发布 N 个帖子的时间规律，计算用户在 i（单位 h）内的发帖概率为

$$p_i = \frac{N_i}{N}$$

式中，N_i 表示用户所有 N 个帖子中，每天在 i（单位 h）内发布所有帖子的数目，即用户在 i（单位 h）内发布帖子数目越多，则用户一天之内在该小时内上网概率越大。

用户在每个小时内的发帖概率越相同，则时间序列模式的相似度越高，所以采用欧氏（Euclidean）距离度量时间序列相似度。

令 Q 和 C 分别表示两个发帖时间序列；q_i 表示 Q 序列的第 i 个点的取值；c_j 表示 C 序列在第 j 个点的取值；i、n 分别表示当前点在整个序列的序号和整个序列的长度，则两个时间序列相似度计算公式如下：

$$\text{simSeries}(Q,C) = \frac{1}{\sqrt{\sum_{i=1}^{n} (q_i - c_j)^2}}, |Q| \neq 0, |C| \neq 0| \tag{6-13}$$

式中，$|Q|$ 和 $|C|$ 分别表示两个序列的长度，欧氏距离越小，相似度越高。

假设检验：由于用户的转发和回复都是在阅读了博文基础之上表现的行为，由此可推断转发和回复必定也属于阅读行为。使用归纳法给出假设检验过程，定义如下 3 个检验条件：

C1：用户时间序列相似度越高，存在转发的概率越高。

C2：用户时间序列相似度越高，存在回复的概率越高。

C3：用户时间序列相似度越高，存在阅读的概率越高。

由于转发和回复也属于阅读行为，根据归纳法推断，如果 C1 和 C2 都满足，则 C3 也满足。

此时假设检验转换为判断 C1 和 C2 是否成立。为了判断用户相似度与用户转发和回复概率的关系，采用了斯皮尔曼等级相关（spearman rank correlation）系数，定义用户所有好友的序列为 $<f_1,f_2,\cdots,f_n>$，按照时间序列相似度排名，对应的名次序列为 $<r_1^1,r_2^1,\cdots,r_n^1>$；按照转发数排名，对应的名次序列为 $<r_1^2,r_2^2,\cdots,r_n^2>$；按照回复数排名，对应的名次序列为 $<r_1^3,r_2^3,\cdots,r_n^3>$，则用户相似度与用户转发和回复概率的关系分别定义为：

$$\rho_1 = 1 - \frac{6\sum\limits_{0<i<n}(r_i^1 - r_i^2)^2}{n^3 - n},\qquad \rho_2 = 1 - \frac{6\sum\limits_{0<i<n}(r_i^1 - r_i^3)^2}{n^3 - n} \tag{6-14}$$

斯皮尔曼等级相关系数用来判断两组变量之间联系的密切程度，它是建立在等级的基础上计算的，两组变量排名吻合度越高，斯皮尔曼等级相关系数越高；当两组变量排名完全一致时，斯皮尔曼等级相关系数为1。

从实验数据集中分别选择5 000个转发活跃的用户和5 000个回复活跃的用户，计算每个用户所有好友按照时间序列相似度排名和按照转发数排名的斯皮尔曼等级相关系数，以及按照时间序列相似度排名和按照回复数排名的斯皮尔曼等级相关系数，实验结果如图6－4所示。

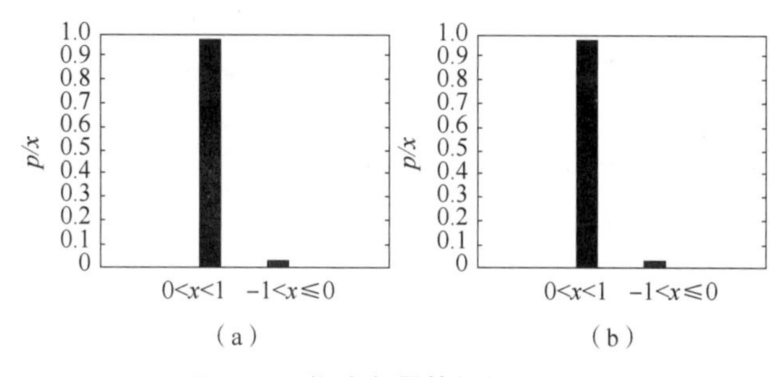

图6－4 斯皮尔曼等级相关系数

(a) 转发相关系数概率；(b) 回复相关系数概率

由图6－4所示直方图（bar）可知，时间序列相似度排名和转发数排名的斯皮尔曼等级相关系数大于0的概率为0.967，时间序列相似度排名和回复数排名的斯皮尔曼等级相关系数大于0的概率为0.974，反映了样本数据中时间序列相似度排名和转发数排名的吻合度比较高，以及时间序列相似度排名和回复数排名的吻合度比较高，在一定程度上说明了用户时间序列相似度越高，用户之间的转发概率和回复概率越高。实验结果验证了C1和C2的正确性，由归纳法推断检验条件C3的正确性。

由上述分析推断假设是合理的。

由此推断用户之间存在阅读关系的概率与以下3个因数相关：

①用户以更高的概率阅读博文数量多的好友。

②用户以更高概率阅读话题相似度高的好友。

③用户以更高的概率阅读发帖时间序列模式相似度高的好友。

所以用户 u_s 阅读好友 u_t 博文的概率定义如下：

$$P_{\mathrm{read}}(u_s,u_t)=\frac{\tau_t\times \mathrm{sim}(u_s,u_t)\times \mathrm{simSeries}(u_s,u_t)}{\sum\limits_{u\in \mathrm{out}(u_s)}\tau_u\times \mathrm{sim}(u_s,u)\times \mathrm{simSeries}(u_s,u)} \tag{6-15}$$

式中，τ 表示数据集中用户 u 发布的博文数量（不包括已经存在转发、回复和复制关系的博文）；$\mathrm{simSeries}(u_s,u_t)$ 表示用户 u_s 与其关注好友 u_t 之间时间序列相似度；$\mathrm{out}(u_s)$ 表示用户 u_s 关注好友集合。

$\mathrm{sim}(u_s,u_t)$ 表示用户之间的话题相似度，将一个用户的所有博文作为一篇文档计算话题相似度，同样使用 LDA 模型确定每个用户的话题分布。定义 $\boldsymbol{t}$ 为用户的"用户－话题"分布向量，即 $\boldsymbol{t}=(t^1,t^2,\cdots,t^k)^{\mathrm{T}}$，其中，$t^1,t^2,\cdots,t^k$ 为"用户－话题"分布向量中的各个元素，表示用户在每个话题空间中的概率分布，k 表示设定的话题数目，用户话题类别集合表示为 $\{t^1,t^2,\cdots,t^k\}$。

用户话题相似度定义为用户话题类别集合 $\{t^1,t^2,\cdots,t^k\}$ 的 KL 距离：

$$\mathrm{sim}(u_s,u_t)=\frac{1}{\mathrm{KL}(u_s,u_t)}=\frac{1}{\sum\limits_{0<i\leqslant k}t_s^i\lg\frac{t_s^i}{t_t^i}},\ |u_t|\neq 0,\ |u_s|\neq 0 \tag{6-16}$$

式中，$|u_s|$ 和 $|u_t|$ 分别表示用户发布的博文数目；t_s^i 表示用户 u_s 在第 i 个话题空间的概率分布；t_t^i 表示用户 u_t 在第 i 个话题空间的概率分布。KL 距离越小，话题相似度越高。

如果 $|u_t|=0$，即数据集中用户 u_s 关注的好友 u_t 没有发布博文，则用户 u_s 阅读好友 u_t 的概率为 0，所以 $\mathrm{sim}(u_s,u_t)\times\mathrm{simSeries}(u_s,u_t)=0$。

如果 $|u_s|=0$，即数据集中用户 u_s 没有发布博文，定义用户 u_s 阅读好友 u_t 的概率为：

$$P_{\mathrm{Read}}(u_s,u_t)=\frac{\tau_t}{\sum\limits_{u\in \mathrm{out}(u_s)}\tau_u} \tag{6-17}$$

即阅读好友的概率只与好友发布博文数目相关，好友发布博文越多，阅读该好友的概率越大。

对于第 i 个话题空间中的所有用户集合 U^i，推断用户集合 U^i 中 u 的所有追随者与 u 是否存在"阅读"关系，需要满足如下条件：

$$t_u^i\times P_{\mathrm{Read}}\geqslant\eta \tag{6-18}$$

式中，t_u^i 表示用户 u 在第 i 个话题空间的概率分布；P_{Read} 表示用户 u 的追随者阅读该用户的概率。即两个用户在 i 个话题空间的"阅读"概率需要高于一定阈值。

阅读网络图 $G_d^i=(V_d^i,E_{\mathrm{Read}}^i)$ 为一个加权有向图，在第 i 个话题空间中，用户 u_s^i 与 u_t^i 之间的权值 $w_d(u_s^i,u_t^i)$ 定义如下：

$$w_d(u_s^i,u_t^i)=t_u^i\times P_{\mathrm{Read}}(u_s,u_t) \tag{6-19}$$

令第 i 个话题空间下阅读网络图 $G_d^i=(V_d^i,E_{\mathrm{Read}}^i,W(E_{\mathrm{Read}}^i))$ 中的转移概率矩阵为 $\boldsymbol{P}_d^i$，则用户之间的转移概率定义如下。

定义 6.5：第 i 个话题空间下阅读网络中，用户 u_s^i 随机阅读用户 u_t^i 博文的转移概率定义为

$$\boldsymbol{P}_d^i(u_t^i \mid u_s^i) = \frac{w_d(u_s^i, u_t^i)}{\sum_{u^i \in \text{out}(u_s^i)} w_d(u_s^i, u^i)} \tag{6-20}$$

式中，$w_d(u_s^i, u_t^i)$ 表示在第 i 个话题空间下，用户 u_s^i 与 u_t^i “阅读”关系的权值；$\sum_{u^i \in \text{out}(u_s^i)} w_d(u_s^i, u^i)$ 表示第 i 个话题空间下，用户 u_s^i 与其所有好友“阅读”关系的权值之和。

6.7　融合多关系网络

用户受到其好友的影响在 4 种影响网络中表现为随机游走过程，同时也将以一定概率跳转到另一种影响网络中。定义用户停留在转发网络、回复网络、复制网络、阅读网络的概率分别为 λ_1、λ_2、λ_3、λ_4，并且满足 $\lambda_1 + \lambda_2 + \lambda_3 + \lambda_4 = 1$，则用户将以 $1 - \lambda_1$ 的概率从转发网络跳转到其他网络，以 $1 - \lambda_2$ 的概率从回复网络跳转到其他网络，以 $1 - \lambda_3$ 的概率从复制网络跳转到其他网络，以 $1 - \lambda_4$ 的概率从阅读网络跳转到其他网络。

根据 PageRank 算法，用户不仅沿着网络随机游走，而且还以一定的概率 β 随机跳转到其他节点，所以综合考虑网络内部节点之间的跳转概率 β 和网络之间的跳转概率 λ，令转移概率矩阵为 $\boldsymbol{B}$，第 i 个话题空间中 4 种网络中用户之间转移概率分别定义如下。

①转发网络：

$$\boldsymbol{B}_a^i(u_t^i \mid u_s^i) = \lambda_1 \times (1 - \beta) \times \frac{w_a(u_s^i, u_t^i)}{\sum_{u^i \in \text{out}(u_s^i)} w_a(u_s^i, u^i)} + \frac{\beta}{n} \tag{6-21}$$

②回复网络：

$$\boldsymbol{B}_b^i(u_t^i \mid u_s^i) = \lambda_2 \times (1 - \beta) \times \frac{w_b(u_s^i, u_t^i)}{\sum_{u^i \in \text{out}(u_s^i)} w_b(u_s^i, u^i)} + \frac{\beta}{n} \tag{6-22}$$

③复制网络：

$$\boldsymbol{B}_c^i(u_t^i \mid u_s^i) = \lambda_3 \times (1 - \beta) \times \frac{w_c(u_s^i, u_t^i)}{\sum_{u^i \in \text{out}(u_s^i)} w_c(u_s^i, u^i)} + \frac{\beta}{n} \tag{6-23}$$

④阅读网络：

$$\boldsymbol{B}_d^i(u_t^i \mid u_s^i) = \lambda_4 \times (1 - \beta) \times \frac{w_d(u_s^i, u_t^i)}{\sum_{u^i \in \text{out}(u_s^i)} w_d(u_s^i, u^i)} + \frac{\beta}{n} \tag{6-24}$$

令 $r^i(u)$ 为第 i 个话题空间中用户 u 的排名，综合考虑用户在 4 种网络中的随机游走，则第 i 个话题空间中用户 u 的排名定义如下：

$$r^i(u) = \sum_{(u_t^i,u)\in E_{\text{Retweet}}^i} \boldsymbol{B}_a^i(u \mid u_t^i) r^i(u_t^i) + \sum_{(u_t^i,u)\in E_{\text{Reply}}^i} \boldsymbol{B}_b^i(u \mid u_t^i) r^i(u_t^i) + \sum_{(u_t^i,u)\in E_{\text{Copy}}^i} \boldsymbol{B}_c^i(u \mid u_t^i) r^i(u_t^i) + \sum_{(u_t^i,u)\in E_{\text{Read}}^i} \boldsymbol{B}_d^i(u \mid u_t^i) r^i(u_t^i) \tag{6-25}$$

即用户的排名主要由追随者随机跳转到该用户的概率决定。

6.8 证明收敛性

由式（6－25）变形可以计算第 i 个话题空间中用户 u 的排名：

$$r^i(u) = \sum_{(u_t^i,u)\in E_{\text{Retweet}}^i} \boldsymbol{B}_a^i(u \mid u_t^i) + \sum_{(u_t^i,u)\in E_{\text{Reply}}^i} \boldsymbol{B}_b^i(u \mid u_t^i) + \sum_{(u_t^i,u)\in E_{\text{Copy}}^i} \boldsymbol{B}_c^i(u \mid u_t^i) + \sum_{(u_t^i,u)\in E_{\text{Read}}^i} \boldsymbol{B}_d^i(u \mid u_t^i) \times r^i(u_t^i) \tag{6-26}$$

令 $\boldsymbol{M}$ 为融合多关系网络随机游走模型的转移概率矩阵，则多关系网络随机游走迭代模型为

$$\boldsymbol{\pi}_i^{t+1} = M\boldsymbol{\pi}_{\mathrm{i}}^{t} \tag{6-27}$$

式中，$\boldsymbol{\pi}_i^t$ 为第 i 个话题空间中，第 t 次迭代过程中用户排名向量。

由式（6－27）可知，多关系网络随机游走迭代模型为一个各态遍历的马尔科夫过程。因此，给定一个初始的向量 $\boldsymbol{\pi}_i^0$，通过 n 次迭代，计算结果将会逐渐收敛。证毕。

6.9 影响力个体分类

影响力个体表现为不同的影响力属性，部分影响力个体在多个话题中表现为较高的影响力，此类影响力个体兴趣广泛，对每个话题的扩散都起着重要作用，称此类影响力个体为“多话题层次影响力个体”；部分影响力个体仅仅在单个话题中表现为较高影响力，此类影响力个体兴趣爱好专注，仅对自己关注的话题扩散起着重要作用，称此类影响力个体为“单话题层次影响力个体”。影响力个体分类在舆情监控与市场营销方面起着重要作用，比如在舆情监控中，“多话题层次影响力个体”是特别需要监控的对象，因为此类影响力个体对每个话题的扩散都起着重要作用，同时，也需要监控用户指定话题的“单话题层次影响力个体”，因为此类影响力个体对特定话题的扩散起着重要作用。

对于每个话题类别，取影响力排名靠前的 Top－K 用户为该话题类别的影响力

个体，定义所有话题类别影响力个体的集合为 I。

定义 6.6：给定 k 个话题类别，对于集合 I 中的每个用户个体，用户影响力属性为一个样本的大小为 k 的集合 Set，元素 1 表示该用户是第 k 个话题中影响力排名靠前的 Top－K 用户；否则，集合中的元素为 0。

例如，给定 10 个话题类别，某用户个体是第 2 个和第 5 个话题中影响力排名靠前的 Top－K 用户，则该用户的影响力属性为 $\{0,1,0,0,1,0,0,0,0,0\}$。

为了根据用户影响力属性判断影响力个体类别，采用了杰卡德相似系数。

定义参考集合 $A=\{1,1,1,1,1,1,1,1,1,1\}$，即每个话题类别中影响力排名都在 Top－$K$ 内，对于集合 I 中的每个用户个体，用户影响力属性集合 $\mathrm{Set}_i(i\in I)$ 与参考集合 A 的杰卡德相似系数定义如下：

$$J(\mathrm{Set}_i,A)=\frac{|\mathrm{Set}_i\cap A|}{|\mathrm{Set}_i\cup A|} \tag{6-28}$$

杰卡德相似系数用来衡量两个集合的相似度，用户影响力属性集合与参考集合相似度越高，说明该用户在越多的话题类别中表现较高的影响力。

定义 6.7：给定 k 个话题类别，对于集合 I 中的某个用户的影响力属性集合 $\mathrm{Set}_i(i\in I)$，如果 $J(\mathrm{Set}_i,A)\geqslant\varpi$，即用户影响力属性集合与参考集合相似度大于指定阈值 ϖ，则该用户为多话题层次影响力个体。

定义 6.8：给定 k 个话题类别，对于集合 I 中的某个用户的影响力属性集合 $\mathrm{Set}_i(i\in I)$，如果 $J(\mathrm{Set}_i,A)<\varpi$，即用户影响力属性集合与参考集合相似度小于指定阈值 ϖ，则该用户为单话题层次影响力个体。

第 7 章　基于用户行为的话题层面影响力度量

随着社交网络服务的普及，大量用户在网络中发布信息的同时，也广泛参与相关内容的讨论，从而导致信息的快速扩散。在此过程中，用户表现出来的对信息扩散推动作用的大小，正好反映了各自在社交网络中影响力的强弱。在基于口口相传方式的信息传播中，用户影响力的价值更加明显，具有较强影响力的用户一般会成为传播网络中的关键节点，他们对传播效果的影响至关重要。因此，作为一个基础性的工作，如何准确定位高影响力用户就成为影响力分析中的热点研究问题。这是一个具有挑战性的工作，目前，解决该问题的主流思路是通过影响力度量技术为社交网络中的每个用户定量计算一个影响力值，然后根据影响力值大小，采用排名的方式选择具有高影响力的用户群体，这类用户一般被称为影响力个体。传统的影响力度量技术的核心是构建用户之间的关系网络及权重矩阵，通过挖掘关系网络和用户特征等计算用户的影响力。这些方法显然不适用于在承载大量信息流动的社交网络中识别影响力个体。

信息具有不同的话题属性，社交网络中蕴含的话题类别更加丰富，不同用户关注的话题也存在差异。关联不同话题的信息传播模式迥异，有的话题信息能持续较长时间，引发用户持续讨论，有的话题信息只是昙花一现，短时间内就失去了用户的关注或者被其他话题信息淹没。因此，影响力个体的挖掘离不开具体话题类别的分析，不同话题圈子中最具影响力的用户不可能是相同用户。在话题层面度量用户影响力是一种更细粒度的社交网络影响力分析手段，这种技术思路比较科学，也是影响力个体发现方法的研究趋势。此外，合理构建有效的关系网络，对于用户之间社交关系时刻变化的社交平台并非易事，更不用说准确计算网络中的权重系数。诱导用户产生社交行为的外在因素主要是信息涉及的话题属性及其他用户对他的影响程度，所以影响力植根于用户之间的交互过程中，用户之间行为模式的关联程度为个体影响力的计算提供了基础。以此为出发点，首先充分利用用户在社交网络中发布信息的行为模式，提取用户之间行为模式的依赖关系，为计算关系网络的权重矩阵构造了一种新的基于转发行为时间差的方法；与此同时，还基于用户关注的历史

信息，挖掘用户隶属的话题圈子，通过话题关注度提取不同话题圈子中影响力用户候选集。然后基于随机游走模型融合用户行为特征和话题关联属性，阐述了在不同话题圈子中计算用户影响力的 TBRank 模型，从而挖掘话题相关的影响力个体。最后在真实数据集上进行实验，其结果证实了该方法度量用户影响力的有效性，进而说明了基于用户行为和信息话题特征的 TBRank 模型在不同话题圈子挖掘影响力个体的可行性。

7.1 研究动机

由于用户的广泛参与性，社交媒体每天都产生并传播着大量信息，逐渐取代传统媒体成为信息发布的重要渠道。用户生成数据和在线社交网络的有效结合是改变人类分享信息、思想和观点等方式的本质原因。社交网络不仅成为用户产生信息的平台，同时也是用户消费信息的主要来源。信息在社交网络中的传播主要受用户行为的驱动，用户之间的交互决定信息传播的效果。因此，研究用户消费和传播信息的因素是制定有效传播策略的首要工作。其中，最直接的因素就是用户影响力，影响力大的用户利用自身的号召力可以将信息传播给更大范围的受众群体，或者改变其他用户的行为使得信息得到更进一步的传播。度量用户的影响力并识别影响力个体具有重要的商业和社会价值，例如在品牌推广或新品销售方面，通过给影响力个体试用商品，然后基于他们对商品的正面评价，可以导致广大用户的购买行为；在舆情监控方面，影响力个体的在线言论和行为极易引发广泛关注，借助其力量发布信息可以制造舆论导向，从而传递积极能量。不仅如此，百度知道账号的影响力值、新浪微博的影响力用户榜单、学者在谷歌学术中的学术影响力等都是影响力分析的最直接应用。高影响力的用户在不同的应用场景中所起的作用也各不相同：在问题回答系统中给出的答案比较准确和全面；在微博服务中拥有较多的粉丝，扩大事件传播范围，形成焦点事件；在学术网络中，发表的论文质量较高，往往能代表当前的研究方向。所以，用户影响力度量技术一直都是学术界和工业界的热点研究问题。

早期工作主要从定性分析的角度对社会网络中用户影响力进行研究，论证了用户影响力存在且具有差异。社交媒体的出现为定量计算用户的影响力提供了丰富的数据基础，不仅可以验证已有结论的正确性，还能模拟影响力改变用户行为、观点等属性的过程。社交网络中用户影响力是一种现象，大部分体现在用户交互行为和信息传播过程中，所以影响力值原本并没有什么实际内涵，通过值大小定位影响力用户或推测用户行为和信息传播效果才是影响力度量的最终目标。已有的在社交网络用户及其社交关系构建的网络图结构中挖掘影响力个体的方法虽然可以发现网络中的关键节点，但是衡量的都是用户在网络中所处位置的重要性或全局影响力。在信息传播主导的社交网络中，不同信息在不同的社交圈子中获得关注的程度不一，只有符合用户兴趣的话题信息才能得到激烈讨论，从而形成信息级联传播。因此，用户影响力的度量也不能局限于单一维度，而应该在不同的话题圈子中计算用户的影响力。相比于全局影响力，度量用户话题相关的影响力是从更细粒度的角度区分不同话题类别中影响力个体。除了网络结构，用户产生的信息文本内容也能体现用户影响力，新颖的话题信息能迅速吸引公众的眼光，提高用户知名度，增强自身影响力。这类与话题相关的影响力，更适用于社交网络中信息检索或社交推荐等方面。针对特定的应用场景，在具体的话题领域推荐高影响力用户的相关言论或行为被成功采纳的可能性更高。

在不同的话题中定量计算影响力大小，已经成为社交网络用户影响力分析的主流趋势。利用信息内容对用户影响力进行细粒度刻画，可以区分不同话题中的影响力个体。Haveliwala 等人提出了采用相同的转移概率矩阵计算影响力的话题敏感 PagerRank 方法，并认为用户在不同话题中影响力扩散的概率都是一样的。Weng 等人提出了结合网络链接结构和话题相似性的影响力度量方法，通过构造用户影响力在不同话题中的转移矩阵，在 Twitter 数据集中验证了方法的有效性。Tang 等人提出了在不同话题中利用话题因子图（TAP）模型计算用户之间的影响力转移概率，基于随机游走模型在不同话题中挖掘影响力个体。Silva 等人认为影响力用户和比较受欢迎的信息存在相关性，提出了在用户 - 信息图中基于随机游走的传播模型 ProfileRank。该方法在社交网络中不仅能识别有影响力的用户，还能找到被广大用户关注的信息，从而能制定个性化的推荐策略，提高推荐任务的准确性。Ding 等人提出了一种在多关系网络中定位影响力用户的 MultiRank 方法，分别考虑用户在网络内部的跳转概率和不同网络之间跳转概率，基于随机游走模型计算用户在不同话题中的影响力。此外，还有一些方法将影响力计算和话题发现融入同一个模型中进行考虑，如 Liu 等人提出在异质网络中度量用户话题相关影响力的方法，利用文本内容和链接关系挖掘不同话题中直接影响力和间接影响力。Bi 等人提出在一个概率产生式过程中集成信息话题发现和社交影响力分析的 FLDA 模型，该模型本质上是一个伯努利多项式混合模型，并设计了一种分布式的吉布斯采样求解方法。实际上，上述方法主要是在不同话题中确定影响力在用户之间的传播概率，从而基于随机游走的方法计算用户影响力；或者构造一个复杂的概率产生式模型，基于观察到的社交网络数据，通过拟合损失函数对用户话题相关的影响力进行推断学习。然而，用户的社交行为由影响力和信息共同驱动，这为影响力的挖掘提供了思路，可以从行为模式和信息内容等方面度量用户在不同话题中的影响力。

充分考虑用户自身行为规律和用户之间的交互信息等因素，基于影响力度量模型，改进在不同话题圈子中的用户之间影响力传播权重计算方法，阐述了基于随机游走的话题层面用户影响力的度量模型，为更加准确地定位到不同话题中的影响力个体奠定基础。具体来说，主要通过用户在微博系统中的转发行为的时间差特征和用户之间的话题相关性来度量用户之间的影响力传播系数。

7.2 相关定义

本节将对社交网络中话题层面用户影响力度量问题进行定义，并形式化的描述该问题。在定义问题之前，先对其中涉及的符号（表7－1）和概念进行介绍。

表7－1　符号定义及说明

符号	说明	符号	说明
G	关系网络	$R_u(t)$	用户 u 转发信息的时延概率密度函数
B	微博文本	$\Lambda_{u,v}^A$	行为相关的影响力传播系数
$\boldsymbol{T}^u$	用户 u 的话题分布向量	$\Lambda_{u,v}^k$	话题 k 相关的影响力传播系数
C^k	话题圈子	$W_{u,v}^k$	影响力传播系数
$P_u(t)$	用户 u 发布信息的概率密度函数	I_u^k	用户 u 在话题 k 中的影响力

定义7.1（关系网络）：社交网络中的关系网络是由用户及用户之间的社交关系构成的图结构，记为 $G=(V,E)$，其中 V 是用户集合，$E\subseteq V\times V$ 是关系集合，对于任何一对用户 $u,v\in V$，若他们之间存在有向的关系，则 $(u,v)\in E$，否则，$(u,v)\notin E$。如果用户之间的社交关系是有向的，则 G 是有向图结构，如关注关系；如果是无向的，则 G 是无向图结构，如朋友关系。

定义7.2（微博文本）：微博文本主要指一篇微博的文本信息，不包括图片、视频等内容，由字符串组成，可表示为向量形式 $\boldsymbol{B}=(s_1,s_2,\cdots,s_n)$，$s_i$代表第 i 个字符，一般不超过140个字符，属于短文本类型。

定义7.3（用户话题分布）：社交网络中，用户经常对多个话题感兴趣，采用 $\boldsymbol{T}^u$ 表示用户 u 的话题分布函数，则 $\boldsymbol{T}^u=(T_1^u,T_2^u,\cdots,T_k^u)$，是一个 K 维向量，其中，T_k^u代表用户对话题 k 的感兴趣程度，$0\leqslant T_k^u\leqslant 1$ 且 $\sum\limits_k T_k^u=1$。

定义7.4（话题圈子）：社交网络中传播的信息蕴含了各种各样的话题，话题圈子是指与某一特定话题相关的用户集合，用$C^k\subseteq V$ 表示。用户 u 是话题圈子C^k成员的充要条件是T_k^u大于某个阈值，说明用户对该话题 k 感兴趣。

定义7.5（用户发博概率）：社交网络中用户发布信息的行为与时间 t 相关，用 $P_u(t)$ 表示用户 u 发布信息的时间概率密度函数。

定义7.6（用户转发时延概率）：社交网络中用户转发信息行为的发生时间一定延后于被转发信息的发布时间，采用$R_u(t)$ 代表用户 u 转发信息时间与被转发信息发布时间差 t 的概率密度函数。

基于上述相关定义，将对研究问题进行形式化描述如下：给定社交网络数据，包括关系结构 $G=(V,E)$、用户发布信息的文本和时间等数据，如何利用话题层面的影响力度量技术，针对不同话题计算相关用户的影响力大小。图7－1所示的例子是对研究问题的简化表示，基于社交网络平台中的数据挖掘用户在不同话题中的影响力。从示例中可以看出，问题最终的求解结果是在不同的话题类别中，对涉及用户的影响力给出了一个实数值，这是一个标量，代表了用户在该话题中所具有的影响力大小，不同话题圈子中具有最大影响力值的用户不一样，说明在实际生活中，同一个用户不可能在所有领域都拥有绝对大的号召力。与此同时，示例图还揭示了影响力度量模型 TBRank 的特点，即用户不可能出现在所有的话题圈子中，这也符合实际情况。因为在某个话题类别中，如果用户很少关注该话题相关的信息，那么该用户不可能是此话题中的影响力个体。

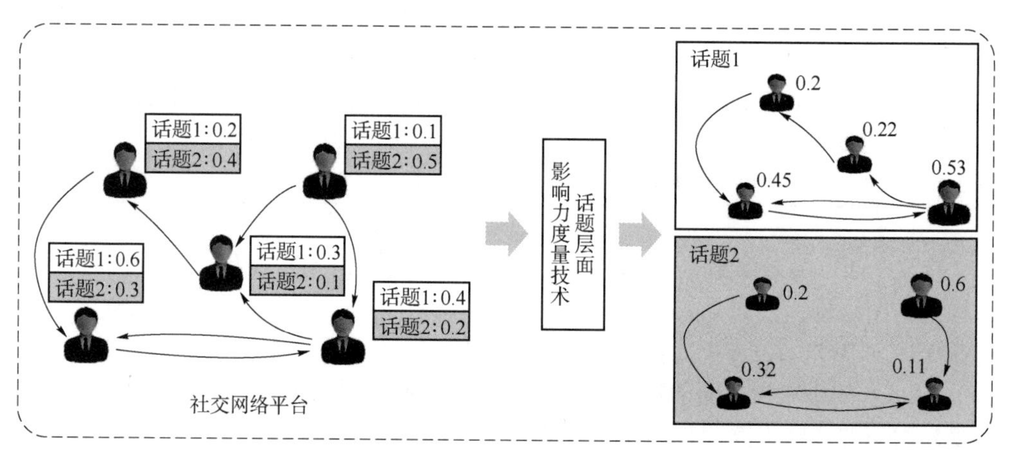

图 7-1　社交网络中话题层面影响力度量问题

7.3　方法描述

本节将详细阐述基于用户行为的话题层面影响力度量模型 TBRank 的主要内容，其中核心部分是针对社交网络中用户行为和交互信息等数据，设计一种与话题相关的影响力传播系数计算方法，也就是计算模型中网络结构链接用户之间的权重系数，从而提高用户影响力度量的准确性和科学性。

图 7-2 展示了度量用户话题相关影响力的 TBRank 模型的整体框架，主要分为三个部分：第一部分是通过用户发布信息的时序模式来计算行为相关影响力传播系数；第二部分是基于话题挖掘技术来计算话题相关影响力传播系数；第三部分是结合行为和话题相关的影响力传播系数来计算影响力传播系数，并在特定话题圈子中度量用户影响力。针对话题相关影响力传播系数的计算，首先搜集用户在数据采集期内发布的所有博文文本内容，作为用户的话题文档；然后采用经典的 LDA 模型，以用户博文内容为输入，计算用户在不同话题中的概率分布；最后利用相似性度量方法计算用户之间话题相关的影响力传播系数 $\Lambda_{u,v}^{k}$。针对行为相关影响力传播系数的计算，首先基于用户发布博文或转发博文的时间序列来拟合用户发布信息的概率

密度函数$P_u(t)$和转发信息时延概率密度函数$R_u(t)$，然后通过用户的历史转发信息和关系网络结构来计算用户之间行为相关的影响力传播系数$\Lambda_{u,v}^{A}$。针对用户话题相关影响力的计算，首先根据用户的话题分布构建不同话题的话题圈子，然后在话题圈子中通过线性加权的方式计算影响力传播系数$W_{u,v}^{k}$，最后基于随机游走模型计算不同话题圈子中用户的影响力。接下来将对这些部分的实施过程进行细致描述。

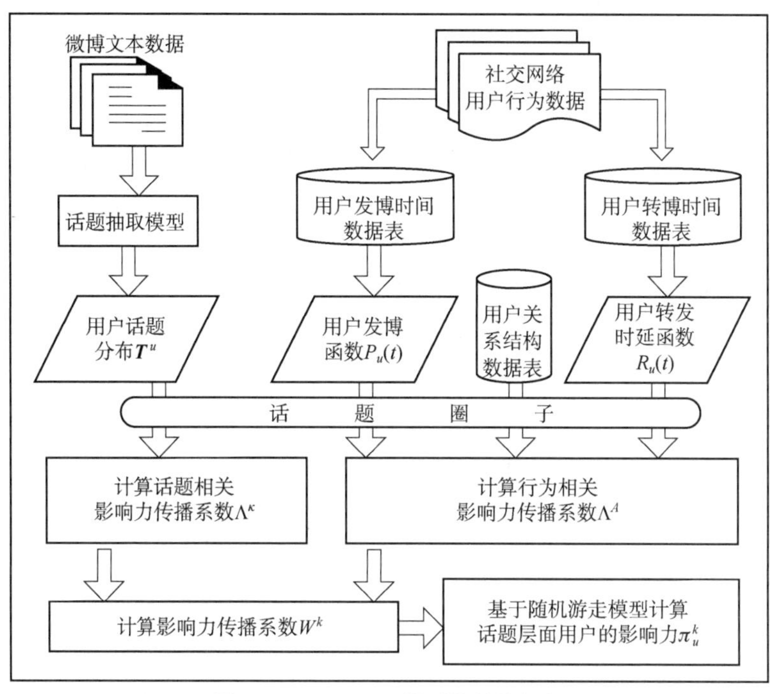

图 7－2　TBRank 模型的整体框架

7.3.1　行为相关性

在社交网络平台中，用户的社交行为表现不一，除了内在因素影响，外部因素主要来源于其他用户的行为和信息的内容。本节首先考虑行为方面的影响，以新浪微博为例，系统提供了转发、回复、点赞等社交功能，而转发行为是最能体现影响力传播的一种社交行为。因为通过用户的转发行为，信息又可以被传送到其粉丝用户的页面，从而促进信息继续传播。反过来，除了信息本身的作用，用户执行某次转发行为或多或少都会受到信息源用户的影响，这为通过社交网络用户的行为特征来研究影响力机制提供了思路。总之，用户之间的社交行为是影响力的外在表现，利用用户行为特征来度量用户影响力大小是一个新的角度。加之转发行为最能表征用户之间的相互影响过程，挖掘用户转发行为的内在联系为度量影响力提供了可计算手段。

一般情况下，用户发布或转发博文等行为都具有一定的时间规律，具有影响力传播的用户之间的社交行为可能存在某种时序特征一致性，并且这种一致性越强，用户之间的影响力传播的强度就越高。为了能从数学的角度描述这种一致性，下面将从统计分析的角度展现社交网络用户行为的时序特征。图 7－3 和图 7－4 展示了用户发布原创博文和转发博文的时间统计特征，该数据来源于 2014 年 8 月 1 日至 9 月 30 日的新浪微博数据集。在新浪微博中，用户发布信息的方式主要有两种：自己编辑博文或者转发别人的博文，其时序特征分别对应图 7－3 和图 7－4 的统计分析。从图中可以看出，通过统计分析微博发布和转发的时间，阐明了用户相关社交行为具有明显的周期性。在新浪微博平台，用户每天发布和转发博文的行为比较类似，都拥有波谷和波峰时刻。一般来说，夜间休息时间刷微博的用户较少，工作时间内的短暂休整是微博系统被访问最频繁的时间段。此外，对于每周的趋势，用户在工作日的白天发布的原创微博比周末更多，但在夜间并没有明显差异。这是因为用户在周末比较倾向于户外运动，远离电子设备。同时，这些结论对于用户转发行为的时间统计特征也成立，粗粒度地揭示了转发行为和博文发布行为之间的相关性。

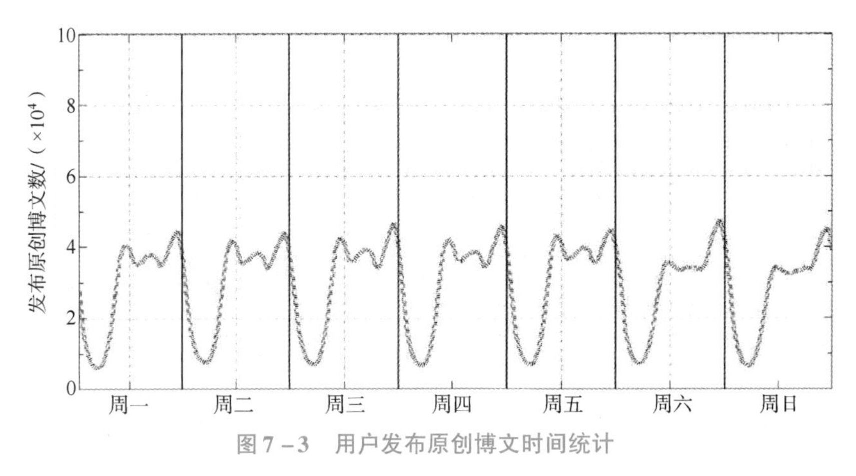

图 7－3　用户发布原创博文时间统计

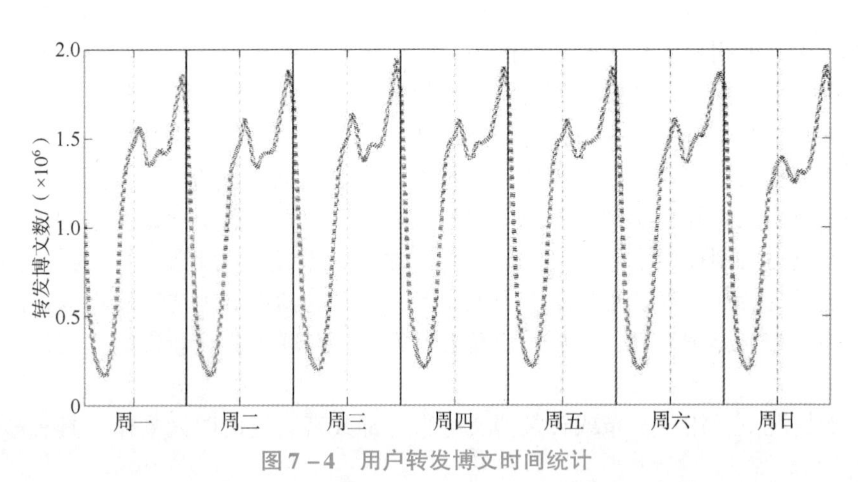

图 7－4　用户转发博文时间统计

图 7－5 以更细粒度的方式刻画了新浪微博用户的社交行为模式。值得注意的是，上述统计数据针对的原创博文相关信息都只是对存在转发博文的数据统计，而大量的不存在转发的原创博文信息并不在本节数据统计过程中。可以看出，每天白天在上午 10 点和下午 4 点左右有两个明显的原创博文发布高峰，与之对应的是在随后的时间里必定存在相应的转发博文行为高峰。更值得一提的是，在第一个博文发布高峰期，用户的转发行为高峰出现明显的滞后，这说明用户在等待阅读新消息，用户转发信息存在一个响应时间。相比之下，用户更喜欢利用工作时间来创建并发布微博。形成这种现象的原因可能是用户在晚上有更充足的时间来分享信息或相互交流。然而，在晚上 10 点左右出现第三次发博高峰之后，由于生活作息等原因，使用微博的用户开始减少，无论是发布博文的用户数还是转发博文的用户数，都在降低。所有的观察结果都表明了分析用户行为模式可以为研究用户影响力的传播提供一个崭新的视角，从而为准确构建用户影响力度量模型奠定基础。

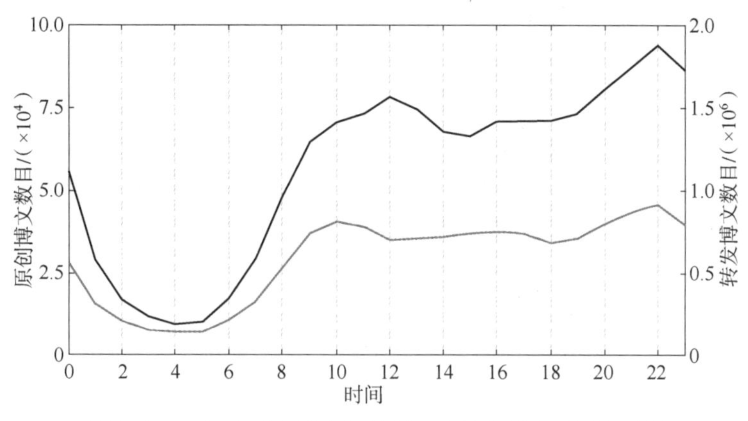

图 7－5　一天内用户发布原创博文和转发博文的时间统计

由上述分析可知，用户发布原创信息与其他用户转发信息的行为时序模式存在一定的关联，这种关联可以有效反映用户之间的影响力传播强度。为此，本节设计了一种基于用户行为相关性的影响力传播系数计算方法。在此之前，先进行如下假设：社交网络中用户的转发行为发生的时间直接受其他用户的影响。行为相关具体方式如下：

$$\Lambda_{u,v}^{A} = \int P_{u}(\tau) \int P_{v}(\tau + \varepsilon) R_{v}(\varepsilon) \mathrm{d}\varepsilon \mathrm{d}\tau \qquad (7-1)$$

式中，$\Lambda_{u,v}^{A}$表示影响力从用户 u 扩散到用户 v 的行为相关的系数。式（7－1）的直观含义就是当用户 u 在任何时刻 τ 发布信息后，用户 v 总能在 τ 时刻之后的 ε 时间内转发该信息，则用户 u 对 v 的影响强度就较大，反之亦然。图 7－6 比较直观地描述了式（7－1）的主要思想，在时间线上，用户的发博概率和转发时延概率已知，如果用户总是在其他用户发布博文之后较短的时间内以较大的概率进行转发，那么$\hat{\Lambda}_{u,v}^{A}$的值就越大，而用户之间的影响强度就越高。式（7－1）形式化地度量了用户之间的行为相关性，相关性越高，影响力传播的强度就越大。

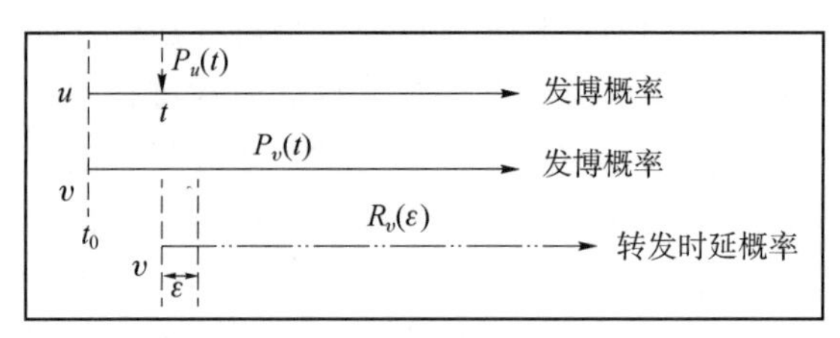

图 7-6　用户之间行为相关性示例

上述公式虽然给出了度量社交网络用户影响力的行为相关性传播系数的计算方法，但是针对概率密度函数的积分求解并不简单。为了便于在实际应用中使用式(7-1)，将采用离散化的方法对积分公式进行求解，具体操作如下所述。在社交平台中，对用户发布或转发博文的概率分布准确建模本质上比较困难，因为用户登录系统的动机比较随机，例如可能是工作闲暇之余查看八卦信息，也可能是浏览最近更新信息等。基于之前的分析可知，用户发布信息的行为具有明显的周期性，并且其周期为 24 h。同理，针对用户转发时延的概率分布也具有相同的周期性。所以，在新浪微博中，时间变量连续的用户发博概率密度函数和转发时延概率密度函数可以被简化成变量为 24 h 的离散函数。通过将 24 h 划分为不相交的时间区间，从而得到用户在不同时间区间内发博和转发时延的概率分布。则式（7-1）可改写为

$$\Lambda_{u,v}^{A} = \sum_{i} \hat{P}_u(t_i) \sum_{j} \hat{P}_v(t_{i+j-1}) \cdot \hat{R}_v(t_j) \tag{7-2}$$

式中，$\hat{P}_u(t_i)$ 表示用户在第 i 个时间区间内的发博概率；$\hat{R}_v(t_j)$ 表示用户在第 j 个时间区间内的转发时延概率。为了计算方便，规定 $\hat{P}_u(t_i)$ 和 $\hat{R}_v(t_j)$ 的时间间隔相同。

算法 7.1　行为相关影响力传播系数的计算

输入：用户 u 和 v 发博时间数据，T_{interval}，ρ；

输出：$\Lambda_{u,v}^{A}$；

1：　将用户的发博或转博时间映射到同一天相应时间；

2：　选取合适的时间间隔 T_{interval} 将 24 h 划分为互不相交的时间区间；

3：　统计用户在不同时间区间内发博或转博的次数；

4：　基于归一化原理计算用户在不同时间区间内发博概率 $\hat{P}_u$ 和 $\hat{P}_v$；

5：　统计用户转发时延不超过 24 h 的时间；

6：　根据时间间隔 T_{interval} 计算用户在不同时间区间内的转发时延概率 $\hat{R}_v$；

7：　初始化 $\Lambda_{u,v}^{A}=0$，时延因子 ρ；

8：　**foreach** i **do**

9：　　temp = 0；

（续）

```
10:   foreach j do
11:     if j≤ρ do
12:       temp + = P̂_v(t_{i+j-1}) · R̂_v(t_j);
13:     end
14:   end
15:   Λ^A_{u,v} + = P̂_u(t_i) · temp;
16: end
17: return Λ^A_{u,v};
```

算法 7. 1 详述了计算两个用户之间行为相关影响力传播系数的过程。可以看出，算法 7. 1 中通过频次统计方法来拟合用户发博概率分布和转发时延概率分布，这种处理可能会降低计算精度，但使用起来简单方便。用户发布原创博文或转发博文都表明了用户的在线状态，所以结合两种行为时间数据来计算发博概率。针对转发时延概率的计算，一般认为转发时间间隔超过 24 h 后用户之间的影响作用很小，加上用户行为具有周期性，所以不考虑转发时间间隔超过 24 h 的转博行为。算法中时间间隔 T_{interval} 的选择对计算结果的准确性和计算效率都有影响，时间间隔越小，不相交的时间区间个数越多，计算量会增加，然而可以更细致地捕捉用户之间行为的相关性，但不会总是提高计算准确性。时延因子 ρ 是用来判定用户在至多几个时间区间内转发博文的可能性，ρ 越大，则用户将有更多时间考虑是否转发博文。在算法 7. 1 的第 12 步中，时间参数 t_{i+j-1} 可能超过规定的时间区间上限，可以从起始的时间区间开始，取模运算将其映射到可用的时间区间内。

7. 3. 2　话题相关性

信息得以在社交网络中传播的原因，一方面是用户之间交互行为的作用，另一方面是信息自身表述的内容能够引起大量网络用户的关注和讨论，如与当前热点话题相关的内容、国家的重大民生政策等。本节将重点介绍如何基于发布的信息内容获取用户关注的话题分布，进而计算用户之间话题相关性的影响力传播系数。

在社交网络中面向影响力度量来挖掘用户的话题属性，首先需要确定信息涉及的话题类别，然后计算用户在不同话题上的倾向性，最后量化用户之间话题相关性的影响力传播强度。关注共同话题的用户具有相似性，相关信息在他们之间传播的可能性更大。所以用户之间话题相似越高，话题相关的影响力传播强度也越大。同时，话题相关的影响力用户常常会发布跟某一话题相关的高质量信息。如果用户从不发表某一话题相关的信息或言论，那么他不可能成为该话题圈子中的影响力个体，即使从其他角度来看他是具有影响力的用户。基于短文本的社交平台，用户一般不会在个人主页表明自己的感兴趣的内容，这给挖掘用户关注的话题分布带来了困难。以新浪微博为例，系统允许用户使用特殊符号“#”，该符号用于表明博文的话题标签。话题标签是用户对某一事件或信息的简要概括，最能体现事件的核心关注点，也能粗略地表达此条博文的主旨内容。用户可以自由创建话题标签，流行度比较高的标签能在用户的微博中扩散，出现在众多具有高转发量的博文中。因此，在一些应用场景中，被字符“#”标识的话题标签可以直接被用于区分话题的种类，然后根据用户提及不同话题标签的频率计算用户对不同话题类别的喜爱程度。话题标签的使用可以简化短文本类社交网络中话题类别的抽取过程，但用户标签的使用率并不高，特别是在本实验数据集中，此时话题标签并不适用于表示不同的话题。除此之外，由于社交网络中用户的背景知识千差万别，对事件或信息的理解程度不一样，原创的话题标签各种各样，有可能出现相同的标签字串符代表不同的事件或不同的标签字符串代表同一个话题等情况。为了克服上述问题，本节将利用话题分析模型来自动地抽取社交网络中信息蕴含的话题。

为了在大规模无标记的文本内容中挖掘话题信息，下面将介绍一种经典的话题抽取模型——LDA 模型，该模型由 Blei 等人提出，全称为隐性狄利克雷分布（Latent Dirichlet Allocation），是一种产生式概率模型，被广泛用于分析大规模文本内容的话题分布。LDA 模型主要对文档进行隐性语义分析，以一种非监督的学习方法给出每篇文档的话题概率分布。它是一种典型的词袋模型（bag of words），该假设认为文档是由一组词组成的，不用考虑词出现的先后顺序，利用词的出现次数来挖掘文档的话题结构。基于此，LDA 模型把每一篇文档看成是 K 个话题的概率分布，而每个话题都是在一组词上的概率分布。因此，在 LDA 模型中，每篇文档生成过程如下：

①对于每篇文档，从它的话题分布中选择一个话题。

②根据第①步选择的话题，从该话题的词分布中采样一个词。

③重复上述步骤，直到文档中所有词采样完毕。

具体来说，在一个包含 M 篇文档的语料库 $\mathbb{C}$ 中，每个文档 $m \in M$ 都关联一个在 K 个话题上的多项式分布 θ_m，同时，每个话题 $k \in K$ 都由在词空间上的多项式分布 ϕ_k 表示。多项式分布 θ_m 和 ϕ_k 的共轭先验概率分布分别是参数为 α 和 β 的狄利克雷分布。对于每个出现在文档 m 中的词 $s_{m,n}$，将会从该文档的多项式分布 ϕ_k 中采样一个话题 $z_{m,n}$，然后从话题 $z_{m,n}$ 的多项式分布 $\phi_k(k = z_{m,n})$ 中采样一个词 $s_{m,n}$。由于文档 m 含有 N_m 个词，因此上述生产式过程将会被重复 N_m 次来构建此文档。图 7－7 通过示例图的方法展示了文档的产生式过程，图中的箭头代表变量之间的依赖关系。可以看出，LDA 模型是一个多层贝叶斯概率模型，包括文档、话题和词三层结构。

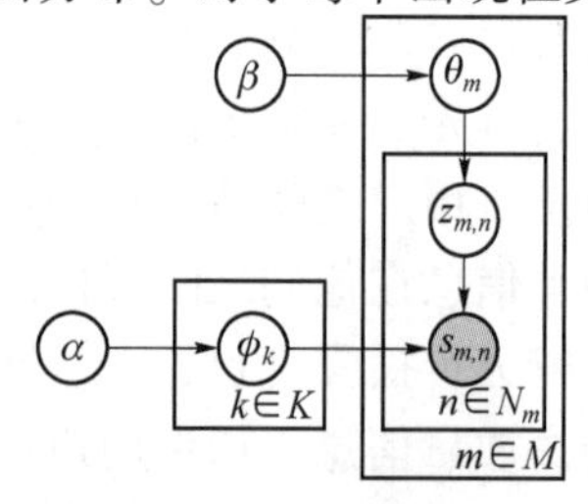

图 7－7　LDA 模型的概率图表示

给定一个文档集合 $\mathbb{C}$，文档中词 $s_{m,n}$ 是已知变量，α

和β是可以预先指定的超参数，而隐含变量θ_m、ϕ_k和$z_{m,n}$都是未知。在文档生成过程中，文档－话题采样和话题－词项采样这两个过程彼此相互独立，所以其联合概率分布可表示为

$$p(\mathbb{C} \mid \alpha,\beta) = \prod_{m=1}^{M} p(\theta_m \mid \beta) \prod_{n=1}^{N_m} p(z_{m,n} \mid \theta_m) \cdot p(s_{m,n} \mid \phi_{z_{m,n}},\alpha) \qquad (7-3)$$

式中，第一项表示根据超参数β采样文档主题θ_m的过程；第二项表示基于确定的主题$z_{m,n}$和超参数α采样词$s_{m,n}$的过程。式（7－3）需要根据文本内容来推断学习两个参数，即文档－话题概率分布θ_m和话题－词项概率分布ϕ_k。通过学习贝叶斯分析这两个参数，就可以获得每篇文档文本内容的话题分布情况。

将利用 Gibbs 采样来对模型隐变量参数进行估计。Gibbs 采样是基于马尔科夫链的蒙特卡罗（MCMC）采样方法在高维情形中的一种简单实现，其原理通过构造满足细致平稳分布条件的马尔科夫链，收敛得到指定多维观察样本的概率分布。关于 Gibbs 采样求解 LDA 模型隐变量参数的推导过程比较复杂，在此不做更多陈述。在贝叶斯框架下，最终得到的两个多项式分布参数θ_m和ϕ_k的狄利克雷后验分布计算公式如下：

$$\hat{\theta}_{mk} = \frac{n_{m,\neg i}^{(k)} + \beta_k}{\sum_{k=1}^{K} (n_{m,\neg i}^{(k)} + \beta_k)}$$

$$\hat{\phi}_{ks} = \frac{n_{k,\neg i}^{(s)} + \alpha_s}{\sum_{s=1}^{S} (n_{k,\neg i}^{(s)} + \alpha_s)} \qquad (7-4)$$

式中，$\neg i$表示文档中去除词第i个的情形；$n_m^{(k)}$表示话题k指定给文档m中词的次数；$n_k^{(s)}$表示词项s被指定给话题k的次数；$S=\{s\}$是词项总数。基于式（7－4），构造 Gibbs 采样的更新规则，这样利用 LDA 模型求解得到每个词项指定的话题类别$z_{m,n}$，以及文档的话题分布θ_m和话题的词项分布ϕ_k，其中这两个分布可表示为向量形式：

$$\vec{\theta}_m = (\theta_m^1, \theta_m^2, \cdots, \theta_m^K)$$

$$\vec{\phi}_k = (\phi_k^1, \phi_k^2, \cdots, \phi_k^V) \qquad (7-5)$$

式中，$\sum_k \theta_m^k = 1$；$\sum_s \phi_k^s = 1$。

由上面的分析可知，在新浪微博中利用 LDA 模型可以抽取用户感兴趣的话题，用户关注的博文本质上对应上面提到的文档。但是博文内容过短，属于典型的短文本类型，这会在一定程度上影响 Gibbs 采样方法的性能，从而降低 LDA 模型的准确性。与此同时，本节的目标是挖掘用户感兴趣的话题及其在不同话题中的概率分布，而不是简单地分析一条博文蕴含的话题信息。因此，为了克服博文短文本的缺陷，将按用户合并他们发布或转发的博文，给每位用户关联一个包含多条博文的大文档。这样处理的好处是不仅可以通过构建的大文档更准确地利用 LDA 模型挖掘

用户喜爱的话题，还能够从不同的博文内容中合理抽取用户对不同话题的关注程度。

显然，具有相同兴趣爱好的用户往往能分享或关注相同话题类别的信息，造成话题相关的影响力在他们之间传播的强度更大。通过度量用户之间感兴趣话题分布的相似性，可以从话题角度捕获用户之间影响力的传播概率，从而提高用户影响力计算方法的准确性，也是在话题层面发现影响力个体的前提。已知用户的话题分布为$T^u=(T_1^u,T_2^u,\cdots,T_K^u)$，下面通过衡量用户在特定话题 k 上的相似性来计算话题相关影响力传播系数，其公式为

$$\Lambda_{u,v}^k=\frac{1}{1+\exp(1+|T_k^u-T_k^v|)} \tag{7-6}$$

显然，式（7-6）具有如下特点：$\Lambda_{u,v}^k$值越大，表示话题 k 相关影响力在用户之间的传播强度越大，并且$0\leqslant\Lambda_{u,v}^k\leqslant1$。

算法 7.2 话题相关影响力传播系数的计算

输入：用户 u 和 v 发布或转发的博文文本，α,β,K；

输出：$\Lambda_{u,v}^k$；

1：按用户 ID 聚合用户发布或转发的博文；
2：**foreach** $u\in V$ **do**
3：　构建每个用户 u 的博文文档集 Content_u；
4：　对 Content_u进行分词等预处理；
5：**end**
6：初始化超参数 α,β，话题类别数 K；
7：调用基于 Gibbs 采样的 LDA 算法，得到用户的话题分布 T^u,T^v；
8：根据式（7-6）计算$\Lambda_{u,v}^k$；
9：**return** $\Lambda_{u,v}^k$；

算法 7.2 描述了话题层面用户之间影响力传播系数的计算过程。在第 3 步用户博文的预处理中，针对用户多次转发同一条博文的情况，这里只统计第一次转发的数据，其他参数的设置将会在实验部分进行说明。

7.3.3 TBRank 模型

上文从行为和话题两个方面揭示了影响力在社交网络用户之间的传播机制，本节将以用户影响力统一度量模型为基础，设计一种新的在话题层面计算影响力的方法。基于此框架，用户影响力不仅与用户行为相关，还与用户关注信息的话题属性相关，需要综合考虑以上因素在关系网络中建模关系网络的权重系数的计算方法。

在此之前，首先确定用户在社交网络形成的关系结构，这里通过新浪微博中用户的关注关系来构造一个有向图结构 $G=(V,E)$。如果用户 u 关注了用户 v，那么这两个用户之间形成一条从 u 到 v 的有向边，其中 V 表示微博用户集，而 E 是 V 中用户之间关注关系组成的集合。

需要解决的问题是在话题层面计算用户的影响力，其前提条件是找出与指定话题 k 有关的用户子集。在特定的话题圈子中挖掘用户的影响力，不仅可以找出话题相关的影响力用户，还能缩小影响力计算的用户范围。上一节给出了用户对不同话题的关注程度 $T^u=(T_1^u,T_2^u,\cdots,T_K^u)$。一般地，给定与话题 k 相关的阈值 ε_k，话题圈子$C^k=\{u\in V \mid T_k^u\geqslant\varepsilon_k\}$。为了计算方便以及用户对不同话题的倾向性差异，给出了如下确定话题圈子的方法。针对用户的话题分布按值大小进行排序，$T^u=(T_1^u,T_2^u,\cdots,T_K^u)$ 可变换为 $\tilde{T}^u=(T_{1'}^u,T_{2'}^u,\cdots,T_{K'}^u)$。元素下标是排序后的新标号，不代表话题的类别，其中对于任意的i'、j'，若$i'<j'$，则$T_{i'}^u\geqslant T_{j'}^u$。一般不可能存在对所有用户都感兴趣的用户且在每个话题中都具有影响力，本节假定用户 u 至多只能对γ_u个话题感兴趣，那么话题圈子可由下式确定

$$C^k=\{u\in V \mid \exists i', i'\leqslant\gamma_u \cap i'=k\cap T_{i'}^u>0\} \tag{7-7}$$

为了提高计算效率和简化运算，令$\gamma_u=\gamma$，$\forall u\in V$。显然，同一个用户有可能出现在不同的话题圈子，而不同的话题圈子包含不同的多个用户。基于随机游走模型在不同话题圈子C^k中挖掘用户影响力，还需要计算影响力在用户之间的传递概率，该概率值与用户之间的行为和话题有关，即

$$W_{v,u}^k=\omega\Lambda_{u,v}^A+(1-\omega)\Lambda_{u,v}^k \tag{7-8}$$

式中，ω 是线性加权因子；$W_{v,u}^k$表示影响力从用户 v 到关注用户 u 的传递概率，暗示了用户在社交网络中浏览信息选择游走路径的概率。式（7-8）第一项表示在关注关系网络中，用户 v 的转博行为与用户 u 的发博行为越一致，说明用户 u 对 v 的影响越大，也导致更高的转移概率；第二项表示在同一个话题圈子中，考虑了用户在特定话题 k 上的相似性。

算法 7.3　话题层面用户影响力计算方法 TBRank

输入：社交网络图结构 $G=(V,E)$，用户发博时间和文本，μ，γ，K，α，β，ω；

输出：话题层面的影响力$\boldsymbol{\pi}^k$，$k=1,2,\cdots,K$；

1：　基于 LDA 模型挖掘用户的话题分布T^u，$u\in V$；

2：　**foreach** $k\in K$ **do**

3：　　基于式（7-7）构建话题C^k；

4：　**end**

5：　**foreach** $G^k=(C^k,E^k)$ **do**

（续）

6：　**foreach** $(v,u) \in E^k$ **do**
7：　　根据算法7.1计算行为相关影响力传播系数 $\Lambda_{u,v}^{A}$；
8：　　根据算法7.2计算话题相关影响力传播系数 $\Lambda_{u,v}^{k}$；
9：　　根据式（7-8）计算影响力传播系数 $W_{v,u}^{k}$；
10：　**end**
11：　根据式（7-10）计算 $\boldsymbol{U}^k$；
12：　**repeat**
13：　　$\boldsymbol{\pi}_{t+1}^{k}=\mu \boldsymbol{W}^k \boldsymbol{\pi}_t^k+(1-\mu)\boldsymbol{U}^k$；
14：　**until** convergence；
15：　**return** $\boldsymbol{\pi}^k$；
16：**end**

本节中的话题圈子和关注关系网络就构建了计算影响力的网络结构。针对话题k，话题圈子C^k代表的网络结构为$G^k=(C^k,E^k)$，$E^k \subseteq E$是话题圈子中用户涉及的关注关系集合。影响力在用户之间的转移概率矩阵$\boldsymbol{W}^k$就是网络结构G^k关联的权重系数矩阵，因此提出了在特定话题圈子中基于随机游走模型的用户影响力计算方法TBRank，其计算公式为

$$\boldsymbol{\pi}^k=\mu \boldsymbol{W}^k \boldsymbol{\pi}^k+(1-\mu)\boldsymbol{U}^k \tag{7-9}$$

式中，μ是跳转因子；$\boldsymbol{\pi}^k=(\pi_1^k,\pi_2^k,\cdots,\pi_{N^k}^k)$表示话题圈子涉及用户的影响力；$N^k=|C^k|$是话题圈子涉及的用户数。$\boldsymbol{U}^k$是模为1的向量，用于防止在$G^k$中出现只关注一个用户的情况，其计算方式如下

$$\boldsymbol{U}^k=\frac{1}{\sum_i \boldsymbol{T}_k^i}(T_k^1,T_k^2,\cdots,T_k^{N^k}) \tag{7-10}$$

算法7.3展示了基于用户行为在话题层面计算用户影响力的详细过程。

7.4 实验分析

在本节，为了评价本章方法在话题层面度量用户影响力的有效性，在真实新浪微博数据集中进行了大量实验。结合其他几种对比方法，实验结果证明了TBRank模型在不同话题圈子中挖掘影响力个体的优势，同时也展示了不同方法在用户影响力排名方面的一致性。此外，实验还通过设置不同参数来测试TBRank模型的性能，从不同角度反映用户行为和话题等因素对方法有效性的影响。

7.4.1　数据集

实验数据集由新浪微博平台提供，所有注册用户可以通过网页或移动设备访问该微博系统，通过登录操作进入个人主页。用户可以发布自己编辑的信息，也称原创博文。其他用户也可以转发该条博文，属于转博行为，系统还提供了回复、评论、提及等功能用于交互影响信息传播。真实数据集包含 2014 年 8 月 10 日至 9 月 20 日的博文数据共计 23 125 584 条，其中原创博文 1 024 996，参与用户 285 127 位。由于需要挖掘用户感兴趣的话题，合并每个用户的发博和转博文本内容作为分析用户话题的文档；然后利用汉语言处理包 HanLP 工具进行分词预处理，最后删除有效词项数少于 10 的用户及相关数据。同时，为了保证获取有意义的用户发博或转博行为的时序模式，删除发博行为（发布原创或转发）少于 20 次的用户。经过上述预处理后，得到 243 872 位用户的 22 694 352 条博文数据，具体统计特征见表 7－2。

表 7－2　数据集介绍

数据集	新浪微博	数据集	新浪微博
用户数	243 872	原创博文数	861 437
关注关系数	10 352 184	转发博文数	21 832 915

7.4.2　实验设置

在社交网络中分析用户影响力是一个研究热点，研究人员从话题层面提出了很多有效的度量方法。为了验证 TBRank 模型的有效性，挑选了以下几种相关方法进行实验性能比较。

Followers 方法：记为 M1，是指在观察期内用户的粉丝数，并将该数量作为用户影响力排名的依据。为了增加方法的可比较性，将在不同的话题圈子C^k中计算用户的粉丝数。

TSPR 方法：记为 M2，是话题敏感（Topic－Sensitive）的 PageRank 方法，通过构造有偏向量来扩展经典的 PageRank 方法。在特定话题圈子C^k中，它的转移概率矩阵由用户之间的关注关系计算得到，有偏向量$\boldsymbol{U}^k$按照式（7－10）进行计算。

TwitterRank 方法：记为 M3，在话题圈子C^k中，该方法综合考虑用户之间话题的相似性和链接结构来度量用户的影响力。

ProfileRank 方法：记为 M4，该方法在信息传播数据集中识别影响力用户和受欢迎的信息。基于随机游走模型在用户－博文图中计算用户影响力，需要确定用户－博文矩阵 $\boldsymbol{M}$ 和博文－用户矩阵 $\boldsymbol{L}$。$\boldsymbol{M}$ 中元素$m_{i,j}=1/q_i$，表示q_i用户u_i发布或转发的博文数；如果u_j发布或转发了博文c_i，$\boldsymbol{L}$ 中元素$l_{i,j}$等于 1，否则，等于 0。

所有对比方法中涉及的参数都设定为原论文中结果最优时的参数值。本节所有实验都是在装有 64 位 CentOS 6.6 系统的单节点服务器上完成的，该服务器配置如下：2 个四核 Intel Xeon E5 - 2403 CPU@ 1.80 GHz，64 GB 内存，2.0 TB 硬盘。上述 4 种对比方法以及本章所提方法的实现都是采用 Java 编程，使用 JDK 1.7 编译的 Eclipse 集成开发环境。

由于 TBRank 模型涉及行为相关和话题相关影响力传播系数的计算，在实验开始之前，需要确定相关参数，并将该方法记为 M5。如无特殊说明，参数的选取方式如下。对于行为相关影响力传播系数方面，如算法 7.1 中的时间间隔 T_{interval} 和时延因子 ρ 两个参数：本实验中，时间间隔 T_{interval} 设置为 30 min，这样离散化的 $\hat{P}_u(t)$ 和 $\hat{R}_u(t)$ 都是在 48 个时间区间上的概率函数；时延因子 $\rho=4$，表示将只考虑用户在看到其他用户发布博文之后 2 h 内的转发情况。话题相关影响力传播系数方面主要是 LDA 模型中的超参数 α、β 和话题数量 K 的设定：话题发现涉及其他研究领域的知识，令 $\alpha=50/K$，$\beta=0.01$，话题数量 K 为 50。式（7 - 9）中跳转因子 $\mu=0.85$，迭代收敛条件为 $\|\boldsymbol{\pi}_{t+1}^k-\boldsymbol{\pi}_t^k\|_1/|C^k|<10^{-6}$。式（7 - 8）影响力传播系数的线性加权因子 $\omega=0.5$。在构造话题圈子时，需要确定用户感兴趣的话题个数，实验中 $\gamma=10$。

7.4.3 结果分析

基于上述选定的参数，聚合用户发布的博文文本内容，本实验为每个用户构造了用于挖掘其话题分布的 243 872 个大文档，利用基于 Gibbs 采样的 LDA 模型，分别计算用户对 50 个话题的感兴趣程度。根据上述分析，在生成的 50 个话题圈子，每位用户至多只可能出现在 10 个话题圈子中。图 7 - 8 展示了不同话题圈子中用户分布情况，可以看出用户在 50 个话题圈子中的分布并不均衡。最大的话题圈子是由编号为 Topic28 的话题构成的，包含 106 795 位用户；最小的是编号为 Topic50 组成的话题圈子，包含 18 257 位用户。

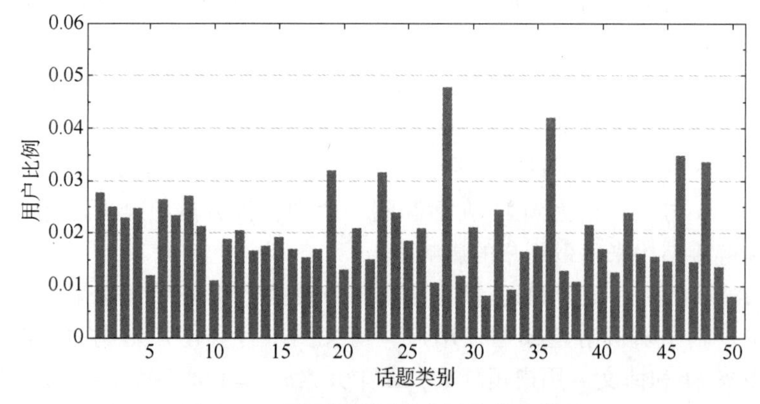

图 7 - 8　不同话题圈子中用户分布情况

由于缺少标准测试集，实验将采取投票方式分析算法的计算结果。这里总共实现了五种影响力度量方法 M1、M2、M3、M4 和 M5，并且将至少有三种算法都能接受的排名结果作为正确结果。具体来说，在 Top－N 排名中，即用户影响力按值从大到小排在前 N 名的用户集，假设 M1 给出的排名结果为用户集 R_1，而所有五种算法投票决定的用户集 R_{vote} 作为参考正确结果，在不考虑用户在 Top－N 中的具体位置的条件下，M1 的准确率（Accuracy）定义如下

$$\text{Accuracy}=\frac{|R_1\cap R_{\text{vote}}|}{|R1|}\tag{7-11}$$

该准确率是一种粗粒度的评估准则，表征了方法计算的用户影响力排名被其他方法公认的程度。

图 7－9 展示了所有方法在 Top－10、Top－20、Top－50 和 Top－100 中的准确率。为了说明问题，这里只给出了包含用户数最多的 5 个话题圈子中方法的性能，分别是 Topic28、Topic36、Topic46、Topic48 和 Topic19。从图中可以看出，在不同的话题圈子中，所有方法性能呈现相同的趋势，其中 M5 的性能最优，在四种类型排名中，准确率都是最高的，这说明 TBRank 模型计算的用户影响力排名能够得到其他算法的认同。随着用于比较的用户影响力排名人数的增加，所有方法的准确率都有所提高，是因为在更大的排名列表中，得到三种以上方法认可的参考正确结果集 R_{vote} 的规模更大。相比于其他方法，M3 跟 M5 的准确率比较接近，这两种方法都充分使用了博文的话题信息；而 M2 和 M4 的准确率比较相近，其原因是 M2 在随机游走过程中增加了话题偏向性向量，M4 考虑了转发关系，正好反映了本实验中用户话题分布来源于转发的博文。值得注意的是，在 Top－10 中，不同方法在不同话题圈子中确定的用户群差异比较明显。然而，从第 20 到第 100 的排名中，方法确定的影响力用户群的交集比较大，特别是 M1、M2 和 M4，证明了这些方法没有明确地利用话题属性来刻画用户影响力。

为了进一步说明不同方法在话题相关用户影响力排名列表中的差异性，实验采用 Kendall 系数分析了不同方法结果之间的相关性。给定两个序列 X 和 Y，它们的个数均为 N，存在 $C(N,2)$ 种元素对（x_i,y_i）和（x_j,y_j），$x_i,x_j\in X,y_i,y_j\in Y$。若 $x_i<x_j$ 且 $y_i<y_j$，或者 $x_i>x_j$ 且 $y_i>y_j$，则称它们是一致的；若 $x_i<x_j$ 且 $y_i>y_j$，或者 $x_i>x_j$ 且 $y_i<y_j$，则称它们是不一致的；若 $x_i=x_j$ 且 $y_i=y_j$，则不予讨论。此时，一致元素对的个数为 C，不一致元素对的个数为 D，则 Kendall 相关系数可由下式计算：

$$\tau=\frac{C-D}{N(N-1)/2}\tag{7-12}$$

式中，τ 的取值范围［－1，1］。针对同一个数据集，由两种算法生成的用户影响力排名列表中，Kendall 相关系数越大，说明这两个算法生成的排序列表越一致。若它们的排序一样，则 $\tau=1$；若完全相反，则 $\tau=-1$。表 7－3 描述了 M5 和其他对比方法在 50 个话题圈子中用户影响力排名的平均 Kendall 相关系数及其标准差。

从表中可以知道，M5 和其他方法的排名存在一定差异，与 M1 的差异最大，与 M3 的差异最小，同时标准差也最小。M1 没有考虑用户感兴趣话题方面的因素，所以相关系数最小，而 M2、M3 和 M4 都是在不同的话题圈子中对用户影响力进行计算，所以相关系数都超过了 0.45。

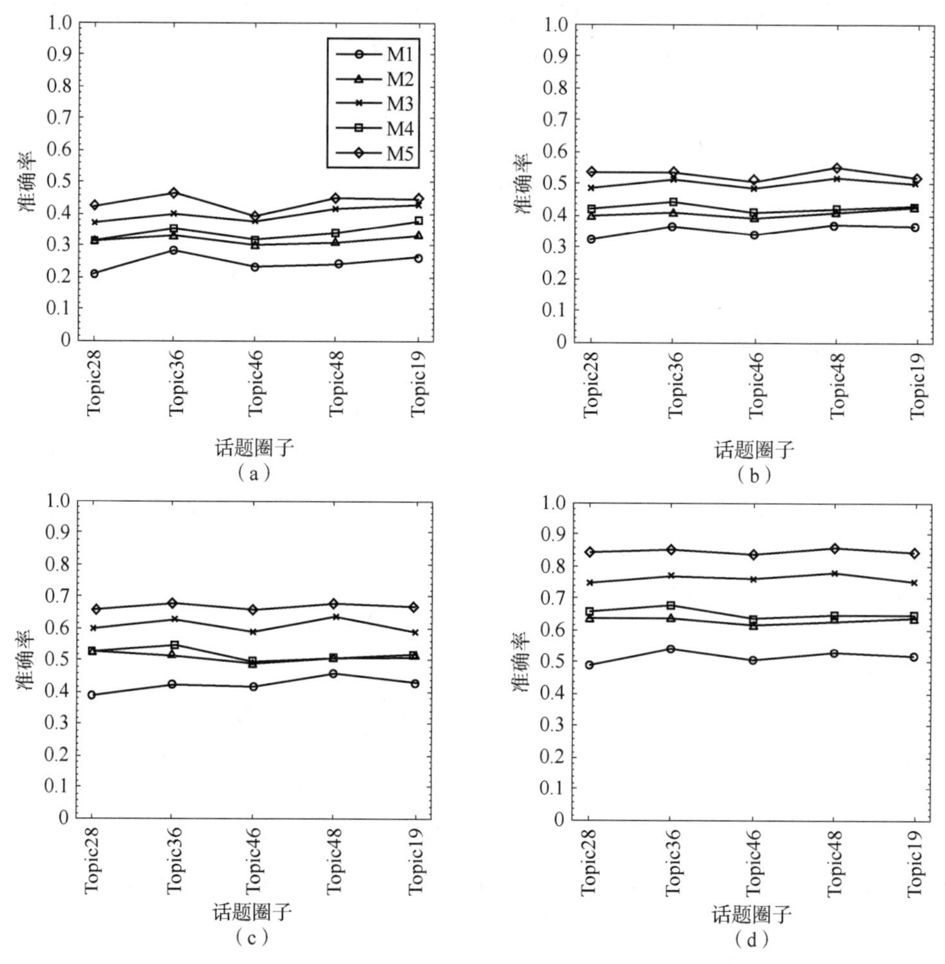

图 7-9　所有算法在不同用户影响力排名中的准确率

(a) Top-10；(b) Top-20；(c) Top-50；(d) Top-100

表 7-3　不同算法影响力排名相关性比较

比较算法	Kendall τ	比较算法	Kendall τ
M5 vs. M1	0.328 4 ± 0.043 3	M5 vs. M3	0.630 2 ± 0.017 5
M5 vs. M2	0.467 9 ± 0.023 6	M5 vs. M4	0.521 7 ± 0.028 1

除了上述自定义的准确率指标外，下面通过用户博文的平均转发次数来衡量各算法的性能。由于博文具有短文本特性，不可能同时携带多个话题，基于分析用户

话题分布时求得的话题 - 词分布 $\hat{\phi}_{ks}$ 来推断单条博文的话题分布，实验选择概率值最高的前 3 个话题作为此博文的相关话题，这样就可以统计用户在不同话题中发布的博文，从而获取该话题相关博文在观察期内的平均转发量。图 7 - 10 统计了在话题圈子 Topic28 中，所有算法的影响力用户发布博文的平均转发量。其中，M5 在 Top - 5、Top - 20、Top - 50 和 Top - 100 中用户发博的平均转发量最高，证明了该方法在度量话题相关用户影响力上的准确性。与上述结论一致，M3 的性能次之。在 Top - 20 中，M2 的性能优于 M4，是因为 M4 确定的影响力用户发布该话题相关的博文并没有 M2 中的多，导致其平均转发量相对较低。当所有算法确定的影响力用户群变大时，他们发布的话题相关博文的平均转发量在减少。

图 7 - 11 说明了时延因子 ρ 对 TBRank 模型性能的影响。以话题圈子 Topic28 为例，当 ρ 取不同值时，以 Top - 50 用户发布博文的平均转发量来衡量算法性能。当 $\rho=6$ 时，方法的性能最好，随着 ρ 值变大，即在更长的时间窗口考虑用户的转发情况，方法的性能出现波动。说明在更长时间内用户的转发行为不是由于其他用户影响力驱动，而是存在另外因素的影响，如信息携带的话题、关注主流信息等。

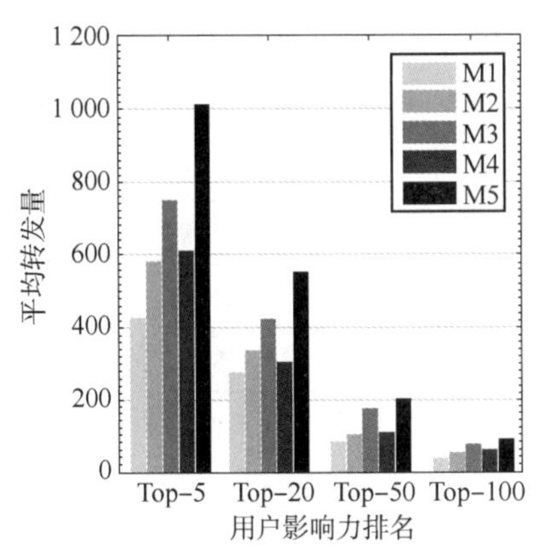

图 7 - 10　影响力用户发布博文的转发次数

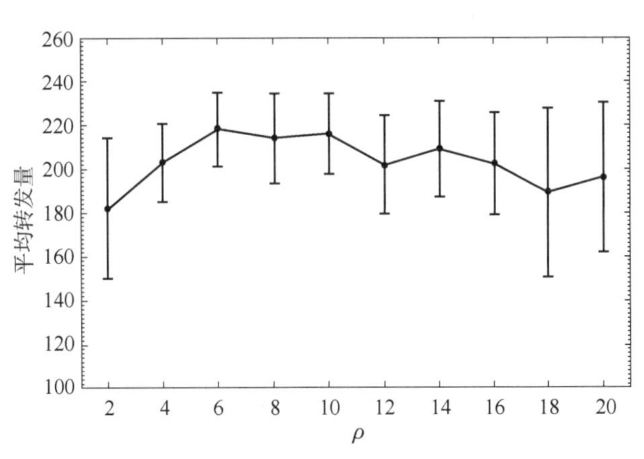

图 7 - 11　时延因子 ρ 对 TBRank 模型性能的影响

式（7 - 8）中的线性加权因子 ω 平衡了行为和话题两大特征在 TBRank 模型度量用户影响力时的作用。与图 7 - 11 类似，图 7 - 12 展示了不同 ω 值时，算法在话题圈子 Topic28 中，Top - 50 用户发布博文的平均转发量。显然，当 $\omega=0.5$ 时，算法的性能最佳，而当 ω 值逐渐增大时，算法性能变化较大，意味着在度量话题层面用户影响力时，需要重点考虑话题相关影响力传播系数。虽然行为相关影响力传播系数也很重要，但没有话题相关影响力传播系数对算法性能的影响大。

最后，实验还分析了不同算法的计算效率。M1 不需要迭代计算，所以没有分析其计算效率。基于随机游走方法的计算时间主要与用户数及转移概率矩阵稠密度有关。本实验以最大的话题圈子 Topic28 为例，比较了四种方法的计算时间，见

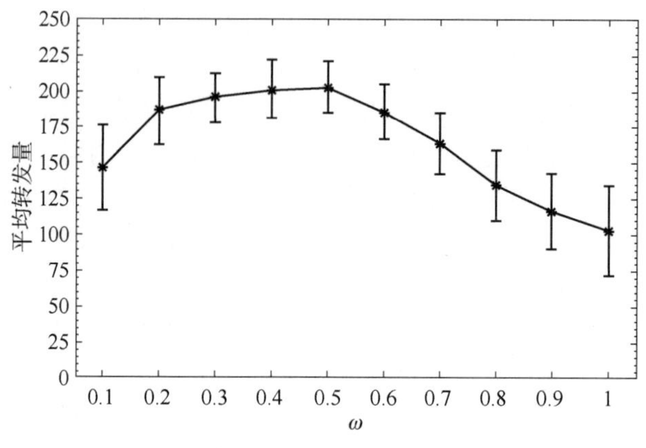

图 7-12　加权因子 ω 对 TBRank 性能的影响

表 7-4。表中时间没有包括 LDA 模型的计算时间。可以看出，由于 M3 和 M5 需要计算用户之间话题相似性，所以时间高于 M2。M5 除了需要计算话题相关传播系数外，还需要计算行为相关传播系数，其消耗的时间高于 M3。M4 需要消耗更多时间迭代计算用户和博文的影响力。本章所提方法可以在并行环境下实现不同的计算节点负责计算不同话题圈子中用户的影响力。

表 7-4　算法运行时间比较

算法	运行时间/s	算法	运行时间/s
M2	854	M4	2 239
M3	1 272	M5	1 633

7.5　本章小结

本章阐述了一种在话题层面度量社交网络中用户影响力的方法，该方法综合考虑用户行为和话题等特征，基于随机游走模型挖掘影响力用户。事实上，该方法构造了一种新颖的转移概率计算方式，从行为相关性和话题相关性这两个角度出发考虑影响力传播机制。首先，通过分析用户发博和转博等行为的时序特征，阐述了计算行为相关影响力传播系数的方法；再次，基于用户发布的博文内容，挖掘用户对不同话题的关注程度，进而计算话题相关影响力传播系数；最后，通过线性加权的方式计算影响力传播系数，在不同的话题圈子中计算用户影响力。与其他方法相比，实验结果证实了本章方法的有效性，并用不同评价指标对其进行多角度分析，进一步都说明本章方法的性能优势。

第 8 章 面向信息传播的相互影响力分析

信息传播分析作为社交网络分析中的重点内容，一直以来是学术界研究的热点。特别是近年来移动互联网的发展和社交媒体的兴起，不仅极大地丰富了人们获取信息的方式，还改变了信息传播的方式和速度。早期的信息传播研究，主要是一些社会学家和生物学家在真实世界人们所构成的社会网络中，分析新潮思想、创新产品和传染病等的扩散现象和传播规律。社交网络中用户生成的大量可用信息及其传播数据，为相关学者研究信息传播提供了机会，包括传播特性分析、传播最大化、传播预测等问题。其中，准确建模信息在用户之间的传播概率是研究社交网络中信息传播的重要前提。由于信息的传播离不开用户之间的相互影响，因此，传播概率可以由用户之间的相互影响力来刻画，相互影响力用于表征用户之间的影响强度，不同于之前研究的用户影响力用于表征用户自身的影响强度。不同信息承载的话题类别迥异，例如体育和财经类信息，它们谈论的话题和其受众都有很大差别，导致携带不同话题的信息在真实社交平台中的传播模式和原理也不一样。考虑到这些因素，本章阐述了一种在话题层面度量用户之间相互影响力的 TMIVM 方法。该方法的主要特点是为每个社交网络用户关联了两个向量化参数，即影响力向量和易感性向量，向量的维度代表了不同的话题类别。用户之间在不同话题中相互影响力的大小可以由向量相应元素的乘积得到。同时，还结合网络中传播的特定信息，给出了信息在用户之间传播的概率计算方法。具体来说，以生存分析为基础，通过拟合社交网络历史信息级联数据，构造信息传播的似然函数，极大化该似然函数，从而推断学习影响力和易感性向量。最后，在合成数据集和真实微博数据集上的实验分析表明，相比于其他方法，TMIVM 方法在度量相互影响力、计算传播概率和信息级联预测等方面都具有更好的性能。

8.1 研究动机

随着信息技术的迅猛发展以及移动终端的普遍使用，以用户为主体的互联网络规模继续扩大。网络早已成为信息传播的重要媒介，并已渗透到人们日常生活、工作和学习之中。借助于Facebook、新浪微博等社交媒体，人们可以随时随地获取和分享事件信息。相比于传统媒体，社交媒体中的用户不再只是信息的接收者，同时也是信息的创造者、传播者。如此，信息传播呈现自媒体状态，并且用户参与程度高。这不但加快了信息传播的速率，还变革了信息传播的模式。以新浪微博为例，用户发布的博文即刻会被系统自动推送到其所有关注者，当有关注者转发此条博文后，又会被推送到下一批关注者，最终该消息将以核裂变的方式进行快速大范围的传播。在社交媒体中，以用户及用户之间的连接关系（关注、好友等）构成的社交网络不仅传递了丰富的信息资源，也导致信息过载、虚假信息泛滥等问题。

为了能高效地获取和传播有价值信息，探索社交网络中信息传播机制和规律已成为国内外学者的研究重点。此外，该研究还有助于加深我们对社交系统特性的认知，理解社交现象及功能，从而为信息传播的干预提供依据。目前，已有成果涉及领域主要包括影响力极大化、转发行为预测、社会化推荐、病毒式营销等，其中，建模和度量信息在社交网络用户之间的传播概率是这些研究工作得以展开的重要基础。事实上，由用户产生的信息主要基于他们之间的转发行为在社交网络中进行扩散，形成级联传播效应。用户是信息传播的主体，用户之间的相互影响对信息的有效传播起着至关重要的作用。假设用户转发行为主要受社交网络相互影响力驱动，而用户之间的相互影响力是指一个用户能够对另一个用户的行为施加影响的程度。因此，在社交网络中，可以采用相互影响力来度量信息传播的可能性，这对精确描述信息传播过程具有重要意义。例如，在影响力极大化和转发预测等问题中，利用信息发布者对其他用户的影响差异，可以更准确地预测信息扩散的级联路径；在社会化推荐和病毒式营销中，通过定位对目标用户影响较大的用户群，可以有效提高观点采纳或产品购买的概率。

社交网络的蓬勃发展为研究人员计算信息传播概率提供了丰富的数据支撑，使得在海量真实的数据基础上设计和验证模型成为可能。一类比较简单的方法是在信息级联的研究中，为社交关系设定传播概率，运用各种传播模型来模拟信息传播的过程。这类方法具有明显的局限性：使用基于预设的传播概率对信息传播路径进行预测容易产生较大偏差，加之用户不同，其信息传播效果也不同，研究人员难以预先为每个传播概率设定合理的值。另一类比较有效的方法是基于历史数据构造信息传播的概率产生式模型。该模型为每条信息传播关系边建模一个概率变量，通过拟合信息级联数据来对变量进行推断学习。这类方法虽然可以提高传播概率度量模型的准确性，但为每对用户关联的传播变量进行计算，在一定程度上降低了模型的实用性。实际上，社交网络活跃用户之间的关系数一般能达到数百亿级规模，计算如此海量的传播变量数据，不仅需要存储更多的模型参数，还需要很高的时间开销。此外，概率产生式模型计算传播概率的主要依据是信息级联的历史记录，如果在以前的数据中没有观察到用户之间存在交互行为，那么模型进行参数推断时，会出现过拟合现象，即认为用户之间的信息传播概率为0，意味着接下来不会有信息在这两位用户之间进行传播，这显然与实际情况不符。

实际生活中，用户会对不同的话题有所偏好，而不同话题的信息在社交网络中的传播模式也有所不同，因此用户之间的相互影响力应该在不同话题中有所区别。同时，Aral 等人针对 130 万 Facebook 用户样本进行的随机实验表明，用户的影响力和易感性存在且具有差异。综合以上因素，本章阐述了一种在话题维度计算社交网络用户之间相互影响力的 TMIVM（Topic Mutual Influence Vector Model）方法。总的来说，TMIVM 方法为每个用户关联了两个向量，即影响力（Influence）向量和易感性（Susceptibility）向量。影响力向量表明了用户可以影响他人的程度，而易感性则表明了用户被他人影响的容易程度，向量的维度代表了不同的话题类别。这样，在不同话题中，用户之间的相互影响力可以由影响力向量和易感性向量的对应元素乘积计算得到。

8.2 相关定义

在介绍 TMIVM 方法之前，本节先明确几个相关的定义，涉及的符号及解释见表 8－1。

表 8－1　符号定义及解释说明

符号	说明	符号	说明
G	社交网络	C^m	信息 m 传播的级联记录
V	用户集合	$P^m_{\leqslant u_N}$	信息 m 级联中u_N的父节点
E	关注关系集合	$\boldsymbol{I}$	影响力向量
K	话题数量	$\boldsymbol{S}$	易感性向量
m	一条原创博文信息	$\mathrm{MI}_{u\to v}$	用户 u 对用户 v 的相互影响力
$\boldsymbol{m}_o$	信息 m 的话题分布向量	$D^m_{u\to v}$	信息 m 由用户 u 和传播到 v 的概率

定义 8.1（关系网络）：一般地，社交网络可以被定义为一个有向图模型 $G=(V,E)$，其中，V 表示用户集合，E 表示有向边集合。对任意用户 $u,v\in V$，如存在一条有向边，则（u,v）$\in E$；若不存在，则（u,v）$\notin E$。

社交网络中的边是由用户之间的社交关系形成的，这种关系可以是关注、转发、好友等关系。E 是指由关注关系构成的集合。因为在实际使用过程中，由于社交平台的系统特性，信息会自发地推送给关注者用户，导致信息沿底层关注关系网络进行扩散。

信息在社交网络 G 中的传播形成级联现象，如图 8－1 所示。此时，用户集 a、

b、c、d、e、f之间的关注关系已知，如用户 c 关注了 a，则存在边 $(a,c)\in E$，表示用户 a 发布的任何消息对 c 都可见。用户之间可以互相关注，如 b 和 c、e 和 f，这种双向的关注关系在微博平台中也被称为好友关系。基于社交网络的底层关注网络，信息在用户之间传播，当用户针对某条信息产生社交行为时，该用户被称为感染用户，否则，被称为未感染用户或免疫用户。因为通过转发行为，用户可以直接将信息扩散给他的关注者，所以，感染用户是指在级联过程中受到影响而转发了某条信息的用户。图 8－1 中的信息级联过程包括用户 a、b、c、d 和 f，由于用户 e 未被感染，因此不包含在此次级联过程中，但这并不代表不会出现在任何级联过程中。可以看到，信息的传播路径与底层关系网络并不一样。

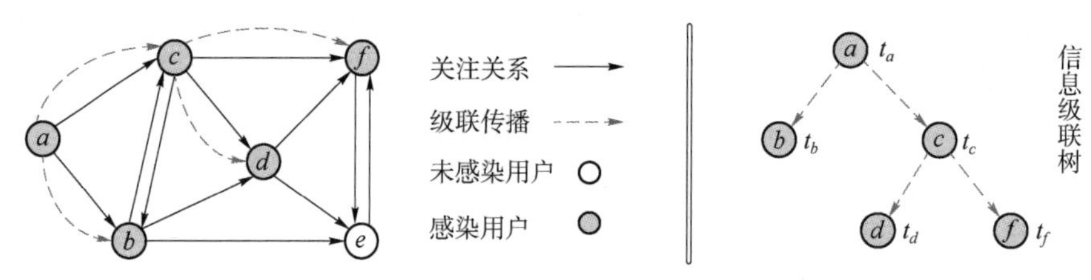

图 8－1　信息级联传播示意

假设如下：在社交网络中，面对信息和其他用户影响时，用户只可能被感染一次并保持这个状态而不会重复感染，即最多只会转发博文一次，感染用户也只有一次机会影响未感染用户是否转发该信息。图 8－1 右侧的信息级联树是由左侧社交网络中的传播记录构建的有向无环图结构，用户节点旁的时间是指该用户看到信息之后转发行为执行的时间。显然，一棵级联树模型有且仅有一个根节点，代表该原创信息的发布者，其他中间节点或叶子节点都是转发信该息的用户，也是信息的传播者。从图中可以看出，除了根节点，其他每个节点都存在一个父节点，就是影响该节点用户转发信息的用户；而任何感染节点都有零个或多个子节点，代表被它影响而转发信息的用户。例如，用户 a 发布信息，影响用户 c 进行转发，它就是用户 c 在该级联树中的父节点，同时，c 也成了用户 f 的父节点，而用户 d 和 f 都是用户 c 的子节点，用户 b 没有子节点。

本节用符号C^m表示信息 m 在用户中引发的级联记录。由前面的分析可知，该记录主要包含三个方面的内容：用户、感染时间和级联树结构。显然，一条信息产生一个级联记录。形式上，用数学化方法表示级联记录是如下三元组的集合。

定义 8.2（级联记录）：$C^m=\{(u_1^m,t_1^m,P_{\leqslant u_1}^m),(u_2^m,t_2^m,P_{\leqslant u_2}^m),\cdots,(u_N^m,t_N^m,P_{\leqslant u_N}^m)\}$，式中，$t_i^m$表示用户$u_i^m$转发信息的时间；$P_{\leqslant u_i}^m$表示在级联树中用户$u_i^m$的父节点用户，即影响他转发信息的用户，$1\leqslant i\leqslant N$。

级联记录C^m的规模是指在信息传播中，转发此信息的用户总数，用$|C^m|$表示。因此，在一个级联记录中，可以用集合$\{P_{\leqslant u_1}^m, P_{\leqslant u_2}^m, \cdots, P_{\leqslant u_N}^m\}$表示由用户之间的转发关系构建的树结构。因为只存在一个原创信息的发布者，所以若u_j^m是级

联树中的根节点，则满足$t_j^m = \min\{t_1^m, \cdots, t_N^m\}$，表示原创信息 m 的发布时间是 $m_t = t_j^m$，发布者是 $m_u = u_j^m$ 且 $P_{\leqslant u_N}^m = \phi$，$1 \leqslant j \leqslant N$。此外，若节点$u_j^m$是节点$u_i^m$的级联父节点，则$P_{\varepsilon \leqslant_i}^m = u_j^m$成立且$t_j < t_i$，表示转发信息的时间一定晚于信息发布的时间。以图 8－1为例，暂不考虑社交网络中传播信息的具体种类，即不指定 m 的值，级联记录可表示为 $C = \{(a, t_a, \phi), (b, t_b, a), (c, t_c, a), (d, t_d, c), (f, t_f, c)\}$。此时，$a$ 是根节点，$t_a = \min\{t_a, t_b, t_c, t_d, t_f\}$，这是$P_{\leqslant f} = c$ 且$t_c < t_f$成立。

至此，这里已经给出了本章涉及的概念和相关定义，并对一些条件假设做了明确说明。接下来对本章的问题进行形式化表述：给定社交网络级联数据$\mathcal{G} = (G, \mathbb{C})$，其中 $G = (V, E)$ 表示社交网络结构及用户，$\mathbb{C} = \{C^1, C^2, \cdots, C^M\}$ 是信息级联记录，其目标是学习用户影响力向量 $\boldsymbol{I}$ 和易感性向量 $\boldsymbol{S}$ 的一组值，使得基于$\mathbb{C}$构造的似然函数值最优。解决上述问题的核心是构造社交网络级联数据的似然函数，然后对似然函数中预先定义的用户参数进行求解，最后得到用户的影响力向量和易感性向量。关于似然函数的构造过程和形式，将在下一节详细论述。图 8－2 通过示例的方式对本章问题进行了简化描述。在已知的社交网络用户群及其形成的关注关系上，观察到一组信息的级联传播记录$\mathbb{C}$，利用 TMIVM 方法可以求出每个用户的影响力值和易感性值，它们都是向量化形式，代表了在不同话题中影响强度。基于这些用户相关的向量表示，可以计算不同信息在用户之间的传播概率，进而从用户角度揭示信息传播的机制。

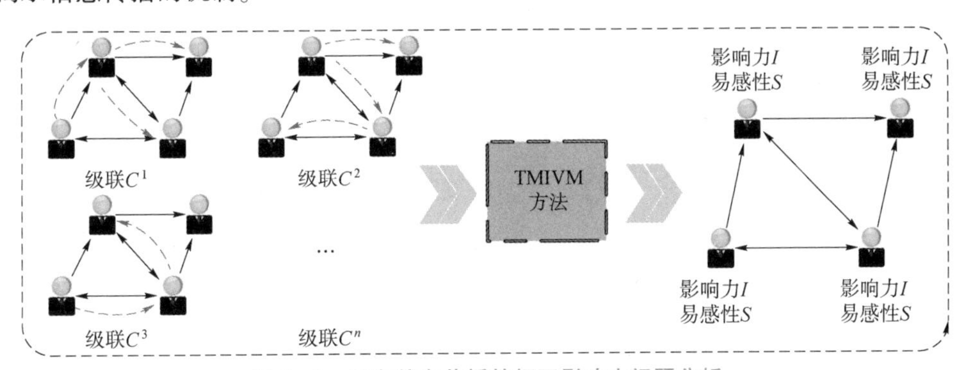

图 8－2　面向信息传播的相互影响力问题分析

8.3　方法描述

已有方法旨在研究信息在社交网络中传播的相关问题，并没有重点关注用户之间的交互行为对信息传播所起的作用。从用户角度出发，结合用户的交互行为和信息级联数据，构造基于相互影响力的传播概率计算方法。针对传播网络中的边进行建模，需要求解大量的参数，而 TMIVM 方法只需求解较少的参数，计算效率高，这也是本方法的特点。相比于 LIS 模型，TMIVM 充分考虑了信息的话题特征，建立话题层面的相互影响力度量模型。该方法在计算传播概率时，通过引入时间因子，准确抓住了传播概率随时间衰减的特点，以便更好地理解信息传播规律。本方法的前提是用户的转发行为受影响力驱动，因此参数拟合数据主要来自转发行为构成的信息级联记录，以此提高信息传播预测的性能。

8.3.1 生存分析

生存分析是本方法的理论基础，是研究生存现象和响应时间数据统计规律的一门学科。它主要用于统计分析一个或多个事件发生的预期持续时间，例如生物有机体的死亡或机器系统中的故障。

在本节首先了解生存分析中一些基本概念。通常需要定义一个非负连续随机变量 T，表示某个事件发生的时间。那么，$f(t)$ 表示随机变量 T 的概率密度函数；$F(t)$ 表示随机变量 T 的累积分布函数，显然有 $F(t) = P(T \leqslant t) = \int_0^{\infty} f(u)\mathrm{d}u$；生存函数 $S(t)$ 表示直到时间 t，事件一直没有发生的概率，定义如下：

$$S(t) = P(T \geqslant t) = 1 - F(t) = \int_t^{\infty} f(u)\mathrm{d}u \tag{8-1}$$

式中，$S(t)$ 是个单调递减的连续函数，存在 $S(0)=1$ 和 $S(\infty)=\lim\limits_{t\to\infty} S(t)=0$，这是边界条件。

危险函数 $h(t)$ 是生存分析中的基本函数，它反映了研究对象在某时刻的死亡风险大小，即事件一直到时间 t 没有发生，而在 $[t, t+\Delta t)$ 时间内发生的瞬时概率，Δt 是时间 t 的无穷小量。给定 $S(t)$ 和 $F(t)$，Δt 可由下式计算：

$$h(t) = \lim_{\Delta t \to 0} \frac{P(t \leqslant T \leqslant t + \Delta t \mid T \geqslant t)}{\Delta t} = \frac{P(t \leqslant T \leqslant t + \Delta t)}{\Delta t} \cdot \frac{1}{P(T \geqslant t)} = \frac{f(t)}{S(t)} \tag{8-2}$$

上式变换用到了贝叶斯原理 $P(A \cap B) = P(A) \cdot P(B \mid A)$。对式（8-1）两边求微分，可得 $f(t) = -S'(t)$，代入式（8-2）求得关于生存函数 $S(t)$ 的一阶线性常微分方程 $-S'(t) + h(t) \cdot S(t) = 0$。结合边界条件 $S(0)=1$，那么 $S(t)$ 和 $f(t)$ 都可以表示成关于 $h(t)$ 的函数：

$$\ln S(t) = -\int_0^t h(u)\mathrm{d}u, \quad f(t) = h(t)S(t) \tag{8-3}$$

可见，在应用生存分析时，当已知生存函数 $S(t)$、危险函数 $h(t)$ 和概率密度函数 $f(t)$ 中的任意一个函数的表达式时，其余两个函数的表达式也可以推导得出。这为本章所提方法的构造和简化提供了理论依据。

8.3.2 相互影响力

针对社交网络用户，建立相互影响力模型是本章工作的前提。本小节为每个用户建模了两个 K 维的非负向量：影响力向量 $\boldsymbol{I}_u = (I_u^1, I_u^2, \cdots, I_u^K)$ 和易感性向量 $\boldsymbol{S}_u =$

$(S_u^1, S_u^2, \cdots, S_u^K)$，其中，$I_u^k \geqslant 0$，$S_u^k \geqslant 0$，$\forall 1 \leqslant k \leqslant K$。$\boldsymbol{I}_u$或$\boldsymbol{S}_u$向量中元素值越大，代表该用户影响别人或被别人影响的程度越高。K 表示话题数量，说明在不同的话题中用户的影响力和易感性具有差别。这样，用户 u 和用户 v 之间的相互影响力 $\mathbf{MI}_{u \to v}$可表示为

$$\mathbf{MI}_{u \to v} = \boldsymbol{I}_u \circ \boldsymbol{S}_v = (I_u^1 \cdot S_v^1, I_u^2 \cdot S_v^2, \cdots, I_u^K \cdot S_v^K) \tag{8-4}$$

式中，$\mathbf{MI}_{u \to v} \geqslant 0$；$\circ$ 是向量的 Hadamard 乘积，表示向量对应元素的乘积。由定义可知，相互影响力是不对称的，即 $\mathbf{MI}_{u \to v} \neq \mathbf{MI}_{v \to u}$。与已有模型不同，本章所提模型从用户的角度出发对相互影响力进行刻画，而不是简单地为底层网络结构的关系边设置一个权重系数进行计算。利用式（8－4）计算对其他用户的影响力时，都会使用影响力 $\boldsymbol{I}_u$，而计算被其他用户影响的程度时，都会使用易感性向量 $\boldsymbol{S}_u$，这种以用户为中心的计算能有效地将不同用户对之间的影响力关联起来。用户之间的相互影响力 $\mathbf{MI}_{u \to v}$也是一个 K 维的非负向量，元素 $I_u^k \cdot S_v^k$代表了用户 u 在话题 k 上对用户 v 的影响力。式（8－4）的建模方式便于在不同话题中度量用户之间的相互影响力。

8.3.3　传播概率

基于生存分析建模信息在社交网络中的传播过程时，主要是结合信息传播过程对第 8.3.1 节中非负连续随机变量 T 进行实例化。其实，在社交网络中，信息传播好比病毒扩散，发布原创信息的用户如同感染源，转发信息的用户是感染者，一直没有转发信息的用户就是免疫者。因此，本节把用户转发信息的时间间隔看成是变量 T 的随机事件，$T \in [0, +\infty)$。这样，生存函数 $S(t)$ 可以解释成用户一直到时间 t 都没有转发信息的概率；危险函数 $h(t)$ 可以解释成还没有转发信息的用户在 t 时刻的危险系数；累积分布函数 $F(t)$ 则可以解释成用户在 $0 \sim t$ 时间之内转发信息的概率。在此，需要首先定义信息在用户之间的传播概率，它与信息的话题内容以及用户之间的相互影响力等有关，具体如下：

$$D_{u \to v}^m = \mathbf{MI}'_{u \to v} \cdot \boldsymbol{m}_o = \sum_k I_u^k \cdot S_v^k \cdot m_o^k \tag{8-5}$$

式中，$D_{u \to v}^m \geqslant 0$；$\mathbf{MI}'_{u \to v}$表示向量的转置；$\boldsymbol{m}_o$是信息 m 的话题分布向量表示，向量的不同元素代表了信息在不同话题上的倾向度。式（8－5）的定义表明信息的话题内容对信息在用户之间的传播具有影响，热点话题信息更容易诱发社交网络用户进行扩散和讨论。此外，该公式还蕴含一个隐含条件，即当且仅当用户 u 已转发的信息对用户 v 可见时，$D_{u \to v}^m \neq 0$ 成立。

基于传播概率计算式（8－5）可以定义危险函数，而其他两个函数可以直接由前面的结论推导得到。社交网络中导致用户转发信息的危险因素主要包括信息的话题性和时效性、邻居用户对其的相互影响力等。当前已有方法主要包括指数、幂律或 Rayleigh 分布三类模型及其变形。其中，指数或幂律模型满足单调性，认为用户转发信息的概率随时间的流逝而减小；Rayleigh 分布则认为用户转发信息概率的趋势是先急剧增长到一个峰值，然后呈指数递减，并且不再满足单调性。在新浪微博

中，2 749 631 篇原创博文引发的级联记录，其转发时间间隔分布如图 8－3 所示。图 8－3（a）是转发时间在一周之内的概率分布，可以看出转发概率呈现明显的先增加后减小的趋势，图 8－3（b）是图 8－3（a）中时间间隔在 120 min 之内的转发概率分布，更清晰地展示了转发概率先升后降的效果。由数据分析结果可知，Rayleigh 模型能更好地捕获上述转发时间间隔分布规律，本节采用该模型实例化生存分析，则未感染用户 v 在时刻t^m被感染用户 u 影响而转发信息 m 的条件概率密度函数为

$$f(t^m \mid t_u^m, D_{u\to v}^m) D_{u\to v}^m \cdot (t^m - t_u^m) \cdot \exp\left[-\frac{1}{2} \cdot D_{u\to v}^m \cdot (t^m - t_u^m)^2\right] \quad (8-6)$$

式中，exp(·) 表示以自然常数 e 为底的指数函数。式（8－6）能够反映图 8－3 中用户转发信息时间间隔的分布规律。那么在时刻t^m，感染用户 u 对未感染用户 v 与信息 m 有关的条件危险函数表示如下：

$$h(t^m \mid t_u^m, D_{u\to v}^m) = D_{u\to v}^m \cdot (t^m - t_u^m) \quad (8-7)$$

式（8－7）认为随着时间的推移，网络中感染用户对未感染用户的危险在增加。当用户不能通过 u 浏览到信息 m 时，其危险也不存在，则 $h(t^m \mid t_u^m, D_{u\to\varepsilon}^m) = 0$。同样，在感染用户 u 的影响下，用户 v 在时间 t^m 内没有转发信息 m 的概率为

$$S(t^m \mid t_u^m, D_{u\to v}^m) = \exp\left[-\frac{1}{2} \cdot D_{u\to v}^m \cdot (t^m - t_u^m)^2\right] \quad (8-8)$$

综上所述，式（8－6）~式（8－8）是生存分析中的概率密度函数、危险函数和生存函数在本章中关于用户转发信息时间间隔变量 T 的具体化表示。这些公式的定义都与具体信息 m 相关，并依赖于传播概率，表明本章方法重点考虑了信息自身内容属性在传播过程中的重要性。值得注意的是，这些公式的计算与信息发布或转发的具体时间无关，只与用户行为之间的时间差相关。

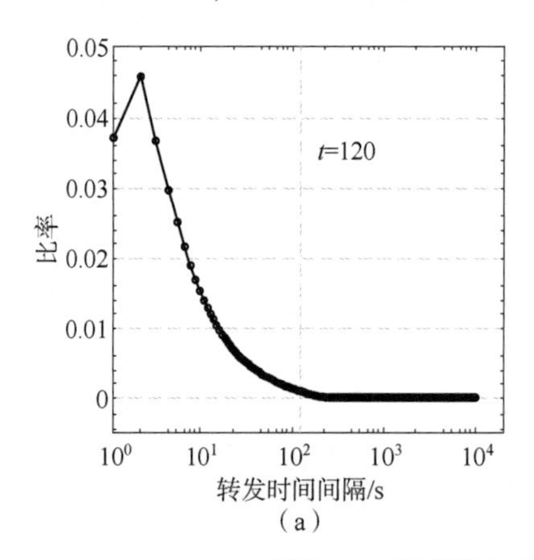

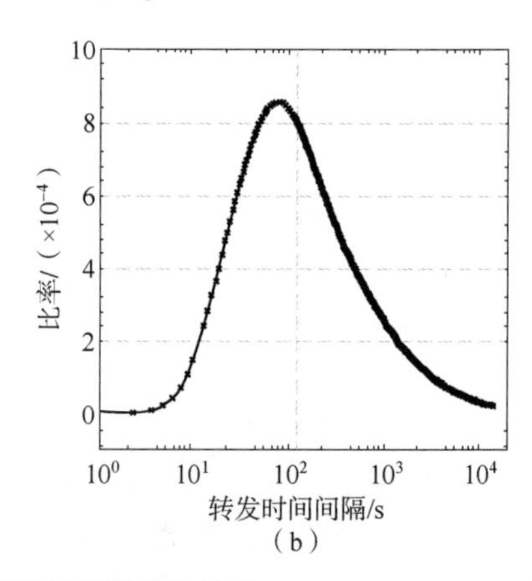

图 8－3　原创博文被转发时间间隔分布统计

(a) 一周内转发时间间隔分布；(b) 120 min 内转发时间间隔分布

8.3.4　似然函数构造

TMIVM 方法充分考虑了信息内容对传播模式的影响，因此，基于上述分析结果构造级联记录的似然函数，需要进行如下假设：在社交网络信息传播过程中，关注的话题信息不会随着用户的交互而发生漂移。其实，在实际案例中，用户之间的互动常常会促使信息话题漂移并发生演化。该假设认为，当信息 m 引发级联传播时，所有用户讨论或关注的话题都是 $\boldsymbol{m}_o$，这样处理的好处是一方面可以简化似然函数的公式结构，另一方面也能够说明待解决的问题。在实验中关于某次信息级联的记录数据会限定在某个时期 $[0,T_w^m]$ 内，T_w^m 被称为信息 m 的观察期。在观察期内，级联记录总共包含两种类型的用户：感染用户和未感染用户。当然，未感染用户并不等同于永远不会转发某条信息，而是在观察期内没有转发信息而被记录下来。为了简化计算复杂性，$\forall m$，使得 $T_w^m = T_w$，所有信息级联都采用同一个观察期限。

针对未感染用户 $u_i^m \in \mathrm{NU}^m$，需要计算用户一直到观察时间结束而没有转发信息的概率，NU^m 表示在 m 级联中没有转发信息的用户集合，也称为负样例。因为每个感染用户都可以独立对其他未感染用户产生影响，所以未感染用户 u_i^m 在级联记录 m 中的存活概率由每个感染用户相关的生存函数的乘积决定，具体如下：

$$\varepsilon_{u_i^m}^-(C^m) = \prod_{u_j^m \in \Omega_i^m} S(T_w \mid t_j^m, D_{j\to i}^m) \tag{8-9}$$

式中，Ω_i^m 代表在信息 m 的传播过程中，转发信息对 u_i 可见的用户集合。例如，图 8-1 中未感染用户 e 的 $\Omega_e^m = \{b,d,f\}$。Ω_i^m 也可以是 $\varnothing$，表示用户 u_i^m 既没有转发信息，也没有通过其他用户浏览到该信息 m。

针对感染用户 $u_i^m \in \mathrm{PU}^m$，需要计算用户在观察时间内被其他用户影响而转发信息的概率，PU^m 表示在 m 级联中转发信息的用户集合，也称为正样例。在级联记录中，每个感染用户都有一条明确的级联路径，因此，用户转发信息的概率由级联树中的父节点决定。然而先前的假设认为用户只可能被感染一次，当看到其他用户转发信息时，没有被感染的存活概率也应被计算在内。

$$\varepsilon_{u_i^m}^+(C^m) = f(t_i^m \mid t_{\leq i}^m, D_{\leq i\to i}^m) \cdot \prod_{q\neq \leq i,\, u_q^m \in \Omega_i^m \cap t_q^m < t_i^m} S(t_i^m \mid t_q^m, D_{q\to i}^m) \tag{8-10}$$

式中，$\leq i$ 是 $P_{\leq u_i}^m$ 的简化，表示用户 u_i 是信息 m 传播记录构造的级联树中的父节点。式（8-10）的第一项说明了感染父节点 $\leq i$ 对用户 u_i^m 在 t_i^m 时刻转发信息有直接影响，而第二项则说明了除了节点 $\leq i$，用户还受到其他用户的影响，但不会在感染之后面对相同信息时还受到其他用户的影响。利用转换关系 $f(t) = \leqslant(t)S(t)$，式（8-10）又可写成

$$\varepsilon_{u_i^m}^+(C^m) = h(t_i^m \mid t_{\leq i}^m, D_{\leq i\to i}^m) \cdot \prod_{u_q^m \in \Omega_i^m \cap t_q^m < t_i^m} S(t_i^m \mid t_q^m, D_{q\to i}^m) \tag{8-11}$$

显然，在任何级联记录中，除了发布原创信息的根节点用户，其他用户或者属

于感染用户，或者属于未感染用户，即$NU^m \cup PU^m = V$，$NU^m \cap PU^m = \varnothing$。给定一个信息级联记录$C^m$，它的似然函数可表达为所有用户感染或未感染概率的乘积：

$$\varepsilon(C^m) = \prod_{u_i^m \in PU^m} \varepsilon_{u_i^m}^{+}(C^m) \times \prod_{u_i^m \in NU^m} \varepsilon_{u_i^m}^{-}(C^m) \tag{8-12}$$

代入式（8-9）和式（8-11）可得

$$\varepsilon(C^m) = \prod_{u_i^m \in PU^m} h(t_i^m \mid t_{\le i}^m, D_{\le i \to i}^m) \cdot \prod_{u_q^m \in \Omega_i^m \cap t_q^m < t_i^m} S(t_i^m \mid t_q^m, D_{q \to i}^m) \cdot \prod_{u_i^m \in NU^m} \prod_{u_j^m \in \Omega_i^m} S(T_w \mid t_j^m, D_{j \to i}^m) \tag{8-13}$$

一般地，信息级联数据$\mathbb{C}$包含多个级联记录$\{C^1, C^2, \cdots, C^M\}$，$M$代表了信息总数，不同信息引发不同的级联记录，并且这些级联记录相互独立，因此级联数据的似然函数是单个级联记录似然函数的乘积：

$$\varepsilon(\mathbb{C}) = \prod_{m} \prod_{u_i^m \in PU^m} h(t_i^m \mid t_{\le i}^m, D_{\le i \to i}^m) \cdot \prod_{u_q^m \in \Omega_i^m \cap t_q^m < t_i^m} S(t_i^m \mid t_q^m, D_{q \to i}^m) \cdot \prod_{u_i^m \in NU^m} \prod_{u_j^m \in \Omega_i^m} S(T_w \mid t_j^m, D_{j \to i}^m) \tag{8-14}$$

综上所述，基于式（8-14）可以对研究问题进行数学化描述如下。给定社交网络级联数据$\mathcal{G} = (G, \mathbb{C})$，找到一组用户影响力向量$\boldsymbol{I}$和易感性向量$\boldsymbol{S}$，使$\mathbb{C}$的似然函数值最优，即求解如下优化问题：

$$\underset{I,S}{\text{minimize}} - \ln\varepsilon(\mathbb{C}) + \lambda_I \|\boldsymbol{I}\|_F^2 + \lambda_S \|\boldsymbol{S}\|_F^2 \tag{8-15}$$

$$I_{u_i}^k \geqslant 0, S_{u_i}^k \geqslant 0, \forall k, i$$

式中，$\boldsymbol{I} = \{I_{u_i}^k\}$；$\boldsymbol{S} = \{S_{u_i}^k\}$。为了防止在优化过程中出现过拟合问题，对目标函数引入正则项，其中，λ_I和λ_S是正则化因子，$\|\cdot\|_F$是 Frobenius 范数。本节通过相互影响力模型构造概率产生式的负对数似然函数，然后基于优化问题估计用户影响力向量和易感性向量参数的方法，被称为话题相互影响力度量方法（Topic Mutual Influence Vector Model，TMIVM）。将式（8-7）和式（8-8）代入式（8-15），可得优化问题的目标函数：

$$\begin{aligned}\tilde{\varepsilon}(C) = &-\sum_{m}\sum_{u_i^m \in PU^m}\left(\ln\sum_{k} I_{u_{\le i}}^k \cdot S_{u_i}^k \cdot m_o^k \cdot \Delta_{i,\le i}^m\right) + \\ &\sum_{m}\sum_{u_i^m \in PU^m}\sum_{u_q^m \in \Omega_i^m \cap t_q^m < t_i^m}\frac{1}{2}\cdot\sum_{k} I_{u_q}^k \cdot S_{u_i}^k \cdot m_o^k \cdot (\Delta_{i,q}^m)^2 + \\ &\sum_{m}\sum_{u_i^m \in NU^m}\sum_{u_j^m \in \Omega_i^m}\frac{1}{2}\cdot\sum_{k} I_{u_j}^k \cdot S_{u_i}^k \cdot m_o^k \cdot (\Delta_{T^w,j}^m)^2 + \\ &\lambda_I\sum_{u_i}\sum_{k}(I_{u_i}^k)^2 + \lambda_S\sum_{u_i}\sum_{k}(S_{u_i}^k)^2\end{aligned} \tag{8-16}$$

式中，$\Delta_{i,j}^m = t_{u_i}^m - t_{u_j}^m$。通过上述分析可知，本方法只需对$I_{u_i}^k$和$S_{u_i}^k$求解，这种以用户为中心的影响力向量模型共有参数$2K|V|$个，而以用户社交边为参数的建模方法需要求解$|V|^2$个参数。社交网络中用户规模巨大，$K \ll |V|$，求解更少的参数能提高本方法的有效性。

8.3.5　参数推导

推断学习用户影响力向量和易感性向量，就是找到一组最优解 $\{\boldsymbol{I},\boldsymbol{S}\}$，满足约束的条件下使得损失函数（8.15）的值最小。本节将设计一种迭代式算法用于求解上述极小值优化问题，从而推断出用户影响力和易感性向量的表示模型。

基本思想是以用户为核心建立两类向量，为了便于计算，式（8－16）可重写成以下形式：

$$\begin{aligned}\tilde{\varepsilon}(C\mid\boldsymbol{I},\boldsymbol{S}) = &\sum_{u_i\in V}\sum_{\{m\mid u_i\in \mathrm{PU}^m\}}\left(-\ln D^m_{\leq i\to i}\cdot\Delta^m_{i,\leq i}+\sum_{q\in\Omega^m_i\cap t_q<t_i}\frac{1}{2}\cdot D^m_{q\to i}\cdot(\Delta^m_{i,q})^2\right)+\\&\sum_{u_i\in V}\sum_{\{m\mid i\in \mathrm{NU}^m\}}\sum_{j\in\Omega^m_i}\frac{1}{2}\cdot D^m_{j\to i}\cdot(\Delta^m_{T^w,j})^2+\\&\lambda_I\sum_i\sum_k(I^k_i)^2+\lambda_S\sum_i\sum_k(S^k_i)^2\end{aligned}\tag{8－17}$$

式中，$D^m_{j\to i}=D^m_{u_j\to u_i}$。显然，式（8－17）的值依赖于用户的影响力 $\boldsymbol{I}$ 和易感性 $\boldsymbol{S}$、信息的话题分布 $\boldsymbol{m}_o$，以及用户之间相互影响的时间差 $\Delta^m_{i,j}$。此外，该公式是光滑的，可以采用基于梯度下降的方法进行参数估计。因此，需要对损失函数中的参数进行求导运算，注意到公式中含有参数的项只存在于传播概率计算公式$D^m_{j\to i}$中，它对参数 $\boldsymbol{I}_{u_j}$ 和 $\boldsymbol{S}_{u_i}$ 的偏导算子分别可表示为

$$\begin{aligned}\frac{\partial D^m_{j\to i}}{\partial \boldsymbol{I}_{u_j}}&=\frac{\partial(\mathbf{MI}'_{u_j\to u_i}\cdot\boldsymbol{m}_o)}{\partial I_{u_j}}=\boldsymbol{S}_{u_i}\circ\boldsymbol{m}_o\\\frac{\partial D^m_{j\to i}}{\partial \boldsymbol{S}_{u_i}}&=\frac{\partial(\mathbf{MI}'_{u_j\to u_i}\cdot\boldsymbol{m}_o)}{\partial \boldsymbol{S}_{u_i}}=\boldsymbol{I}_{u_j}\circ\boldsymbol{m}_o\end{aligned}\tag{8－18}$$

$\dfrac{\partial D^m_{j\to i}}{\partial \boldsymbol{I}_{u_j}}$和$\dfrac{\partial D^m_{j\to i}}{\partial \boldsymbol{S}_{u_i}}$都是 K 维向量。式（8－17）表明，在某次信息 m 传播的过程中，对于任何用户 u_i，只可能是感染用户PU^m或者未感染用户NU^m中的一种。如果是未感染用户，$u_i\in\mathrm{NU}^m$，那么关于用户u_i的影响力向量 $\boldsymbol{I}_{u_i}$不会出现在公式中，只有可能在式（8－17）的第二项中出现易感性向量 $\boldsymbol{S}_{u_i}$。因为在未感染的情形下，用户没有机会去影响其他用户，而只能被感染用户影响。如果是感染用户，$u_i\in\mathrm{PU}^m$，情况会比较复杂，因为他不仅被其他感染用户影响成功转发信息，还会影响其他未感染用户。所以，通过代入具体计算表达式，$\tilde{\varepsilon}(\mathcal{C}\mid\boldsymbol{I},\boldsymbol{S})$ 分别对用户的影响力向量 $\boldsymbol{I}_{u_j}$和易感性向量 $\boldsymbol{S}_{u_i}$求偏导数，可得

$$\begin{aligned}\frac{\partial\tilde{\varepsilon}}{\partial\boldsymbol{I}_{u_j}}=&\sum_{u_i}\sum_{\{m\mid u_i\in\mathrm{PU}^m\}}(\boldsymbol{S}_{u_i}\circ\boldsymbol{m}_o)\times\left\{\delta[j=\leq i]\left[-\frac{1}{(I_{u_j}\circ S_{u_i})'\cdot m_o}\right]+\right.\\&\left.\delta[j\in\Omega^m_i\cap t^m_j<t^m_i]\,\frac{(t^m_i-t^m_j)^2}{2}\right\}+\end{aligned}$$

$$\sum_{u_i}\sum_{\{m|u_i\in NU^m\}}(\boldsymbol{S}_{u_i}\circ\boldsymbol{m}_o)\times\left[\delta[j\in\Omega_i^m]\frac{(T^w-t_j^m)^2}{2}\right]+2\lambda_I\boldsymbol{I}_{u_j}\quad(8-19)$$

$$\frac{\partial\tilde{\varepsilon}}{\partial\boldsymbol{S}_{u_i}}=\sum_{\{m|u_i\in PU^m\}}\left[-\frac{\boldsymbol{I}_{u_{\leq i}}\circ\boldsymbol{m}_o}{(\boldsymbol{I}_{u_{\leq i}}\circ S_{u_i})'\cdot\boldsymbol{m}_o}+\sum_{q\in\Omega_i^m\cap t_q<t_i}\frac{\boldsymbol{I}_{u_q}\circ\boldsymbol{m}_o}{2}(t_i^m-t_q^m)^2\right]+$$

$$\sum_{\{m|i\in NU^m\}}\sum_{j\in\Omega_i^m}\frac{\boldsymbol{I}_{u_j}\circ\boldsymbol{m}_o}{2}(T^w-t_j^m)^2+2\lambda_S\boldsymbol{S}_{u_i}\quad(8-20)$$

式中，$\delta[j=\leq i]$ 和$\delta[j\in\boldsymbol{\Omega}_i^m\cap t_j^m<t_i^m]$ 都是指示性函数，若方括号内条件为真，则等于1，否则，等于0。社交网络中，关于某条信息的级联记录的规模一般远小于用户总数。以图 8－3中的数据为例进行说明，该数据集总共包含 27 万多新浪微博用户，但每条博文的平均转发次数大约为 9.7，相比于用户总数，每条博文的转发比例较低。因此，在求解最优化问题（8－15）的过程中，没有转发信息的用户在公式中贡献了比较多的计算量，影响方法的效率，实验部分将采取一个策略减少未感染用户在公式中的计算量。

令$\nabla\boldsymbol{I}_{u_j}=\frac{\partial\tilde{\varepsilon}}{\partial I_{u_j}}$，$\nabla\boldsymbol{S}_{u_i}=\frac{\partial\tilde{\varepsilon}}{\partial S_{u_i}}$，则$\nabla\boldsymbol{I}_{u_j}$和$\nabla\boldsymbol{S}_{u_i}$都是 K 维向量。将采用经典的随机梯度下降法来对式（8－15）的参数进行迭代学习，该方法比较简单，易于实现，关键是找到合适的学习步长。不难看出，问题是一个有界约束优化问题，可以利用投影梯度法对参数坐标进行调整，得到可行解。

以学习参数$\boldsymbol{I}_{u_j}$为例，本节构造的迭代算法核心思想是在第 τ 次迭代时，结合约束的参数更新算法如下：$[\boldsymbol{I}_{u_j}]_{\tau+1}=\text{Project}[\![[\boldsymbol{I}_{u_j}]_\tau+[\Delta\boldsymbol{I}_{u_j}]_\tau]\!]$，而$[\Delta\boldsymbol{I}_{u_j}]_\tau=-\eta[\nabla\boldsymbol{I}_{u_j}]_\tau$，其中$\text{Project}[\![\boldsymbol{x}]\!]$是投影函数，若 $\boldsymbol{x}$ 不满足优化问题的约束条件时，负责改变 $\boldsymbol{x}$ 部分元素的值，将其投影成可行解。在本章中，对于任意$x_i\in\boldsymbol{x}$，若$x_i<0$，则$\text{Project}[\![x_i]\!]=0$，否则，$\text{Project}[\![x_i]\!]=x_i$。为了改善随机梯度下降算法的学习效率，阐述一种自适应的确定学习率的 Adagrad 方法。该方法通过目标函数的一阶导数信息计算$\Delta\boldsymbol{I}_{u_j}$项，具体计算方法如下：

$$[\Delta\boldsymbol{I}_{u_j}]_\tau=-\frac{\eta}{\sqrt{\sum_\tau[\nabla I_{u_j}^2]_\tau+\varepsilon}}\cdot[\nabla I_{u_j}]_\tau,[\Delta\boldsymbol{S}_{u_i}]_\tau=-\frac{\eta}{\sqrt{\sum_\tau[\nabla S_{u_i}^2]_\tau+\varepsilon}}\cdot[\nabla S_{u_i}]_\tau\quad(8-21)$$

算法 8.1 求解 TMIVM 方法的迭代算法

输入：社交网络级联数据$\mathcal{G}=(V,E,\mathcal{C})$；
输出：用户影响力向量$\boldsymbol{I}_{u_j}$和易感性向量$\boldsymbol{S}_{u_i}$；
1：初始化参数β，σ，η，ε；
2：初始化影响力向量 $\boldsymbol{I}$ 和易感性向量 $\boldsymbol{S}$；

（续）

3： **for** $\tau = 1,2,\cdots,\tau_{\max}$
4： **for** $u_i, u_j \in V$
5： 根据式（8－19）计算影响力向量梯度$[\nabla \boldsymbol{I}_{u_j}]_{\boldsymbol{\tau}}$；
6： 根据式（8－20）计算易感性向量梯度$[\nabla \boldsymbol{S}_{u_i}]_{\boldsymbol{\tau}}$；
7： **end for**
8： **for** $u_i, u_j \in V$
9： 根据式（8－21）计算$[\Delta \boldsymbol{I}_{u_j}]_{\boldsymbol{\tau}}$，$[\Delta \boldsymbol{S}_{u_i}]_{\boldsymbol{\tau}}$；
10： **end for**
11： **for** $u_i, u_j \in V$
12： 更新$[\boldsymbol{I}_{u_j}]_{\tau+1} = \text{Project}[\![[\boldsymbol{I}_{u_j}]_{\boldsymbol{\tau}} + [\Delta \boldsymbol{I}_{u_j}]_{\boldsymbol{\tau}}]\!]$；
13： 更新$[\boldsymbol{S}_{u_j}]_{\tau+1} = \text{Project}[\![[\boldsymbol{S}_{u_j}]_{\tau} + [\Delta \boldsymbol{S}_{u_j}]_{\boldsymbol{\tau}}]\!]$；
14： **end for**
15： **for** $k = 1,2,\cdots,k_{\max}$
16： **if** Armijo 条件（8－22）不成立 **do**
17： $[\Delta \boldsymbol{I}]_{\boldsymbol{\tau}} = \beta [\Delta \boldsymbol{I}]_{\boldsymbol{\tau}}$，$[\Delta \boldsymbol{S}]_{\boldsymbol{\tau}} = \beta [\Delta \boldsymbol{S}]_{\boldsymbol{\tau}}$；
17： $[\boldsymbol{I}]_{\tau+1} = \text{Project}[\![[\boldsymbol{I}]_{\tau} + [\Delta \boldsymbol{I}]_{\tau}]\!]$，$[\boldsymbol{S}]_{\tau+1} = \text{Project}[\![[\boldsymbol{S}]_{\tau} + [\Delta \boldsymbol{S}]_{\tau}]\!]$；
18： **end if**
19： **end for**
20： **end for**

$\sum_{\tau} [\nabla \boldsymbol{I}_{u_j}^2]_{\boldsymbol{\tau}}$表示对先前所有迭代的梯度按元素的平方求和，$\varepsilon$是大于0的常数，$\eta > 0$是全局学习率。为了防止参数学习步长过大，影响方法收敛性，可以采用Armijo条件进行步长限制，可以有效提高计算效率。求解$f(\boldsymbol{X})$的优化问题，已知可行解$\boldsymbol{X}_{\tau+1} = \boldsymbol{X}_{\tau} + \Delta \boldsymbol{X}_{\tau}$，给定参数$\beta$，$\sigma$，$0 < \beta < 1$，$0 < \sigma < 1$，若满足以下条件：

$$f(\boldsymbol{X}_{\tau+1}) - f(\boldsymbol{X}_{\tau}) \leqslant \sigma \nabla f(\boldsymbol{X}_{\tau})'(\boldsymbol{X}_{\tau+1} - \boldsymbol{X}_{\tau}) \tag{8-22}$$

则称$\Delta \boldsymbol{X}_{\boldsymbol{\tau}}$的选择满足Armijo条件，否则，$\Delta \boldsymbol{X}_{\tau} = \beta \Delta \boldsymbol{X}_{\tau}$继续进行步长验证，具体流程如算法8.1所示。

8.4 实验分析

在本节中，在合成数据集和真实新浪微博数据集进行了大量实验，通过对比其他类似方法来测试和验证方法的性能。实验结果表明，相比于其他方法，基于

TMIVM 模型的方法在信息转发预测、级联规模预测、用户话题层次相互影响力度量等方面都具有更好的性能。

8.4.1 实验设置

为了准确度量信息在用户之间的传播概率，相关学者已经提出了一些基于相互影响力的计算方法。本节挑选了三种有代表性的方法，通过在实验过程中与本方法展开性能对比，从而说明本方法的有效性，这三种方法的具体介绍如下。

ICEM 方法：该方法是由 Saito 等人在独立级联模型中预测信息传播概率时提出来的。该方法认为社交网络中信息是基于底层关注关系网络结构进行传播的，因此每条传播边都对应一个传播概率 $\kappa_{v,w}$，也称用户之间的相互影响力。基于此，结合信息传播的独立级联模型，构造一个级联记录的概率产生式模型，最后通过期望最大值（EM）方法学习参数：

$$\kappa_{v,w} = \frac{1}{|S_{v,w}^{+}| + |S_{v,w}^{-}|} \sum_{s \in S_{v,w}^{+}} \frac{\hat{\kappa}_{v,w}}{\hat{P}_{w}^{s}} \tag{8-23}$$

式中，$S_{v,w}^{+}$表示信息由用户 v 扩散到 w 的级联记录集合；$S_{v,w}^{-}$表示用户 v 已转发信息而 w 没有转发信息的级联记录集合。

NETRATE 方法：该方法通过生存分析模型推断信息传播网及传播概率。该方法假设任何两个用户之间的相互影响力可由一个标量参数表示$\alpha_{i,j}$，分别基于指数、幂律和 Rayleigh 分布构造危险函数，从而为用户转发信息的时间序列级联数据建模似然函数，利用该函数的凸性来极大化似然函数求解 $\alpha_{i,j}$。采用 Rayleigh 分布推断的网络结构和用户之间的相互影响力$\alpha_{i,j}$准确度更高，具有更好的性能。本节将采用基于 Rayleigh 分布的 NETRATE 方法来进行对比实验。

LIS 方法：该方法的主要思想与本章的相似，针对每个用户建模影响力向量和易感性向量。然而，该方法并没有考虑信息内容对信息传播的影响，这里的影响力向量和易感性向量是一种隐含变量，并没有显式地表明影响力或易感性在不同话题中的权重。它为每个用户关联一个状态变量，用户在信息传播过程中，其状态变量会发生变化，通过构建所有用户状态变量的联合概率分布，对用户的影响力向量和易感性向量求解。

TMIVM 方法的核心思想就是为社交网络中每个用户关联不同话题的影响力向量和易感性向量，而 ICEM 方法和 NETRATE 方法都是以用户之间的关系边为对象建立相互影响力标量参数。为了增加方法的可比性，防止上述方法出现过拟合问题，对标量数据进行非负矩阵分解。例如，某一方法已经求得了用户u_i和u_j之间的相互影响力$\alpha_{i,j}$，通过矩阵分解技术可得 $\alpha_{i,j} = \sum_{k} a_k^i b_k^j = \boldsymbol{a}^i \boldsymbol{b}^j$，则 $\boldsymbol{a}^i$和 $\boldsymbol{b}^j$分别作为用户u_i的影响力向量和用户u_j的易感性向量。

针对实验过程中算法的参数设置，对比方法中的参数按照各自文献中的最优性能参数进行设定，而基于 TMIVM 的迭代算法，参考已有研究，β 为 0.1，σ 为

0.01，η 为0.01，ε 为10^{-4}。除非有特殊声明，否则所有实验中的参数都按如上方式确定。8.3.4 节提到在信息 m 的传播过程中，转发信息对u_i可见的用户集合为Ω_i^m，在合成数据集和真实数据集中，都被实例化为用户关注的已经转发了某条信息的用户集合。

8.4.2　合成数据集

本节中的合成数据集是指由结构建模的方式生成的模拟真实社交网络的有向关系结构图，然后基于底层模拟结构通过预设参数仿真传播不同的话题信息，最后根据这些信息的传播级联记录对本章方法和对比方法的性能进行评估。

社交网络建模与生成技术为构建具有不同结构特性的网络模型提供了可能，如具有小世界特性的 WS 模型、择优依附的 BA 模型等。为了验证本章方法在用户影响力和易感性度量以及信息传播等方面的有效性，特地选择了被广泛应用的森林火灾模型和 Kronecker 图模型作为实验对象。森林火灾模型具有在真实网络中观察到的结构特性，如节点的入度和出度都服从重尾分布，网络密度变化服从幂律分布，网络的有效直径随时间变化而减少等。Kronecker 图模型是基于矩阵乘积生成的，可以较好地模拟静态网络的度分布、特征值分布和动态网络的直径、密度变化等特征。通过斯坦福大学的社交网络分析工具包（SNAP），模拟生成了两个有向图模型用于仿真实验，分别是节点数为 1 024、有向边数为 2 084 条的森林火灾模型和节点数为 1 024、有向边数为 2 655 条的外围式（core - periphery [0.9,0.5;0.5,0.3]）Kronecker 图模型。采样获得的图结构数据中的有向边等同于微博系统中的用户关注关系，如有向边（u_i,u_j）可以表示用户u_j关注用户u_i，用户u_j是u_i的粉丝，从而u_i转发的信息对u_j可见，这在一定程度上决定了信息流动的方向。

实施本章方法的关键是需要利用传播内容作为其算法的输入参数，信息内容的话题分布可以区别用户在不同话题中的相互影响力。采用类 LDA 主题模型的方法构造信息的话题分布，并假设在合成数据中信息的话题类别为 $K=6$。一般情况下，在一段时间内，用户的兴趣偏好会保持不变，所以针对每个用户u_i，随机采样一个多维变量 $\boldsymbol{\vartheta}_i \sim U(0,1)^6$用于获取该用户在不同时刻发布信息的话题分布，其中 $U(0,1)$ 是指0~1 的均匀分布。为了简化计算，选取对称的 Dirichlet 分布采样信息的话题分布，即$\boldsymbol{\vartheta}_i$中的各元素都相等。接下来，ϑ_i作为 Dirichlet 分布的超参数，我们就可以在 $\mathrm{Dir}(\boldsymbol{\vartheta}_i)$ 中为不同用户采样不同信息的话题分布。这样不仅可以保证同一用户发布的话题信息有关联，同时，又避免不同用户发布的信息在话题分布上具有区别性。由 $\mathrm{Dir}(\boldsymbol{\vartheta}_i)$ 函数采样得到的信息话题分布比较符合实际情况，因为一条信息携带的话题比较明确，不太可能在所有话题上都具有倾向性，一般会侧重于某几个话题类别。

给定上述合成森林火灾模型和 Kronecker 图模型的网络结构数据 G^*，还需要构造不同规模的级联记录数据。首先，需要为每个用户u_i采样影响力向量 $\boldsymbol{I}_i$和易感性

向量 $\boldsymbol{S}_i$，其中 $\boldsymbol{I}_i \sim U[0,1]^6$，$\boldsymbol{S}_i \sim U[0,1]^6$，向量不同维度的值代表了用户在不同话题上的影响力和易感性的大小。0 代表用户在这个话题上没有影响力或不可能被别人影响，而 1 代表用户在此话题上的影响力最大或最容易被其他用户影响。然后，随机选择一位用户 u_i 作为信息的发布者，并成为级联树中的根节点用户。发布信息 m 的话题分布 $\boldsymbol{m}_o$ 由 $\mathrm{Dir}(\boldsymbol{\vartheta}_i)$ 采样函数决定。由于本章方法及对比方法中的计算公式都不依赖于用户发布或者转发信息的绝对时间，所以根节点用户发布信息的时间为“0”，这样就构成了 m 引发的级联记录 C^m 中的第一个数据项 $(u_i, 0, \varnothing)$。级联传播中，根节点用户会影响其粉丝用户，由采样的关注关系控制信息传播路径，而感染的粉丝用户又会影响他的粉丝用户，最终信息这样一直传播下去。基于已知的级联信息 m，按照 G^* 中的边结构数据和已定义的参数值，可以采用广度优先的搜索方式模拟信息扩散的动力学。由假设可知，每个新感染（转发信息）的用户都有且只有一次机会感染其粉丝用户，用户感染的时间由式（8-6）采样决定。如果某个用户被多个用户影响而转发信息，合成数据集只需记录第一次被成功影响的时间。级联传播过程的终止是直到没有新的感染节点出现或在规定的观察时间窗口 T^w 内不再有新的节点转发信息。为了简化计算，在整个信息 m 的传播过程中，其话题分布 $\boldsymbol{m}_o$ 不会发生变化。

对于森林火灾模型和 Kronecker 图模型，按照如上所述的数据采样方式，模拟了三组信息级联数据，分别包含 1 000、2 000 和 5 000 条级联记录。每组数据集被随机划分为 5 等份，采用 5-折交叉验证法进行算法性能的评估，即其中 4 等份用于训练模型，另外 1 等份用于测试模型。针对模拟的社交网络信息传播级联数据集，当 $T^w = 10$ 时，四种不同的相互影响力度量模型得到了不同的实验结果，接下来就对这些实验结果进行对比分析。

合成数据集中，用户影响力和易感性向量值是事先已知的，而四种算法基于采样数据集也对这些向量值进行了估算，可以利用平均绝对误差（MAE）来衡量算法估算的准确性。关于影响力向量的 MAE 计算方式如下：

$$\frac{1}{M}\sum_{u} \|\boldsymbol{I}_u - \boldsymbol{I}_u^*\|_1$$

式中，M 是用户总数；$\boldsymbol{I}_u$ 表示采样的影响力向量值；$\boldsymbol{I}_u^*$ 而表示算法估算的影响力向量值；$\|\cdot\|_1$ 是向量的 1-范数。同理，也可以求得关于用户易感性向量的 MAE 指标。

从图 8-4 中可以看出，四种算法在不同数据集中的性能趋势相似：随着级联数据规模的增加，MAE 值越小，算法的准确度越高。这是因为大规模的级联数据提高了算法参数学习的精度。针对不同的数据集，四种算法在森林火灾模型中的准确性都显著高于在 Kronecker 图模型中的准确性，这可能是网络底层图结构不同导致的。无论在哪种数据集中，对于用户影响力向量值和易感性向量值的推断，所提 TMIVM 方法的 MAE 都最小，准确度更高，表明了该方法在度量用户影响力和易感性方面的有效性。同时，基于向量表示的用户影响力和易感性的度量方法性能更优，因为 ICEM 和 NETRATE 方法以边为对象建模，最后还需要矩阵分解技术求得用户影响力和易感性的向量表示，显然会降低准确度。但是图 8 - 4 中的结果也间接地反映了一个事实：难以定量地对用户的影响力和易感性进行推断学习。在本实验中，性能表现最好的 TMIVM 算法的 MAE 也只能达到 0.3 左右。

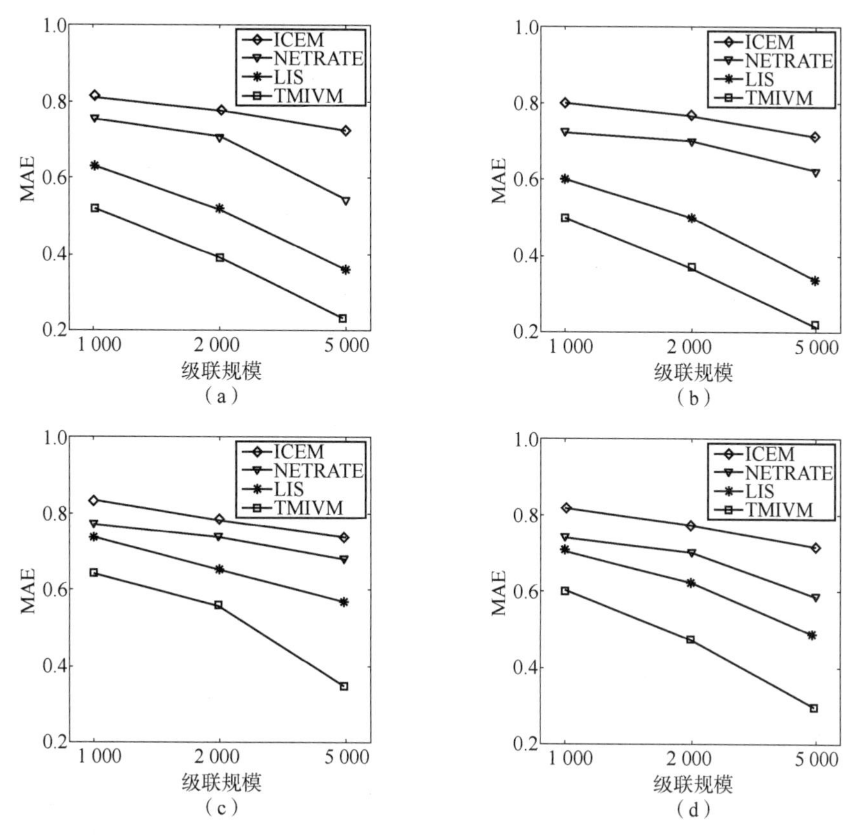

图 8 - 4　用户影响力向量和易感性向量在不同数据集中的度量评估

(a) 森林火灾模型中影响力向量估算；(b) 森林火灾模型中易感性向量估算；
(c) Kronecker 图模型中影响力向量估算；(d) Kronecker 图模型中易感性向量估算

准确度量用户的影响力和易感性，最直接的应用就是用户针对具体信息的转发行为预测。本实验中的应用场景是给定时间 t 和用户可见的已感染用户集合 Ω，由式（8 - 11）计算该用户是否转发此信息的概率。事实上，已知用户转发信息的具体时间，以此数据为参照可以评价算法的性能。这是一个典型的分类问题，得到用户转发信息的概率，采用接收者操作特征曲线（ROC）衡量由不同算法构造的分类器性能，从而间接探究用户影响力和易感性度量的准确性。

图 8 - 5 展示了算法在数据规模为 5 000 的级联记录中的 ROC 曲线，横坐标是假正例率（FPR），即被判定转发信息而实际没有转发信息的用户在所有感染用户中所占比例，纵坐标是真正例率（TPR），即实际转发信息而被判定转发信息的用

户在所有感染用户中所占比例。ROC 曲线越接近左上角，代表该分类器性能越好。可以看出，TMIVM 模型的性能最优，当 FPR 为 0 时，其 TPR 的值能达到 54% 以上。LIS 方法的性能次之，TPR 的值在 FPR 等于 0 时也能超过 33%。ICEM 和 NETRATE 两种方法表现最差，是因为它们没有考虑信息的话题因素，从而不能准确预测用户转发信息的行为。

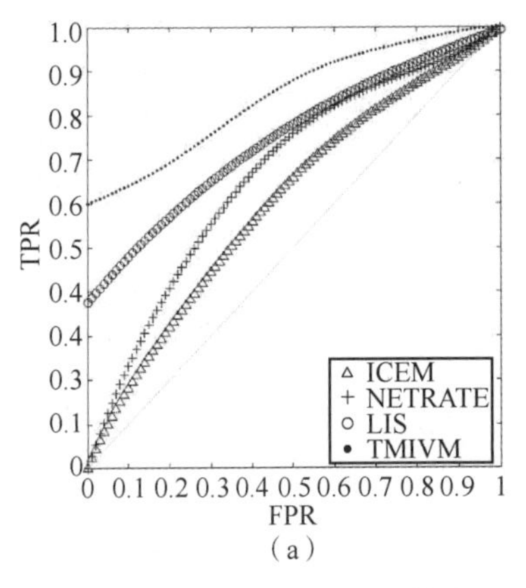

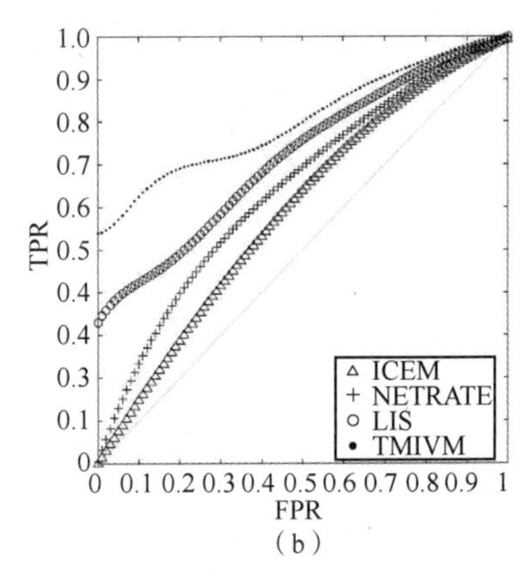

图 8-5　算法预测用户转发信息的 ROC 曲线

(a) 森林火灾模型中的 ROC 曲线；(b) Kronecker 图模型中的 ROC 曲线

为了详细说明用户影响力和易感性在转发预测应用中的性能，实验计算了四种算法在不同数据集中的 AUC 值及其标准差，见表 8-2 和表 8-3。AUC 被定义为 ROC 曲线下的面积，值越大，代表该算法的性能越好。在 1 000 规模的数据集中，所有方法预测用户转发行为的准确度都不高，标准差也大，这是因为训练数据少，模型的准确性难以体现。随着数据规模增加，方法参数计算充分，转发预测更准确，标准差也更小。由于 LIS 和 TMIVM 同时考虑了用户的影响力和易感性，所以这两种方法的 AUC 值都比较高，准确性更高。信息内容能直接影响用户的转发行为，相比于话题隐变量机制的 LIS 方法，直接考虑信息内容的 TMIVM 方法在用户转发行为预测方面，在森林火灾模型中，其 AUC 值可以提高 10% 以上。更重要的是，本方法在不同图模型和不同规模数据集中，AUC 值的方差都最小，说明该方法更稳定。

表 8-2　森林火灾模型中转发预测的 AUC 值

级联规模	对比方法			
	ICEM	NETRATE	LIS	TMIVM
1 000	0.539 ±0.028	0.561 ±0.024	0.612 ±0.021	0.685 ±0.015
2 000	0.558 ±0.033	0.597 ±0.037	0.651 ±0.017	0.734 ±0.014
5 000	0.603 ±0.031	0.647 ±0.018	0.715 ±0.015	0.788 ±0.008

表 8 - 3　Kronecker 图模型中转发预测的 AUC 值

级联规模	对比方法			
	ICEM	NETRATE	LIS	TMIVM
1 000	0. 525 ±0. 045	0. 554 ±0. 031	0. 568 ±0. 027	0. 653 ±0. 019
2 000	0. 547 ±0. 041	0. 589 ±0. 026	0. 617 ±0. 028	0. 699 ±0. 012
5 000	0. 596 ±0. 039	0. 638 ±0. 021	0. 679 ±0. 022	0. 741 ±0. 011

此外，实验还分别预测了具有不同话题分布的信息级联规模大小。在影响力极大化应用中，需要选择初始感染用户群，基于已有的信息传播模型和用户属性，使得该信息在传播过程中到达的用户数最大。解决这类问题的关键是如何准确度量信息在网络中的传播概率，本章所构造的用户之间相互影响力模型正好可以为这些传播边概率的计算提供依据。为了简化实验方法，针对测试数据集中每条信息，该原创信息发布者（根节点用户）被当作初始感染用户，通过式（8 -5）计算信息在用户之间的传播概率，然后基于独立级联传播模型模拟信息的传播范围，最后计算感染用户的数量。这项实验没有考虑用户转发信息的具体时间，而是将时间划分为离散的传播步骤，不停地感染用户，直到没有新的用户被感染为止。为了反映话题分布在社交网络中对信息传播的影响，按照话题类别对传播规模进行了细致分析。对于每条信息，本实验取其话题倾向度最高的前 3 个话题类别作为归属话题类别，关于该信息的传播规模预测结果，将被认为是这 3 个归属话题类别的实验样例。这样处理的好处是可以丰富话题类别的实验样本数量，同时也符合实际情况，即每条信息不可能涵盖所有的话题类别。通过设置前 3 个话题类别，每条信息的测试结果都会被映射到 3 个归属话题类别中。

如上述实验分析，信息传播过程中精准预测转发个体比较困难，所以针对传播规模的实验结果对比，本节并没有考虑具体感染的用户个体，而是只关注信息传播模拟结束后感染用户集的大小，这符合现实需求，如影响力极大化就是关注最终有多少用户会转发信息或购买商品等。如图 8 -6 所示，这是四种算法在森林火灾模型中，级联规模为 5 000 时的实验结果。平均绝对百分比误差（MAPE）指标被用于评判算法在传播规模预测上的性能，MAPE 计算方式为 $\sum_i \frac{1}{n}\frac{|y_i - y_i^*|}{y_i}$，$y_i$ 是真实值，y_i^* 是估算值。从图中可以看出，在不同的话题中，基于向量表示的 LIS 和 TMIVM 模型预测准确性更高，也更稳定，LIS 方法的 MAPE 值在 6 个话题中都在 0. 3 左右，而 TMIVM 模型的 MAPE 值都在 0. 2 左右，说明融合话题分布的方法更能预测信息传播的规模。ICEM 和 NETRATE 方法不仅预测准确性不高，而且在不同的话题中的性能表现差异较大，因为这些方法没有对信息的话题属性进行区分，从而在级联规模预测时准确性不高。总之，阐述的相互影响力度量模型可有效用于估算信息在社交网络中的传播概率，进一步融合信息的话题属性能提高该模型在级联规模预测方面的准确性。

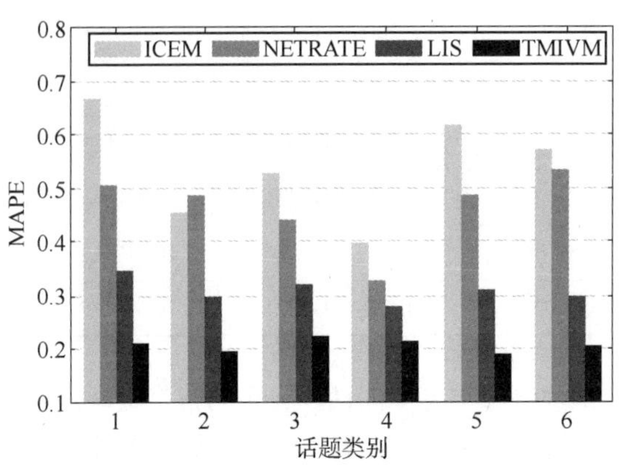

图 8－6　森林火灾模型中不同话题信息的级联规模预测

本实验中所有算法的执行都是基于 Java 1.8 和 Matlab 8.0 编程实现的，代码运行环境如下：Ubuntu 14.1 操作系统，8 核 CPU，64 GB 内存，500 GB 硬盘。NETRATE 方法充分利用似然函数的凹凸特性，基于 CVX 软件工具包求解凸规划问题。考虑到算法固有的性质，本实验没有重写 NETRATE 算法，而是直接调用作者提供的 Matlab 程序进行对比实验。NETRATE 算法的特点是每次对单个节点的所有入度权重构造凸优化问题，每次求解该问题都需要调用 CVX 包，并且算法运行时间会随着节点关联参数的多少而发生变化。以 Kronecker 图模型中运行 5 000 规模级联数据为例，该算法每次调用 CVX 包求解凸规划平均需要 20 s 左右，最多的达到 52 s，最少的不到 2 s。NETRATE 方法只需对每个节点运行一次，就能求得所有节点之间的影响力值，而其他三种方法都属于迭代算法，因此不参与计算效率对比。图 8－7 显示了算法在森林火灾模型中求解用户影响力和易感性的计算效率，该时间是算法核心迭代步骤所需平均时间，不包括数据预处理和事后矩阵分解所需时间。可以看出，ICEM 方法的迭代计算效率更高效，这是因为 Kronecker 图模型中只有 2 655 条边，因此该算法只需求解 2 655 个参数，而每一次 E－M 估算所花时间开销并不多。LIS 和 TMIVM 两种方法需要求解 2 048 个 6 维向量参数，而且每次迭代都需要求解函数梯度和步长更新，这样需要花费的时间更多。但是 LIS 和 TMIVM 方法的结果不要进行矩阵分解。相比之下，TMIVM 方法最低效，因为使用了 Adagrad 方法确定学习率，所以比 LIS 方法需要花费多一点时间。

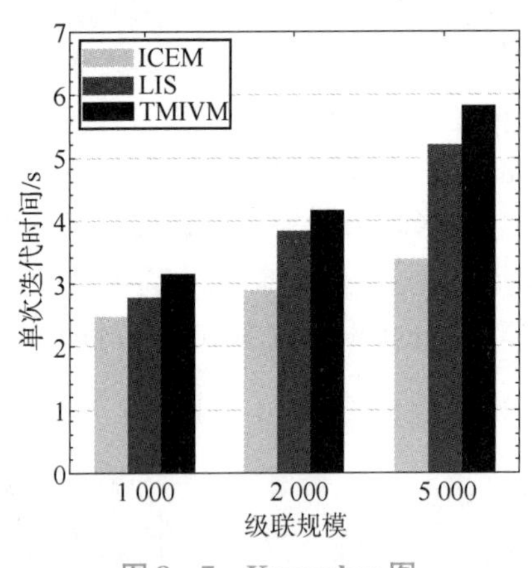

图 8－7　Kronecker 图模型中的运行效率

上述基于合成数据集的实验结果从不同角度说明了本方法的有效性，但也存在一些不足。例如，所有级联数据集都是利用本章模型采样得到的，在相互影响力度量以及级联预测等准确度上更偏向于本章方法。用户发布信息一般会根据自己兴趣而定，而随机采样的数据容易影响算法的预测精度。实际上，具有相似兴趣的用户更容易有关系链接，而不是随机地确定用户之间的关注关系；实际社交网络用户之间形成的边规模远远大于用户规模，本方法的计算效率的优势可以凸显。因此，还需要在真实数据集上进一步测试和验证所有算法。

8.4.3　真实数据集

实验真实数据集来源于中国最大的微博服务平台——新浪微博，采集方式主要是根据用户在平台的活跃程度，随机挑选 100 位用户作为种子用户进行微博数据的爬取。用户的活跃程度由用户发表的博文和博文被转发的平均次数而定。从 2014 年 9 月 15 日至 2014 年 11 月 15 日的微博数据集中，平均每天发表 5 篇以上原创微博以及平均每篇微博转发次数达到 20 次以上的用户被称为活跃用户。随机选取 100 位符合条件的活跃用户，爬取他们的粉丝列表及在这段时间内发布的微博数据，然后采用宽度优先策略继续爬取粉丝的粉丝列表及他们发布的微博数据，基于此方式持续爬取 5 层关系数据及对应微博数据，最终得到一个包含 174 206 位用户和 23 846 644 条微博的真实数据集，其中 9 234 475 条原创微博。微博数据包括发布时间、用户信息、转发内容、原创博文内容等。利用这种方式爬取数据的目的是容易获得比较完整的级联记录，因为微博在新浪平台主要借由用户之间的关注关系网络进行传播扩散。

经过统计发现，大部分原创微博并未引发具有规模的级联效应，因此，为了防止数据稀疏问题，被转发次数小于 10 的原创微博将不予考虑。本方法需要计算微博的话题分布，但由于微博文本太短，无法获取明确的话题信息，通过词分割技术，有效词项数小于 4 个的原创微博将被清除。为了获取级联数据集，通过抽取微博数据中的转发标记“//@”，构建每条原创微博的级联树结构。对于转发微博，转发路径不完整的微博数据将无法添加到级联树结构中，所以数据集中保留的都是路径完整的转发微博。对于每个用户，如果没有发布原创微博并且转发微博的次数小于 6，则该用户产生的所有微博数据会被移除。基于上述处理过程，可以保证每个用户都有充足的数据来支撑算法更加准确度量他们之间的相互影响力。通过启发式的数据过滤方法，获得了真实微博平台中比较完整的级联数据集，共涉及 10 794 位用户和 2 949 798 条微博数据，具体情况见表 8 – 4。显然，在真实数据集中，用户数量远远小于用户之间形成的关系数量；平均每条原创微博被转发 50.4 次，最大级联记录引发 1 158 位用户的转发行为。实验过程中，表 8 – 4 中的数据将被随机均分为 10 份，采用 10 – 折交叉验证法对所有算法的性能进行测试。本方法需要用到微博问题的话题特征，因此 57 347 条原创微博的文本内容将由经典的 LDA 模型计算它们的话题分布，此时话题类别参数设置为 $K = 20$。

表 8 – 4　微博数据集说明

属性描述	统计量	属性描述	统计量
用户数	10 794	级联规模	57 347
关注关系数	341 652	转发博文数	2 892 451

相比于合成数据，在真实数据集中，由于无法事先确定用户的影响力和易感性，直接利用信息的转发级联预测来测试算法的性能，即已知社交网络 $G=(V,E)$，$V=10\ 794$，$|E|=341\ 794$，以及原创微博 m 在 t 时刻之前的转发记录，方法需要推测用户在时间 t 转发 m 的概率，t 是在真实数据集中观察到的用户转发信息的时刻。同样，采用 ROC 曲线对不同方法的性能进行比较，如图 8－8 所示。相比于图 8－4，针对微博级联预测问题，四种算法在微博数据集中的结果要好于在合成数据集中的结果，这是因为信息在新浪微博中的级联传播动力学更符合各种方法的假设条件，如用户会根据自身兴趣爱好发表话题分布一致的微博，用户只会关注感兴趣的其他用户，信息传播路径比较合理等。特别是 TMIVM 方法，当真正例率达到 80% 时，它的假正例率只有 8% 左右，说明该方法具有较高的用户转发行为判别能力。由于本方法考虑了用户之间转发信息的时间差，以及微博信息的文本话题分布，所以在级联转发预测方面的性能明显优于其他三种方法。以用户之间的关注关系为基础计算信息的传播概率，这类方法的准确度难以得到提高，如 ICEM 和 NETRATE 两种方法。

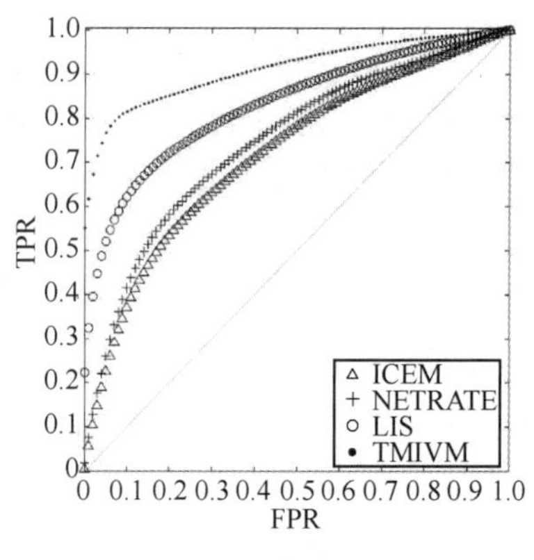

图 8－8　信息转发级联预测 ROC 曲线

了解信息在社交网络中的传播路径有助于分析相互影响力的主体和受体，明确用户转发行为的影响来源。本实验可以根据微博数据抽取用户的直接转发关系构建信息级联树，求解用户的影响力和易感性。反过来，也可以利用计算得到的相互影响力来预测信息的传播路径，从而以一种量化的形式来评判不同方法在度量相互影响力上的准确性。具体来说，就是已知用户在某个时刻会转发信息，那么影响他做出此转发行为的用户是谁。形式化描述为：假设在微博 m 的传播过程中，已知用户 v 在时刻 t_v^m 转发了此微博，寻找用户 u 在 t_u^m（$t_u^m<t_v^m$）时刻转发了消息，使得 $f(t_v^m\mid t_u^m,D_{u\to v}^m)$ 值最大。其他三种对比方法将根据用户之间的传播概率来推算最有可能的传播路径。由于已经知道用户之间的转发路径，利用准确度、召回率和 F_1 分数等指标来比较不同方法之间的性能，见表 8－5。结果显示，四种算法在各种指标上并没有取得很高的值，这是因为用户转发信息具有一定的随机性，难以通过有限的历史数据对未来的转发路径做出精准预测。NETRATE 方法的性能接近于 LIS 方法的性能，说明生存分析在建模信息级联数据具有积极作用。话题因素在驱动信息的传播方面的影响更明显，所以 TMIVM 方法的准确度、召回率和 F_1 值都是最高的，证实了该方法在度量用户之间相互影响力的有效性。

表 8 –5　影响路径预测性能比较

衡量指标	对比方法			
	ICEM	NETRATE	LIS	TMIVM
准确度	0. 539	0. 581	0. 595	0. 674
召回率	0. 522	0. 603	0. 627	0. 708
F1 分数	0. 530	0. 592	0. 611	0. 691

图 8 –9 展示了四种算法在微博数据集中的信息级联规模预测能力。MAPE 值越小，说明方法预测级联规模的性能越优。从图中可以看出，所有算法的 MAPE 值都在 40% 以上，相比于合成数据集，微博级联规模参差不齐，这给预测的准确度带来了挑战。用户之间的关注关系并不是静态的，随时都有可能发生变化，导致信息传播的底层结构难以捕捉，容易对信息传播的模拟产生影响。总的来说，基于用户影响力和易感性的 LIS 与 TMIVM 方法要优于以用户之间边的传播概率来建模的 ICEM 和 NETRATE 方法。此外，后两者方法的文档性也比较差，是因为它们对级联数据集拟合过度，造成用户之间传播概率计算不够精确。这从侧面反映了利用相互影响力计算信息在用户之间传播概率的合理性。

根据在合成数据集中的方法实现代码，在相同运行环境下，本实验在真实数据集中对不同方法的运行时间进行了测试。在真实数据集中，NETRATE 方法每次调用 CVX 包求解每个节点入度的传播概率平均需要花费 75 s 左右，最多的运行了将近 4 min。针对三种迭代式算法，测试了它们执行单次迭代的时间，如图 8 – 10 所示。与图 8 –7 中的结果不同的是，ICEM 方法迭代一次消耗的时间最多，而 LIS 和 TMIVM 方法所需时间较少。这是因为在每次迭代过程中，ICEM 方法需要计算 341 652 个参数，而其他两种方法只需计算 21 588 个参数，前者花费的时间更多。当社交网络数据集中用户数增加时，用户之间的关系数呈爆炸式增长，本方法的计算优势更加明显。

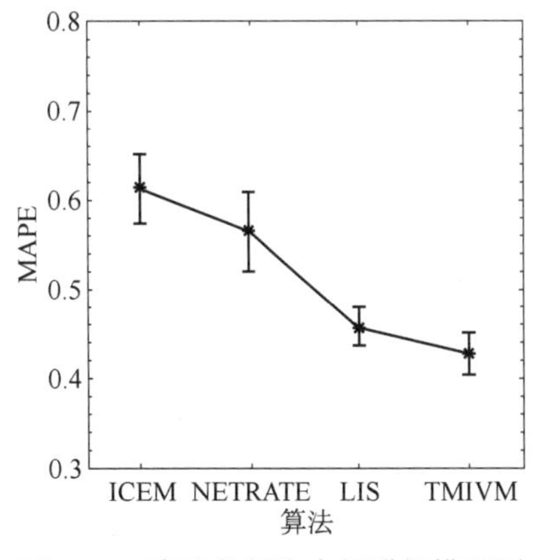

图 8 –9　真实数据集中级联规模预测

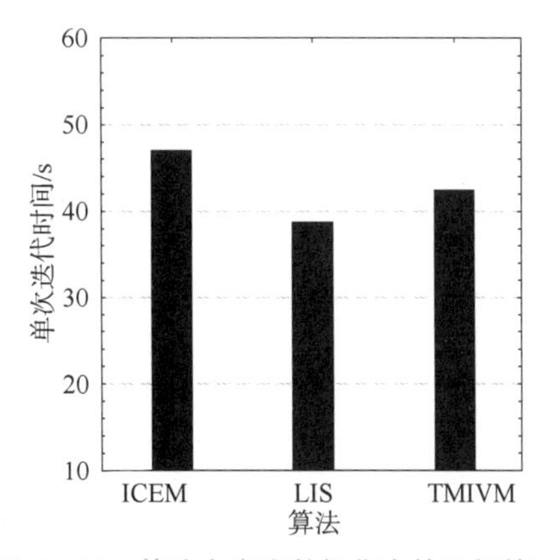

图 8 – 10　算法在真实数据集中的运行效率

8.5 本章小结

通过为每个用户建立影响力向量和易感性向量，阐述了一种在话题层面计算用户之间相互影响力的方法，向量的维度就代表了不同的话题类别，话题相关的相互影响力可以简单地由对应维度的影响力向量元素和易感性向量元素相乘得到。同时，结合信息的话题分布，又构造了在社交网络中面向具体信息的传播概率计算方法，接着利用生存分析从用户角度建立级联记录的似然函数，最后采用经典的梯度下降法进行优化求解。相比于已有的以用户之间的关系边为参数的建模方法，所提方法在参数学习方面的计算效率更明显。此外，以用户之间形成的关系边为对象建模的方法认为信息在用户之间的传播行为是相互独立的，这显然不够合理，因为与同一用户相关的所有传播路径都存在一定的依赖关系，本章方法构造的向量化影响力和易感性 TMIVM 方法在计算传播概率时则能表达这种关联，提高了信息传播分析的准确性。信息携带的话题是促进用户社交行为或讨论的直接因素，融合信息文本内容分析是本方法的特点，有效捕获信息传播在不同话题中的差异性，使级联传播分析更加符合现实情形。基于向量表示影响力和易感性的传播概率计算是相互影响力在传播领域进行量化分析的重要应用，不仅能有效克服过拟合问题，还有助于信息传播的动力学分析。在合成数据集和真实新浪微博数据集中的大量实验结果表明，本章方法在传播路径预测、用户转发行为分析、传播级联规模估计等方面的性能都优于其他对比方法，这证明了该方法的有效性。在计算效率方面，随着社交网络数据集中用户数以及用户之间关系数的增加，以用户为建模对象的方法单次迭代所需时间更少，计算效率将会更加突出。

第 9 章 基于误差重构的关键传播节点识别

在本章中，针对网络的关键传播节点的识别，首先提取网络的结构信息组成向量，然后阐述了一种基于误差重构的节点关键性评估方法，并根据网络规模对重构误差进行调整，最后利用贝叶斯估计来得到最终的度量结果。

9.1 问题描述

对于网络 $G(V,L)$，$V=\{v_1,v_2,\cdots v_n\}$ 为网络中的节点数，$L=\{l_1,l_2,\cdots l_m\}$ 为节点之间的连边。$\boldsymbol{X}=[\boldsymbol{x}_1,\boldsymbol{x}_2,\cdots,\boldsymbol{x}_N]\in\mathbb{R}^{d\times n}$ 为网络中全体节点的特征矩阵，可以通过网络表示学习的方式学习得到。其中，$\boldsymbol{x}_i=\{x_{i1},x_{i2},\cdots,x_{id}\}$，$d$ 为特征维度，首先给出如下定义：

①背景节点：选取网络边缘的一些节点作为背景节点集合，$B=[b_1,b_2,\cdots,b_p]\in\mathbb{R}^{d\times p}$ 为选取的背景节点集合，可通过一些判断指标或先验知识进行选择。

②重构误差：设以背景节点集 B 为一组基底向量，对 X 中的节点重构为 $\hat{X}$，记真值与重构值差值的 l_2 范数为重构误差 E，即

$$E=\|X-\hat{X}\|_2^2 \tag{9-1}$$

式中，$E=[\varepsilon_1,\varepsilon_2,\cdots,\varepsilon_n]\in\mathbb{R}^{1\times n}$，对任意节点 x_i，其重构误差可表示为

$$\varepsilon_i=\|x_i-\hat{x}_i\|_2^2 \tag{9-2}$$

在算法中，通过两种方式来提取重构误差，并进行一定优化，最终以网络中每个节点与背景节点的重构误差来作为度量关键性的指标。下面给出问题的定义：

对于给定网络 $G(V,L)$，背景节点集合 $B=\{b_1,b_2,\cdots,b_p\}(B\subseteq V,p\ll n)$，并且集合 B 中的节点重要性不显著，求解网络中所有节点的关键性 $R=[r_1,r_2,\cdots,r_n]\in\mathbb{R}^{1\times n},r_i\in[0,1]$ 且 r_i 越大，则节点 v_i 越关键。

考虑节点中心性和网络结构，阐述了一种基于误差重构（ER）的节点关键性

评估方法。在一般情况下，通过网络的拓扑结构，无法很直观地判断出哪些属于关键传播节点，但相反地，很容易观察到处于边缘的一些节点，并且这些节点极大概率为不重要的节点。那么通过边缘节点来反衬关键节点就是我们方法的基本思路。

9.2 方法描述

通过使用以背景节点来反衬关键节点的思路，在通过重构误差对节点进行关键性度量时，首先要对每个节点进行多维度的特征表示。通过 Node2Vec 算法对节点和其连边构成的链路网络产生每个节点的多维特征表示。在背景节点的基础上，对网络中节点进行稠密和稀疏的系数重构计算其误差，误差越大，表示节点与背景节点的差异越明显，将其视为网络中的关键节点。即将对重构误差的评估作为节点关键性度量的方法，假设背景特征与前景特征在同一基础上重构误差会有很大的差异。对于每个节点，通过稠密和稀疏模型构建其重构系数，并进行一定的修正，通过贝叶斯融合得到最后的节点关键性度量结果。最终的重构误差按照以下几个步骤生成。

9.2.1 稠密与稀疏重构误差

重构误差分为两部分：一部分是指先对背景特征向量进行主层次分析（PCA），按照所需保留的能量比率和最大特征值个数来提取背景特征的特征值和对应的特征向量，将特征向量作为 PCA 基底，再通过这组基底构造数据的重构系数，其真值与重构值的l_2范数记为稠密重构误差。另一部分是直接对全部特征向量进行多元线性回归，为解决过拟合问题和构造解的稀疏性，主要通过 Lars 算法来解决 Lasso 问题，将求得的回归系数作为稀疏重构系数，其真值与重构值的l_2范数记为稀疏重构误差。

稠密重构误差即是使用主成分分析（PCA）对选取的背景节点 B 提取其主成分 $\boldsymbol{U}_B$。再通过节点特征与均值的残差构造重构系数，表示为：

$$\beta_i = \boldsymbol{U}_B^{\mathrm{T}}(\boldsymbol{x}_i - \bar{\boldsymbol{x}}) \tag{9-3}$$

式中，$\bar{\boldsymbol{x}}$是所有节点的均值特征；$\boldsymbol{U}_B = [\boldsymbol{u}_1, \boldsymbol{u}_2, \cdots, \boldsymbol{u}_{D'}]$，为背景特征矩阵。网络中节点 i 的稠密重构误差为：

$$\varepsilon_i^d = \| \boldsymbol{x}_i - (\boldsymbol{U}_B\beta_i + \bar{\boldsymbol{x}}) \|_2^2 \tag{9-4}$$

稠密重构误差在特征空间中具有多重高斯分布的性质，导致利用稠密重构误差时，难以捕捉到多重分散模式。

而稀疏重构误差的构建是将背景节点作为一组基向量，对网络中的节点做多元线性回归，为减少过拟合现象并快速计算回归系数，采用目前常用的 Lasso 回归。表示为：

$$\alpha_i = \underset{\alpha_i}{\operatorname{argmin}} \| x_i - B\alpha_i \|_2^2 + \lambda \| \alpha_i \|_1 \tag{9-5}$$

式中，α_i是节点 i 的稀疏重构系数；λ 是l_1正则化系数，数值实验中设置为 0.01。稀疏重构误差计算为：

$$\varepsilon_i^s = \| \boldsymbol{x}_i - B\alpha_i \|_2^2 \tag{9-6}$$

因为所有的背景模块都被视为基底，和稠密重构误差相比，对于相对杂乱的区域，稀疏重构误差能够更好地抑制背景的影响。当然，稀疏重构误差在关键性检测时有一定缺陷，如果前景节点被选为背景节点，由于较低的重构误差使得关键性检测值接近于 0，从而无法准确度量节点的重要性。

9.2.2　传播重构误差

由于稠密和稀疏重构模型构建的重构误差在度量节点的重要性时，仅考虑节点自身的特征，并未考虑网络中其余节点对其产生的影响。为此，阐述基于全体节点的传播误差方法，对上述稠密和稀疏重构误差进行修正。首先，通过应用 K – 均值聚类算法对 N 个节点进行聚类；其次，对节点 i 的误差修正通过其所属类中与其余节点相似性构建相似性系数；最后，对节点的重构误差进行加权估计。

在衡量节点 i 的关键性时，首先对节点 i 的传播重构误差初始化：$\tilde{\varepsilon}_i = \varepsilon_i$。其次，对重构误差进行降序排列，视为多重假设。在每个聚类中通过传播重构误差被有序处理，节点 i 的传播重构误差属于聚类 k。节点 i 的相似性权重定义为：

$$w_{ik_j} = \frac{\exp\left(-\frac{|| X_i - X_{k_j} ||^2}{2\sigma_X^2}\right)[1-\delta(k_j - i)]}{\sum_{j=1}^{N_c} \exp\left(-\frac{|| X_i - X_{k_j} ||^2}{2\sigma_{X^2}}\right)} \tag{9-7}$$

式中，$\{k_1, k_2, \cdots, k_{N_c}\}$ 表示在聚类 k 中的N_c个分类标签；w_{ik_j}是指聚类 k 中与节点 i 的相似性标准化权重；$\sigma_x{}^2$是 $\boldsymbol{X}$ 的每个特征维度的方差和；$\delta(\cdot)$ 为指示函数。传播重构误差可表示为：

$$\tilde{\varepsilon}_i = \tau \sum_{j=1}^{N_c} w_{ik_j} \tilde{\varepsilon}_{k_j} + (1-\tau)\varepsilon_i \tag{9-8}$$

式中，τ 是权重参数，通过考虑同属于同一聚类中的其他节点的传播误差，可以更好地计算出重构误差。

9.2.3　多尺度重构误差

为了解决节点数较大的复杂网络节点重要性评估问题，考虑通过网络的节点特征对网络节点进行多尺度聚类，使其构成不同规模的子网络，这里，考虑所有度为 1 的节点所属子网络，并剔除这些子网络中含有较大度的子网络作为背景模块。对多尺度下的重构误差赋予不同的权重：

$$E(z)=\frac{\sum_{s=1}^{N_s}\omega_{Z_n}(s)\tilde{\varepsilon}_n(s)}{\sum_{s=1}^{N_s}\omega_{Z_n}(s)} \tag{9-9}$$

式中，z 表示网络中的节点；N_s 表示多尺度分析的尺度个数；$\tilde{\varepsilon}_n(s)$ 表示尺度为 s 下包含节点 z 的模块的稠密或稀疏重构误差；$\omega_{Z_n}(s)$ 表示节点 z 和其所在模块的特征相似度，作为当前尺度下的权重，表示为：

$$\omega_{Z_n}(s)=\exp\left(-\frac{\left|\left|f_z-\overline{x_n(s)}\right|\right|^2}{2\sigma_s^2}\right) \tag{9-10}$$

式中，f_z表示节点 z 对应的节点特征；$\overline{x_n(s)}$表示节点 z 所属模块中所有节点特征的均值。

这里重新构造与模块的相似性权重函数，利用高斯和函数来构造权重，距离越远，相似性越小，权重越接近于0；反之，权重越接近于1。

9.2.4 基于贝叶斯融合的重构误差模型

在度量复杂混乱的网络节点的重要性时，稀疏重构误差具有鲁棒性，稠密重构误差敏感性更强，在解决关键性度量时能够互补。对不同模型解决同一数据通常采用通过加和平均或条件随机场的方法。基于贝叶斯模型的关键性检测方法对两种重构误差进行融合，通过把其中一种关键性评估结果 $S_i(i=1,2)$（其中，$i=1$ 表示稠密重构误差关键性，$i=2$ 表示稀疏重构误差关键性）作为先验概率，而另一种关键性度量结果 $S_j(j\neq i,j=1,2)$ 作为观测似然概率来计算后验概率，再把两种后验概率结合，得到融合的关键性结果。

$$p(F_i\mid S_j(z))=\frac{S_i(z(p(S_j(z)\mid F_i)))}{S_i(z)p(S_j(z)\mid F_i)+(1-S_i(z))p(S_j(z)\mid B_i)} \tag{9-11}$$

为避免误差传递，通过 S_i的均值二值化分割获得前景区域和背景区域。统计 S_j 在前景和背景下的分布特性：

$$p(S_j(z)\mid F_i)=\frac{N_{bF_i(S_j(z))}}{N_{F_i}}$$

$$p(S_j(z)\mid B_i)=\frac{N_{bB_i(S_j(z))}}{N_{B_i}} \tag{9-12}$$

式中，N_{F_i}和 N_{B_i}分别表示前景和背景区域中的节点个数；$N_{bF_i(S_j(z))}$和 $N_{bB_i(S_j(z))}$分别表示前景和背景中包含$S_j(z)$ 的节点个数。

最终的节点关键性结果由两种重构误差经贝叶斯融合得到：

$$S_B(S_1(z),S_2(z))=p(F_1\mid S_2(z))+p(F_2\mid S_1(z)) \tag{9-13}$$

由以上步骤，总结得出算法流程如下：

输入：网络 $G(n*n)$，特征维数 d，背景节点集合 B
输出：节点重构误差关键性值 $\mathrm{rank}(i),(i=1,2,\cdots,n)$

1：　Node2Vec 算法计算节点相似性特征矩阵 $\boldsymbol{D}(n*d)$
2：　构造多尺度网络（floor(0.95n,0.9n,0.85n,0.8n)）
　　For $i=1$ to 4：
　　　单一尺度下对 $\boldsymbol{D}$ 聚类，得到聚类后的网络特征矩阵 feature，根据提取新网络结构中 1 壳内模块的特征为背景 B，由式（9-3）~式（9-8）计算稀疏重构误差、传播的稀疏重构误差、稠密重构误差、传播的稠密重构误差及累积的权重。
　　End
　　　由式（9-9），计算多尺度网络下的稀疏重构误差及稠密重构误差
3：　由式（9-11）~式（9-13）基于贝叶斯推断，计算融合后的重构误差关键性结果 $\mathrm{rank}(i),(i=1,2,\cdots,n)$

算法如下：

第一步：先利用 Node2Vec 计算得到所有网络节点的特征矩阵。

第二步：在不同尺度的规模下，迭代进行后续的计算，通过上面描述中提到的算法流程计算出单一尺度下的重构误差。

第三步：基于贝叶斯推断，计算最终的误差重构关键性。

9.3　本章小结

本节阐述了一种基于背景误差重构的网络节点重要性评估方法。通过 Node2Vec 来生成网络表示特征，并利用 K-壳分解的方法来筛选背景节点，计算稀疏重构误差和稠密重构误差，通过聚类方法来构造传播误差，然后通过多尺度下的重构误差加权来获得更好的效果，最后利用贝叶斯融合得到网络节点的最后度量值。

第 10 章　文本情感分析基础

10.1　文本情感分析基本概念

情感分析，又叫作观点挖掘，是一个研究人们针对一定目标对象表达的观点、情感、态度、诉求、情绪和态度的领域，简言之，情感分析的任务是获取人们表达的观点。

观点由 $<H,E,A,S,T>$ 五元组组成，其中 H 表示观点持有者，E 表示目标实体，A 表示观点针对目标实体 E 的评论方面，S 表示观点持有者 H 针对目标实体 E 的方面 A 表达的情感，T 表示观点发表的时间。

如图 10－1 所示，以一个京东网上的产品评论为例，这条评论的观点持有者为用户“b＊＊＊5”，评价实体为“联想（ThinkPad）E470（20H3A003CD）14 英寸[①]，笔记本电脑（i5－6200U 8G 1T 2G 独显 Win10）黑色”，评价涉及多个方面，对“性价比”“设计”“屏幕”“价格”“操作系统”等方面的情感为正面，对“外壳做工”方面情感为负面，观点发表的时间为“2017－08－24 11:26”。

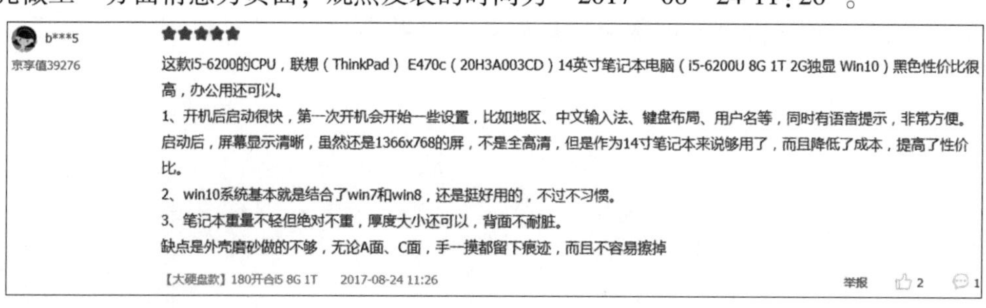

图 10－1　产品评论示例

① 1 英寸＝2.54 厘米。

$<H,E,A,S,T>$ 观点元组是一个相对抽象的概念，其中的元素在不同的研究中给出了不同的定义。其中观点持有者 H 和发表时间 T 比较明确，以下对其他几个元素及相关概念进行定义：

实体（Entity，E）：实体是情感表达的主要对象。在产品评论中，实体常常是产品或者其组成部分；在话题相关的言论中，实体常常是一个事件或者涉及的组织和人物。

实体词（Entity Words）：实体词是在文本中代表实体的词或者词组，如实体名、实体的简称、昵称、代号等。

方面（Aspect，A）：方面是一种类别，主要包含实体的某个组成部分或者某种属性。如对于一个笔记本电脑的评价，屏幕、键盘、鼠标、CPU 等组成部分可以作为评价的方面，价格、便携性、性能等属性也可以作为评价的方面。不同类型实体包含的方面不同，因此，方面是根据实体的组成和属性以及用户的关注点进行人工定义的概念。

方面词（Aspect Words）：方面词是文本中代表某一方面的词。如“Win7”是代表方面“操作系统”的方面词。

情感（Sentiment，S）：情感有多种定义，包括情感极性（正、负、中立）、带强度的情感值（如 1～10 表示从负面到正面）、情绪（喜、怒、哀、惧）等，后续章节中，情感均指情感极性。

情感词（Sentiment Words）：情感词是文本中表达情感 S 对应的词，一般为形容词或者副词，例如图 10－1 中形容“性价比”的“高”、形容“开机启动”的“快”等，也有少量其他词性。

情感对象（Sentiment Target）：根据以上观点的定义，观点元组中的情感对象为情感对应的实体和方面，即 $<E,A>$。

10.2　文本情感分析主要任务

文本情感分析即从文本中提取所有文本中表达的观点的任务。观点元组的五个元素，并非都需要从文本中提取，对于一些结构化的数据，部分元素（如观点持有者和发表时间）可从外部获取，文本情感分析主要从文本中获取结构化数据中缺乏的观点元素。

（1）对象级文本情感分析

对于大多数的网络数据，往往很容易从数据中获得观点持有者（即观点发表的作者）和发表时间，那么从文本中提取情感对象和对应的情感 $<E,A,S>$ 是文本情感分析的核心任务。因此，定义从文本中提取 $<E,A,S>$ 元组的任务为对象级文本情感分析。

（2）实体级文本情感分析

实体级文本情感分析任务中，对于不同的数据类型和观点的不同用途又可做不同的简化。如将文本情感分析用于基于微博的观点民调任务时，任务往往需要调查网民对不同实体的支持/反对情况，因此，主要任务是提取 $<E,S>$ 元组，这种任务称为实体级文本情感分析。

（3）方面级文本情感分析

对于产品或者服务评论类文本，数据中往往已知所评论的实体，那么主要任务是提取 $<A,S>$ 元组，这种任务称为方面级文本情感分析。

（4）文本情感分类

在实体级文本情感分析和方面级文本情感分析任务中，核心都是文本情感分类，即给定一个文本，以类别的方式给出文本表达的情感，一般为正负倾向和中立情感。

（5）情感词提取

情感词提取即找到文本中表达情感的词。其中，部分情感词是固定的，在不同语境下均表达情感，这种情感词的提取是基于规则的文本情感分类的基础工作。也有一些词要在一定的语境下才能表达情感，其用于情感分析需进行一定的规则组合。

另外，在常用的对象级文本情感分析方法中，实体级文本情感分析任务中还包括实体识别任务、实体情感聚合任务，方面级文本情感分析任务还包括方面检测任务、方面情感匹配任务等。

第11章 面向公众实体情感民调实体级微博文本情感分析

微博类社交网络（如新浪微博、Twitter 等）为网民提供了方便、快捷、开放的信息交流平台，吸引了众多网民对产品、服务、热门事件和相应实体发表不同的看法，从而吸引了很多学者研究基于微博数据的电子民调。

11.1 引　　言

实体级微博文本情感分析是基于微博的电子民调中最重要的技术之一，因此本章主要阐述了面向公众实体情感民调的实体级微博文本情感分析方法。具体地，首先介绍基于微博数据的公众实体情感民调基本框架，然后形式化描述实体级微博文本情感分析任务，之后介绍基于循环神经网络的实体级微博文本情感分析方法，以及基于改进的门控循环神经网络的序列标记方法，最后，采集了新浪微博热点话题数据，构建了实体级情感分析数据集，并进行了实验与结果分析。

11.2 基本框架

如图 11 -1 所示，基于实体级微博文本情感分析的公众实体情感民调基本框架包含三个主要步骤：数据获取、实体级文本情感分析和情感聚合。

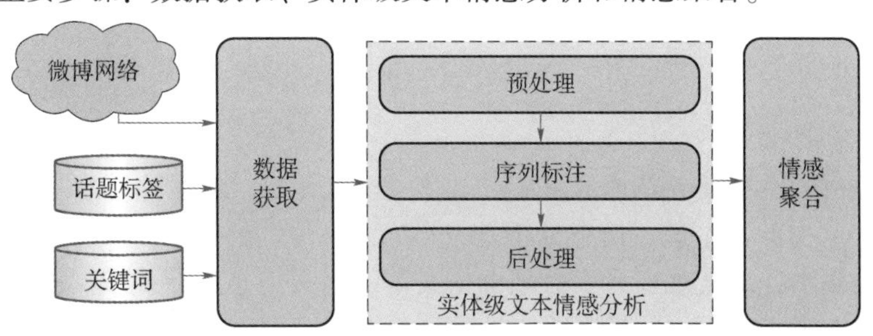

图 11 -1　基于实体级微博文本情感分析的公众实体情感民调基本框架

数据获取的任务是获取热点话题中公众实体相关的微博，主要聚焦于热点话题和其中涉及的主要公众实体。具体地，采用热点话题的标签和关键词进行数据获取。热点话题标签是微博中特有的标记话题的方式，即将话题名的首尾均加上一个“#”表示其为一个话题。在新浪微博对每个话题有专门的页面展示其相关贴文，可通过该页面获取大量相关数据。对于一个热点话题，往往在一段时间内微博上会有多个标签代表多个相关子话题，这些子话题之间评论的内容往往是相互关联的，因此应对热点话题同一时间段内多个子话题标签下的微博进行采集。另外，部分微博并未显式地引用话题标签，而是直接对公众实体进行评论，因此数据采集中还采用公众实体和话题的关键词作为种子，从微博中搜索出相应时间段内包含关键词的内容。

实体级文本情感分析步骤负责提取每条微博文本中用户对公众实体表达的观点。一般来说，在基于微博数据的网络电子民调中，实体级文本情感分析是需要解决的核心技术。传统的实体级文本情感分析一般被分解为命名实体识别和文本情感分类两个独立子任务，实体识别任务负责找到文本中提到的所有实体，文本情感分类任务负责判断文本的情感倾向，最后将文本的情感类别作为文本对提到的所有实体表达的情感构建 $<E,S>$ 元组。这种串行方法具有两个隐含的基本假设：①文本对提到的每个实体表达的情感相同；②文本的整体情感与文本对实体表达的情感相同。

为了解决实体与情感不匹配的问题，摒弃实体与情感独立提取的框架，阐述基于序列标记的实体级文本情感分析方法，将实体与对应情感统一表示为一个序列标记任务，然后采用循环神经网络进行端对端的学习，以避免实体和对应情感的误配。具体地，采用的实体级文本情感分析方法包含预处理、序列标记和后处理三个步骤。在预处理阶段，首先过滤出包含目标公众实体的微博文本并对其进行分词操作，这样每条微博文本被表示为一个词序列。然后将实体级文本情感分析表示为一个序列标记问题，采用基于循环神经网络的序列标记方法提取微博文本中的实体情感元组。后处理步骤主要将不相关实体的观点去除，并将提取的观点对象关键词映射到对应的真实实体上，以形成结构化的观点。

最后，在情感聚合步骤，对提取的公众实体相关观点进行聚合和统计，以形成对公众实体的民调结果。

11.3 问题描述

情感分析的主要任务是提取 $<H,E,A,S,T>$ 五元组，对网络平台（如新闻、论坛和微博）产生的文本进行情感分析是一个充满挑战性的问题，因为它们是用户产生的无结构文本，那么观点元素必须根据文本的语义信息进行提取。一般来说，一个句子虽然在没有上下文的情况下表达的意思有限，但基本表达了一个相对完整和独立的意思。因此，观点元素可以在句子级别提取，然后在文档级别进行聚合。

对于微博，博文发表者和发表时间可以直接作为观点持有者 H 和观点产生时间 T。因此，对微博文本进行情感分析的目的是 $<E,A,S>$ 三个观点元素的提取及三个元素关系的判断。由于在中文微博中观点对象的方面往往表达得比较隐晦（如通过上下文或者背景知识提示），因此，聚焦于提取微博文本中的公众实体 E 和对应情感 S，即实体级文本情感分析。一般来说，S 可以是一个情感表达、一个情感词，也可以是一个简单的情感倾向，考虑到中文微博文本常常包含比较隐晦的表达，情感表达往往难以界定，定义 S 为情感倾向（正面或负面）。

总的来说，本章聚焦实体级微博文本情感分析任务，即提取微博句子提到的实体 E 和作者对每个实体分别表达的情感 S。

11.4　基于循环神经网络的实体级微博文本情感分析

11.4.1　实体级微博文本情感分析的序列表示

为了能够同时对公众实体与对应的情感进行抽取，以避免分开提取的误配问题，采用序列标记的方式来表示实体级微博文本情感分析任务。

令 $T=\{w_1,w_2,\cdots,w_{|T|}\}$ 表示一个文本，其中 w_i 表示第 i 个词；$L=\{l_1,l_2,\cdots,l_{|T|}\}$ 表示文本 T 的标记序列，其中，$l_i \in \Omega$，为 w_i 的标记。那么序列表示的任务就是定义一个适当的标记集 Ω，以保证 L 可以满足序列标记任务的需求。实体级微博文本情感分析是一个发现型序列标记问题，即大多数词的类标均不属于任何目标的空白标记。由于句子中表示目标对象的词不一定在分词过程中被分成一个完整的词，序列表示的第一个任务是确定标记目标的边界。另外，为了避免观点对象和情感的不匹配，尝试同时表示这两个元素，因此表示序列必须能够对被表达正面情感的对象和被表达负面情感的对象进行区分。

考虑到在对公众实体进行民调的过程中，公众对象的大多数别名是已知的，并且在后处理过程还要通过这些关键词来区分提取到的对象是否是目标公众实体，因此，尝试弱化序列表示的边界而强化对情感的区分。具体地，定义 $\Omega=\{P,N,O\}$，其中，P 表示该词是组成情感对象实体词的部分，并且文本对该实体的情感是正面的；N 表示该词是组成情感对象实体词的部分，并且文本对该实体的情感是负面的；O 表示该词不属于目标实体或者对其没有明显的情感。将连续的具有 P 标记的词连接起来作为候选的正面情感对象，连续的具有 N 标记的词连接起来作为候选的负面情感对象。表 11－1 列出了一个句子的标记示例，其中可以从标记中得到两个观点元组 <小明，正面> 和 <小强，负面>。但是 PNO 标记模式不能准确地描述每个实体对象的边界，当两个或多个具有相同情感的对象连在一起时，标记会将这些所有连接的具有相同情感的对象词作为一个候选对象。这个问题将在后处理过程中处理。

表 11-1　一个 PNO 标记模式标记示例

文本	我　支持　小　明，小　强　是　一个　骗子　。
标记	O　O　P　PO N　N　O　O　O　O

11.4.2　基于循环神经网络的序列标记

如图 11-2 所示，基于循环神经网络的序列标记模型包含输入层、词嵌入层、循环神经网络层、输出层和标记层。输入层在预处理分词的基础上将一个文本表示为词的序列 $T=\{w_1,w_2,\cdots,w_{|T|}\}$，词嵌入层通过分布式词向量 $\boldsymbol{E}$ 将每一个词 w_i 映射为一个固定长度词向量 $\boldsymbol{e}_{w_i}$，那么整个句子的表示为

$$\boldsymbol{X}=[\boldsymbol{e}_{w_1},\boldsymbol{e}_{w_2},\cdots,\boldsymbol{e}_{w_{|T|}}] \tag{11-1}$$

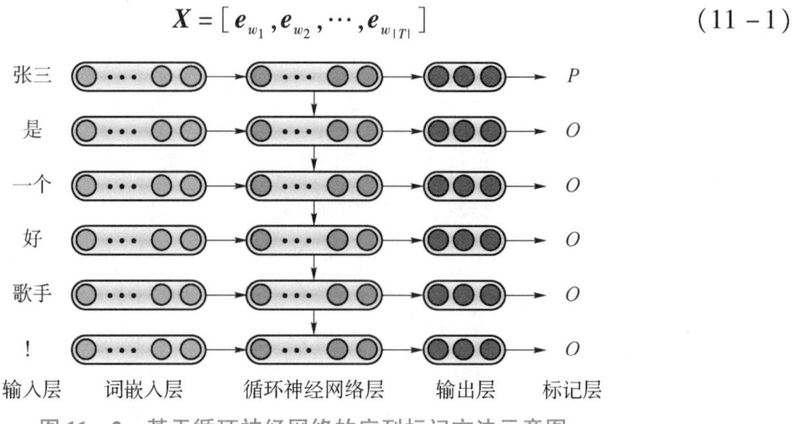

图 11-2　基于循环神经网络的序列标记方法示意图

循环神经网络层可采用简单神经网络、双向循环神经网络和深度循环神经网络，以单向循环神经网络为例，隐含层为

$$\boldsymbol{H}=\mathrm{RNN}(\boldsymbol{X}) \tag{11-2}$$

由于最后标记的可选项包括 P、N、O 三种，通过一个三维向量表示三种标记：

$$\hat{\boldsymbol{y}}_j=\begin{cases}(0,0,1)^{\mathrm{T}}, & l_j=P\\(0,1,0)^{\mathrm{T}}, & l_j=N\\(1,0,0)^{\mathrm{T}}, & l_j=O\end{cases} \tag{11-3}$$

那么输出层维度为 3，输出层计算为

$$y_i=\mathrm{softmax}(Uh_i+b_y) \tag{11-4}$$

式中，$U\in\mathbb{R}^{3\times d_h}$；$b_y\in\mathbb{R}^3$ 是模型参数，模型损失函数为数据集每条文本中每个词的标记交叉熵误差平均值：

$$\mathcal{L} = -\frac{1}{|\mathbb{C}|}\sum_{T\in\mathbb{C}}\frac{1}{|T|}\sum_{i=1}^{|T|}\sum_{j=0}^{2}\left[\hat{y}_{ij}\lg(\boldsymbol{y}_{ij}) + (1-\hat{y}_{ij})\lg(1-y_{ij})\right] \quad (11-5)$$

式中，$\mathbb{C}$ 为训练数据集。

11.4.3　后处理

后处理的目的是将序列标记的结果进行整理，得到所需的 <实体，情感> 元组，为后续的情感聚合提供支撑。后处理主要包含三个方面工作：

①确认实体边界。在 11.4.1 节中已经提到，*PNO* 标记模式并没有对不同的对象定义完整的边界，而是将连续带有 *P* 标记的词或连续带有 *N* 标记的词作为一个实体。那么，当文本中两个实体词相邻并且对应情感相同时，标记将会将其当成一个实体。例如，句子“我不喜欢小明小强，我支持小红”对实体“小明”和“小强”的情感均为负面，对实体“小红”的情感为正面，那么实体词“小明”和“小强”的标记均为 *N*，对应的观点元组为 <小明小强，负面>。因此，后处理过程需要首先利用目标实体的关键词确认标记出的实体边界，得到正确的观点元组 <小明，负面> 和 <小强，负面>。

②去除不相关对象。在微博文本中，除了主要目标实体外，还会提到其他的实体，在序列标记中，这些实体也会被标记出来，在后处理步骤需用目标实体的关键词对标记的实体进行筛选，只留下民调关注的目标实体。

③实体指代消解。微博文中的用语灵活随意，网民常常通过昵称、代号、简称等方式提及相关实体，对于企业等组织实体，还可能仅仅提及某某所属单位或相应产品而对这个实体整体表达情感。因此，在从文本中提取出目标关键词和相应情感后，后处理还需要利用实体的关键词进行指代消解，使所有相关的情感均指向目标实体。

11.5　基于门控循环神经网络的序列标记

循环神经网络通过循环结构的多层网络来记忆序列中的历史信息，并且每一个循环层的参数都是共享的，当使用梯度下降系列算法进行优化与求解时，神经网络中某一前期节点对另一后续节点的影响会随相隔步数的变化而产生指数级变化，从而造成“梯度消失”或“梯度爆炸”的问题。最为常见的是“梯度消失”问题，即随着序列的增长，循环神经网络层数增加，前期节点对后期节点的影响越来越小，使模型呈现一定的马尔科夫特性。为了解决梯度消失的问题，前人提出了很多循环神经网络改进模型，其中主要的方式是通过一些控制门来控制循环神经网络的每一个循环节点的信息输入、信息输出与保存记忆。常用的方法有长短期记忆网络（Long Short - Term Memory，LSTM）和门控循环单元（Gated Recurrent Unit，

GRU），这两种方法都是通过改变每一个隐含层节点 h_j 的运算方式来改变模型结构的。

11.5.1 长短期记忆网络

图 11-3 为 LSTM 在一个隐含层节点的内部结构示意图。LSTM 在每个隐含层节点 $\boldsymbol{h}_j$ 的计算中加入一个记忆单元 $\boldsymbol{c}_j$，用于记忆该节点隐含层所掌握的信息。同时，增加三个控制门：输入门 $\boldsymbol{i}_j$、遗忘门 $\boldsymbol{f}_j$ 和输出门 $\boldsymbol{o}_j$。输入门控制当前节点的信息输入当前节点记忆单元，遗忘门控制上一节点信息进入当前记忆单元，输出门控制当前记忆单元信息的向输出层输出。具体地，模型首先根据传统循环神经网络的隐含节点计算方法计算当前节点的临时记忆：

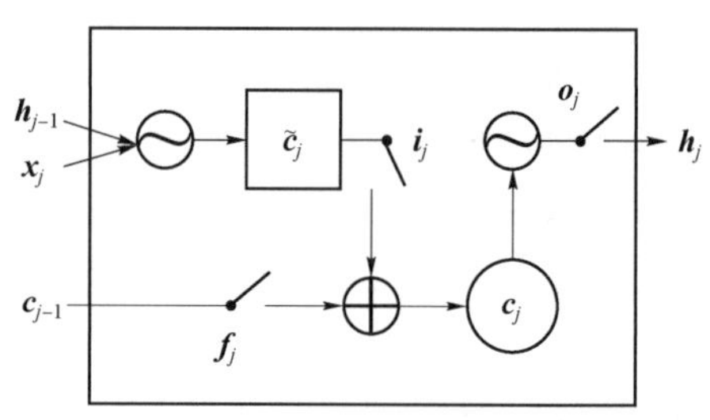

图 11-3 LSTM 在一个隐含层节点的内部结构示意图

$$\tilde{\boldsymbol{c}}_j = \tanh(\boldsymbol{W}_c \boldsymbol{x}_j + \boldsymbol{U}_c \boldsymbol{h}_{j-1} + \boldsymbol{b}_c) \tag{11-6}$$

临时记忆 $\tilde{\boldsymbol{c}}_j$ 只是计算过程，并不会保存在模型中。然后采用输入门和遗忘门分别控制当前临时记忆和上一节点记忆输入当前节点记忆单元中：

$$\boldsymbol{i}_j = \sigma(\boldsymbol{W}_i \boldsymbol{x}_j + \boldsymbol{U}_i \boldsymbol{h}_{j-1} + \boldsymbol{V}_i \boldsymbol{c}_{j-1} + \boldsymbol{b}_i) \tag{11-7}$$

$$\boldsymbol{f}_j = \sigma(\boldsymbol{W}_f \boldsymbol{x}_j + \boldsymbol{U}_f \boldsymbol{h}_{j-1} + \boldsymbol{V}_f \boldsymbol{c}_{j-1} + \boldsymbol{b}_f) \tag{11-8}$$

$$\boldsymbol{c}_j = \boldsymbol{i}_j \odot \tilde{\boldsymbol{c}}_j + \boldsymbol{f}_j \odot \boldsymbol{c}_{j-1} \tag{11-9}$$

式中，⊙表示两个向量各维对应元素相乘的计算，计算方式为：

$$(\boldsymbol{a} \odot \boldsymbol{b})_i = a_i b_i \tag{11-10}$$

记忆单元 $\boldsymbol{c}_j$ 属于神经网络中的神经元，将会保存在循环神经网络每一个循环层中。最后，由输出门进行控制，将当前记忆单元得到的信息输出作为当前隐含节点计算结果。

$$\boldsymbol{o}_j = \sigma(\boldsymbol{W}_o \boldsymbol{x}_j + \boldsymbol{U}_o \boldsymbol{h}_{j-1} + \boldsymbol{V}_o \boldsymbol{c}_j + \boldsymbol{b}_o) \tag{11-11}$$

$$\boldsymbol{h}_j = \boldsymbol{o}_i \odot \tanh(\boldsymbol{c}_j) \tag{11-12}$$

式（11-6）~式（11-12）中，$\boldsymbol{W}_* \in \mathbb{R}^{d_h \times d}$，$\boldsymbol{U}_* \in \mathbb{R}^{d_h \times d_h}$，$\boldsymbol{V}_* \in \mathbb{R}^{d_h \times d_h}$，$\boldsymbol{b}_* \in \mathbb{R}^{d_h}$ 均为线性变换参数。

通过三个控制门的调节，可以控制循环神经网络每一个节点选择长期记忆和短期记忆。当输入门为 **0** 并且遗忘门为 **1** 时，当前节点记忆只与历史节点有关，与当前节点无关，即当前节点只使用长期记忆。当遗忘门为 **0**，输入门为 **1** 并且上一节点输出门为 **1** 时，该节点只与当前节点信息相关，与历史无关。在实际运算中，三个门的取值均由当前节点输入、上一节点记忆与输出共同决定。由于三个控制门的激活函数一般使用 sigmoid 函数，那么三个控制门的数值均在 0 与 1 之间，因此可以灵活地决定每一个节点对输出的影响，从而很好地解决“梯度消失”的问题。

11.5.2　门控循环单元

LSTM 可以很好地解决“梯度消失”问题，得到了广泛应用。但是 LSTM 引入的记忆单元带来了大量新的参数，也增加了模型的存储占有，这使得模型训练更加困难，因此 Cho 提出了门控循环单元 GRU 来代替 LSTM，前人研究表明，其在很多任务上较取得了更好效果。图 11－4 所示为 GRU 在一个隐含层节点的内部结构示意图，GRU 与 LSTM 相似，也是通过一些控制门对循环神经网络每一个隐含层节点计算进行控制。GRU 对 LSTM 进行了简化，去掉了每一个节点中的记忆单元并且只用两个门（重置门 $\boldsymbol{r}$ 和更新门 $\boldsymbol{z}$）来控制长短期记忆。

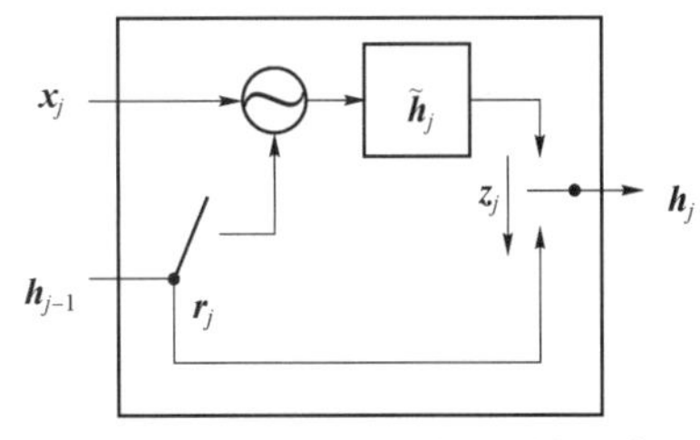

图 11－4　GRU 循环单元结构示意图

具体地，对每一个时间节点 j，GRU 首先计算重置门 $\boldsymbol{r}_j$：

$$\boldsymbol{r}_j=\sigma(\boldsymbol{W}_r\boldsymbol{x}+\boldsymbol{U}_r\boldsymbol{h}_{j-1}+\boldsymbol{b}_r) \tag{11-13}$$

然后计算临时记忆 $\tilde{\boldsymbol{h}}_j$，其中，由重置门控制是否在计算临时记忆 $\tilde{\boldsymbol{h}}_j$时使用上一个隐层节点的信息 $\boldsymbol{h}_{j-1}$：

$$\tilde{\boldsymbol{h}}_j=\tanh(\boldsymbol{W}_h\boldsymbol{x}_j+\boldsymbol{U}_h(\boldsymbol{r}_j\odot\boldsymbol{h}_{j-1})+\boldsymbol{b}_h) \tag{11-14}$$

临时记忆 $\tilde{\boldsymbol{h}}_j$只是计算过程变量，并不保存在模型中。接着计算更新门 z_j，并由更新门控制在更新隐层节点 $\boldsymbol{h}_j$ 时临时记忆 $\tilde{\boldsymbol{h}}_j$和上一个隐层节点 $\boldsymbol{h}_{j-1}$的权重，最后通过 z_j 更新当前节点的隐含层输出 $\boldsymbol{h}_j$：

$$z_j=\sigma(\boldsymbol{W}_z\boldsymbol{x}_j+\boldsymbol{U}_z\boldsymbol{h}_{j-1}+\boldsymbol{b}_z) \tag{11-15}$$

$$\boldsymbol{h}_j=z_j\odot\boldsymbol{h}_{j-1}+(1-z_j)\odot\tilde{\boldsymbol{h}}_j \tag{11-16}$$

式（11－13）~式（11－16）中，$\boldsymbol{W}_*\in\mathbb{R}^{d_h\times d}$，$\boldsymbol{U}_*\in\mathbb{R}^{d_h\times d_h}$，$\boldsymbol{b}_*\in\mathbb{R}^{d_h}$均为线性变换参数。

GRU 模型去除了 LSTM 中的记忆单元，使模型更加简洁，同时，通过重置门和更新门，GRU 仍然能够很好地实现对长时间记忆和短暂记忆的控制。当更新门 z 接近 **1** 时，输出的隐层节点偏向于使用前期的长时间记忆，相反，当更新门 z 和重置门 $\boldsymbol{r}$ 均接近 **0** 时，输出的隐层节点偏向于短期记忆。

另外，Joze 等构建了一个模型搜索框架，尝试在循环神经网络隐含层节点计算中的不同步骤中加入激活函数、控制门等运算，以搜索出一个更好的门控循环单元。作者采用数值运算、XML 建模、构建句子结构树和音乐生成四个任务，从上万种不同的门控循环单元中选出三种表现最好的模型。实验表明，其在一些任务上取得了比 LSTM 和 GRU 更好的效果。由于这三种模型与 GRU 模型相似，将其称为改进的 GRU 模型（MGRU），这三种模型的计算公式如下：

MGRU1：

$$\boldsymbol{r}_j=\sigma(\boldsymbol{W}_r\boldsymbol{x}_j+\boldsymbol{U}_r\boldsymbol{h}_{j-1}+\boldsymbol{b}_r) \tag{11-17}$$

$$\boldsymbol{z}_j=\sigma(\boldsymbol{W}_z\boldsymbol{x}_j+\boldsymbol{b}_z) \tag{11-18}$$

$$\tilde{\boldsymbol{h}}_{\mathrm{j}}=\tanh(\tanh(\boldsymbol{x}_{\mathrm{j}})+\boldsymbol{U}_{\mathrm{h}}(\boldsymbol{r}_j\odot\boldsymbol{h}_{j-1})+\boldsymbol{b}_h) \tag{11-19}$$

$$\boldsymbol{h}_j=z_j(\odot)\boldsymbol{h}_{j-1}+(1-z_j)\odot\tilde{\boldsymbol{h}}_j \tag{11-20}$$

MGRU2：

$$\boldsymbol{r}_j=\sigma(\boldsymbol{x}_j+\boldsymbol{U}_r\boldsymbol{h}_{j-1}+\boldsymbol{b}_r) \tag{11-21}$$

$$\boldsymbol{z}_j=\sigma(\boldsymbol{W}_z\boldsymbol{x}_j+\boldsymbol{U}_z\boldsymbol{h}_{j-1}+\boldsymbol{b}_z) \tag{11-22}$$

$$\tilde{\boldsymbol{h}}_j=\tanh(\boldsymbol{W}_h\boldsymbol{x}_j+\boldsymbol{U}_h(\boldsymbol{r}_j\odot\boldsymbol{h}_{j-1})+\boldsymbol{b}_h) \tag{11-23}$$

$$\boldsymbol{h}_j=\boldsymbol{z}_j\odot\boldsymbol{h}_{j-1}+(1-\boldsymbol{z}_j)\odot\tilde{\boldsymbol{h}}_j \tag{11-24}$$

MGRU3：

$$\boldsymbol{r}_j=\sigma(\boldsymbol{W}_r\boldsymbol{x}_j+\boldsymbol{U}_r\boldsymbol{h}_{j-1}+\boldsymbol{b}_r) \tag{11-25}$$

$$z_j=\sigma(\boldsymbol{W}_z\boldsymbol{x}_j+\boldsymbol{U}_z\tanh(\boldsymbol{h}_{j-1})+\boldsymbol{b}_z) \tag{11-26}$$

$$\tilde{\boldsymbol{h}}_j=\tanh(\boldsymbol{W}_h\boldsymbol{x}_j+\boldsymbol{U}_h(\boldsymbol{r}_j\odot\boldsymbol{h}_{j-1})+b_h) \tag{11-27}$$

$$\boldsymbol{h}_j=\boldsymbol{z}_j\odot\boldsymbol{h}_{j-1}+(1-\boldsymbol{z}_j)\odot\tilde{h}_j \tag{11-28}$$

式中，$\boldsymbol{W}_*\in\mathbb{R}^{d_h\times d}$，$\boldsymbol{U}_*\in\mathbb{R}^{d_h\times d_h}$，$\boldsymbol{b}_*\in\mathbb{R}^{d_h}$，均为线性变换参数。

11.5.3 序列标记

由于以上介绍的 LSTM 和门控循环单元模型均是对简单循环神经网络的隐含层循环单元的改进，循环神经网络外部结构和输入/输出完全不变，因此，这些 LSTM 和门控循环单元均可扩展成为双向循环神经网络和深度循环神经网络。将式（11-6）~式（11-12）的运算简化为：

$$\boldsymbol{H}=\mathrm{LSTM}(\boldsymbol{X}) \tag{11-29}$$

同理，式（11-13）~式（11-16）的运算可简化为：

$$\boldsymbol{H}=\mathrm{GRU}(\boldsymbol{X}) \tag{11-30}$$

同时，采用式（11-29）的方式，可以将 LSTM 和 GRU 的双向模型简化为：

$$\overleftrightarrow{\boldsymbol{H}}=\mathrm{BiLSTM}(\boldsymbol{X}) \tag{11-31}$$

$$\overleftrightarrow{\boldsymbol{H}}=\mathrm{BiGRU}(\boldsymbol{X}) \tag{11-32}$$

那么将这些模型的隐含层计算方法代替简单神经网络隐含层（式（11-2）），模型其他部分保持不变，就可以将这些改进的循环神经网络用于序列标记，从而进行实体级微博文本情感分析。

11.6　实验与分析

11.6.1　数据集构建

为了评价提出的框架和方法，构建了一个中文微博数据集。首先通过两个原则从新浪微博选择热点话题：①话题热度较高，话题吸引了较多的微博用户关注，具有丰富的评论内容，对这种热度话题的主要实体进行研究更有意义；②话题要有争议性，争议性的话题往往会吸引更多用户讨论，发表不同观点，对争议性话题的民调研究也更有意义。根据这两个原则，选择了 5 个热点话题，共采集了 67 033 条微博。首先搜集每一个热点话题相关的子话题名，然后进入这些子话题进行微博帖文采集。另外，在相同时间段内，采用主要实体的实体名进行搜索，获得的微博内容也作为相关内容。数据采集后，对微博内容进行分句，去掉不含有目标公众对象或句子长度小于 5 的句子。最后从每一个热点话题中随机选择 1 000 个句子，人工标记其观点元组和句子的整体情感倾向。

对标记的数据进行了数据统计，统计结果如图 11－5 所示，在标记的 5 000 个句子中，有 3 052 个句子对目标公众实体表达了情感，1 412 个句子没有对公众实体表达明确的情感，536 个句子是垃圾句子。在对公众实体表达了明确情感的 3 052 个句子中，386 个句子表达了对不同公众实体不同的情感，303 个句子对目标公众实体情感为正但句子整体情感为负，263 个句子对目标公众实体情感为负但句子整体情感为正。也就是说，至少有 18% 的句子在使用情感打分进行目标公众实体观点提取时会产生错误。因此，相对于将句子的情感作为对目标对象的情感的方式，采用目标对象和对应情感联合提取的方法提取观点非常重要。

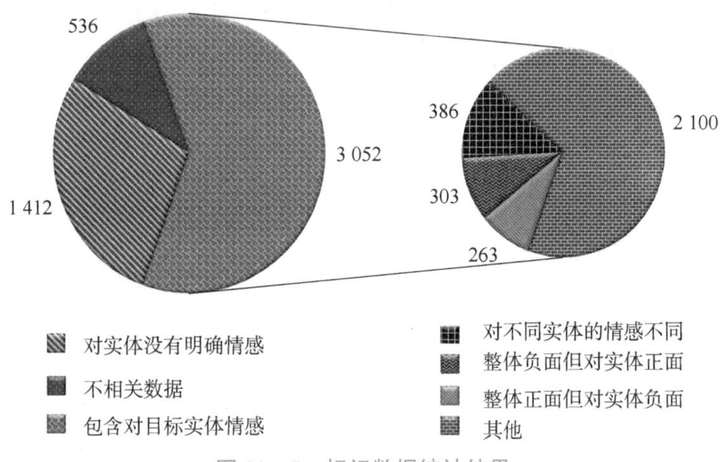

图 11－5　标记数据统计结果

11.6.2 评价指标

实体级微博文本情感分析的目的是提取 < 实体 E，情感 S > 元组，因此采用 F 值作为评价指标，令 RE 为正确提取的观点元组量，AE 是提取的所有观点元组量，AL 是所有标记的观点元组量，则 F 值的计算方法为：

$$\text{precision} = \frac{\text{RE}}{\text{AE}} \tag{11-33}$$

$$\text{recall} = \frac{\text{RE}}{\text{AL}} \tag{11-34}$$

$$F = \frac{2 * \text{precision} * \text{recall}}{\text{precision} + \text{recall}} \tag{11-35}$$

11.6.3 实验设定

将所有的句子采用 ICTCLAS 进行分词，采用 Gensim 工具包中的 Word2Vec 模型预训练词向量并作为初始化词向量，采用 Keras 工具来构建和训练。模型通过 Adam 优化算法进行训练。

采用多种无监督数据和组合训练方法学习分布式词向量，根据结果选择更适合的词向量，然后采用选择的词向量在 6 种基本循环神经网络模型及其双向网络在不同网络层数上的效果进行探索，对比不同模型设定下的效果。所有实验对 5 000 条标记数据采用 5 重交叉验证的方式评价结果，文中列出结果为交叉验证得到结果的平均值。

11.6.4 基准方法

以基于情感分类的观点民调框架作为基准，即直接通过关键词提取句子中的目标实体，然后对句子进行情感分类，将情感分类结果作为句子对其提及的每一个目标实体的情感。因为数据集中情感定义为正面和负面，采用基于 Doc2Vec 的情感分类算法进行情感分类，其是目前情感分类精度最高的算法。具体地，采用 Gensim 工具在 67 033 条微博数据上进行 Doc2Vec 无监督学习。然后以学习到的句子向量为特征采用 logistic 回归对标记句子进行情感分类。对所有句子进行情感分类后，通过句子的情感和句子中出现的公众实体构造观点元组。最终情感分类的精度为 0.693，观点元组抽取的 F 值为 0.634。

11.6.5 词向量选择

词向量是词的特征表达，是神经网络输入的基础，对模型的结果具有重要作用，因此，通过实验探索不同词向量作为初始化 $\boldsymbol{E}$ 的不同效果。实验采用的数据集包括维基中文数据集和采集的 67 033 条新浪微博数据。维基中文数据集是一个相对全面的开源数据集，可以学习开放领域的较好词向量。而采集到的新浪微博数据是与标记数据集最相关的领域数据，但是数据量远小于维基中文数据集，可能影响词向量的训练。采用随机初始化的 $\boldsymbol{E}$ 作为空白对照，分别利用维基中文数据集训练模型及新浪微博数据集训练模型作为对比模型，另外，添加一个组合训练模式，即首先采用维基数据进行训练，然后以其为初始向量，再使用新浪微博数据进行训练，希望以此得到全面信息与领域相关信息的互补。三种训练模式均采用 Word2Vec 模型在 Gensim 上进行训练。最后，将四种词向量用于三种基本模型（即简单循环神经网络 SRNN、长短期记忆网络 LSTM 和门控循环单元 GRU）来选择最适合的词向量用于后续的实验。

表 11－2 是四种词向量用于三种基本模型的实验结果，加粗的是每一种模型在不同词向量初始化下得到的最好结果。实验结果表明，随机赋值作为初始化的词向量 $\boldsymbol{E}$ 的效果明显比其他三种经过预学习的词向量差。采用新浪微博数据集训练的词向量效果最好，因此后续实验采用新浪微博数据训练出的词向量进行实验。

表 11－2　词向量选择结果

词向量	**SRNN**	**LSTM**	**GRU**
随机词向量	0.647	0.639	0.639
维基数据训练词向量	0.654	0.646	0.673
微博数据训练词向量	**0.667**	**0.667**	**0.676**
维基与微博数据组合训练词向量	0.663	0.649	0.665

11.6.6　不同模型的结果

图 11－6 展示了 6 种不同模型的单向网络与双向网络在不同深度下的实体级微博文本情感分析结果。其中每个子图为一种 RNN 模型，子图顶端标出了模型名，横坐标为 RNN 循环层的深度，纵坐标为结果 F 值。每个子图中虚线代表单向网络的结果，实线代表双向网络的结果。从图中结果可以得到以下结论：

（1）不同循环单元

根据图中对结果的比较，5 种门控循环神经网络取得的效果较简单循环神经网络有明显提高。添加门控循环单元能够更好地控制每个节点对模型输出的影响，减弱梯度消失问题带来的负面影响，从而更好地抓住影响每个节点标记的其他重要节点信息，得到更好的标记效果。

（2）单向与双向

从图中可以看出，绝大多数双向模型取得了比对应基本模型更好的效果，并且双向模型在当模型深度增加时效果更加稳定，说明循环神经网络的双向模型比模型更适合文本的序列标记任务。这是因为一个词在句子中的标记往往不只由这个词和

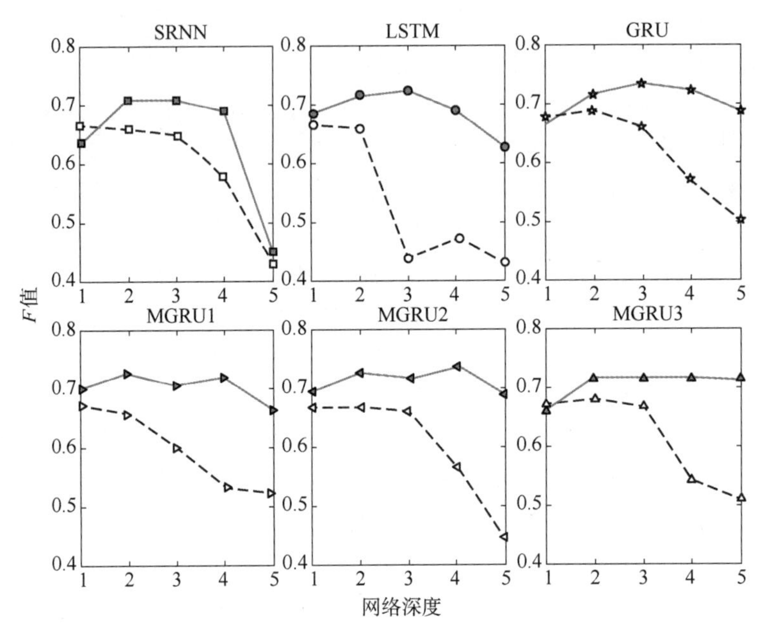

图 11-6 不同模型的实体级微博文本情感分析结果

其前面的词决定，而和整个句子表达的意思有关。如对于词的实体级文本情感分析标记任务，句子对实体词的情感表达常常会在实体词的前后都出现，单向网络只能分析目标词前面的词的信息，无法捕捉后面词的信息，容易造成误判。双向循环神经网络能够很好地抓住整个句子的特征，因此较单向循环神经网络取得的效果更好。这表明句子中的观点不只与目标对象前面的词有关，而是取决于整个句子的具体表达。

(3) 不同深度

根据图中的结果，在模型深度增加时，几种模型的效果变化趋势基本一致。单向模型的 F 值开始变化缓慢，当深度大于 3 时迅速下降；双向模型均在深度为 2 时提升，在深度为2 ~4时缓慢变化，然后下降。所有单向模型的最好结果出现在深度 1 或 2，所有双向模型的最好结果出现在深度 2 ~4。模型在深度增加后期的效果下降可能是由过拟合引起的，因为训练标记数据量较少。当深度增加时，模型参数随之增加，到达一定程度后，会引起过拟合现象，使模型难以训练，效果也随之降低。

(4) 不同模型设定下的最好结果

见表 11-3，大多数最好结果的基本模型为 GRU，并且不同循环单元模型的最好结果在模型变为双向和深层模型时均有较大提升。双向 GRU 在深度为 3 时取得了最好效果 0.736。最后，大多数的 RNN 模型取得了较基于情感打分的基本方法更好的效果，说明将观点中的实体和情感进行联合标记的方法对实体级微博文本情感分析更有效。

表 11－3　不同模型设定下的最好结果

模型类别	最高 F 值	基本模型	深度
单层单向模型	0.675	GRU	—
单层双向模型	0.701	MGRU1	—
多层单向模型	0.689	GRU	2
多层双向模型	0.736	GRU	3
基准方法	0.634	—	—

11.7　本章小结

以微博热点话题数据为研究对象，面向公众实体情感民调，阐述了实体级微博文本情感分析方法。为了解决传统实体级文本情感分析方法容易出现的实体与情感误配的问题，将实体级微博文本情感分析任务表示为序列标记任务，从而对 <实体，情感>进行联合提取。在此基础上，阐述了基于循环神经网络的序列标记方法，并将改进的门控循环单元用于该序列标记任务，进行实体级微博文本情感分析。为了评价阐述的方法，构建了一个面向公众实体情感民调的中文实体级微博文本情感分析的数据集。实验尝试了不同数据和训练方法训练的分布式词向量，并探索了不同循环神经网络模型的在该任务上的效果。最终实验表明，采用序列标记的方式联合提取 <实体，情感>较传统的分别提取的方式更有效。

第 12 章 基于卷积循环神经网络实体级微博文本情感分析

12.1 引　　言

本章主要探索如何使用卷积神经网络提取文本中词的邻域特征，以更好地确定文本中每个词的标记。具体地，首先阐述了基于卷积神经网络的文本序列标记方法，探索文本序列标记任务中词的邻域特征是否能够表征词的标记。在此基础上，阐述了基于卷积循环神经网络的序列标记方法，充分发挥卷积神经网络的邻域特征提取能力和循环神经网络的序列全局特征提取能力，提高实体级微博文本情感分析的效果。最后，在实体级微博文本情感分析任务上对基于卷积神经网络的文本序列标记方法和基于卷积循环神经网络的序列标记方法的效果进行了测评，并探索了不同卷积神经网络和不同循环神经网络组合模型的效果。

12.2 基于卷积神经网络的文本序列标记

对于文本序列标记任务，每个词的标记不仅取决于词在序列中的全局特征，很大程度上也取决于该词在一定范围的邻域特征，因此，本节主要探索词的邻域特征提取对文本序列标记的作用。具体地，由于卷积神经网络被广泛应用于邻域特征提取，本节阐述基于卷积神经网络的文本序列标记。

在对文本进行卷积时，采用长度为 m 的多个卷积核对文本中的一个窗口进行卷积，实际上提取了这 m 个相邻词的特征。在文本序列标注任务中，大多数词的类别可以通过一定范围的邻域序列决定，因此本节尝试使用卷积神经网络提取文本中每一个词的邻域特征，并根据这些邻域特征对文本进行实体级微博文本情感序列标记。

由于采用序列标记的方法进行实体级微博文本情感分析，神经网络的输出序列长度必须与输入序列长度相同。而卷积神经网络的卷积和池化计算都会减小序列长度，因此需对两种操作进行选择和调整。经过一层卷积核长度为 m 的卷积层，序列长度将减小（$m-1$）；而池化层是对卷积层结果在整个文本上的综合，无法保持序列长度。因此，去掉了池化计算，仅通过多个卷积层提取文本中词的邻域特征用于序列标记，并且在每一次的卷积层前在序列前后进行（$m-1$）位补位，以保持序列长度。

图12-1是一个具有两个卷积层（卷积核长度为3）的神经网络用于实体级微博文本情感分析中序列标记任务的示意图。对于词 w_i，使用奇数长度 m 的卷积核提取其邻域特征，那么该词的邻域的词向量表示为

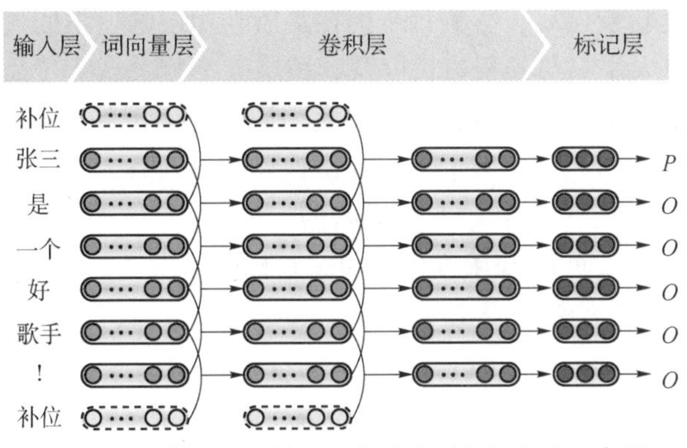

图12-1　基于卷积神经网络的序列标记方法示意图

$$\widetilde{X}_i=[e_{w_{i-m/2+1/2}},\cdots,e_{w_i},\cdots,e_{w_{i+m/2-1/2}}] \tag{12-1}$$

在 $\widetilde{X}_i$中，当 $k<1$ 或 $k>|T|$ 时，对应的词为补位词，对应词向量为补位向量 $e_k=e_{\text{pad}}$，第 j 个卷积核对该词邻域的卷积为

$$h_{ij}=f(W_j\circ\widetilde{X}_i+b_j) \tag{12-2}$$

式中，$W_j\in\mathbb{R}^{d\times m}$是第 j 个卷积核权重参数；$b_j\in\mathbb{R}$ 是偏置量。记卷积层输出维度为 d_c，那么采用 d_c 个卷积核在每一个词的邻域进行卷积，以提取其邻域特征。词 w_i 的卷积层输出特征向量可表示为

$$h_i=[h_{i1},h_{i2},\cdots,h_{id_c}]^{\mathrm{T}} \tag{12-3}$$

类似循环神经网络的简写方法，令 $H=[h_1,h_2,\cdots,h_{|T|}]\in\mathbb{R}^{d_c\times|T|}$，一个长度为 m 的卷积层的计算可记为

$$H=\mathrm{Conv}_m(X) \tag{12-4}$$

式中，$X=[e_{w_1},e_{w_2},\cdots,e_{w_{|T|}}]$ 为整个文本在词嵌入层的表示。由于添加了补位向量，卷积操作不影响序列的长度，那么可以连接多个卷积层，构建基于深度卷积神经网络的序列标记模型：

$$H^1 = \mathrm{Conv}_m^1(X) \tag{12-5}$$

$$H^{k+1} = \mathrm{Conv}_m^{k+1}(H^k), k = 1, 2, \cdots \tag{12-6}$$

上述计算将一个卷积层的输入与输出表示为和一个循环神经网络输入与输出相同的形式，即相同序列长度的输入与输出。

对于每一个词，一层长度为 m 的卷积网络从以该词为中心的 m 个词中提取了该词的邻域特征，那么如果使用一层卷积神经网络，该词的标记仅仅取决于这 m 个词（可能含有补位词）。在基于卷积神经网络的序列标记中，词的卷积邻域决定了其特征提取的最大依赖关系，即词的标记由多大的邻域信息完全确定，因此是基于卷积神经网络的序列标记方法的重要指标。

定义：基于卷积神经网络的序列标记中的邻域窗口大小（Covered Window Size，CWS）为经过连续卷积层后，影响每个词在最后卷积层的输出的最大输入词数量。

由于邻域窗口大小只与卷积核长度及卷积层大小相关，为了简化模型，对一个模型的不同卷积层均使用相同的卷积核长度，记为 m。记卷积层数量为 k，那么邻域窗口大小记为 $\mathrm{CWS}(m,k)$，对于一层卷积神经网络，有

$$\mathrm{CWS}(m,1) = m \tag{12-7}$$

对于多层卷积网络，记词 w_i 在第 k 个卷积层卷积范围内最小的序号为 $I_b^k(i,m)$，最大序号为 $I_e^k(i,m)$，那么有

$$I_b^k(i,m) = i - m/2 + 1/2 \tag{12-8}$$

$$I_e^k(i,m) = i + m/2 - 1/2 \tag{12-9}$$

$I_b^k(i,m)$ 对应的词在第 $k-1$ 个卷积层卷积范围内最小的序号为

$$I_b^{k-1}(i,m) = I_b^k(i,m) - m/2 + 1/2 \tag{12-10}$$

$I_e^k(i,m)$ 对应的词在第 $k-1$ 个卷积层卷积范围内最大的序号为

$$I_e^{k-1}(i,m) = I_e^k(i,m) + m/2 - 1/2 \tag{12-11}$$

可见 $I_b^k(i,\ m)$ 和 $I_e^k(i,m)$ 均为步长为$\frac{m-1}{2}$的等差数列，那么可以通过等差数列公式计算得到在 k 层卷积前的第一层的最小序号和最大序号：

$$I_b^1(i,m) = i - k\frac{m-1}{2} \tag{12-12}$$

$$I_e^1(i,m) = i + k\frac{m-1}{2} \tag{12-13}$$

那么经过 k 个卷积层，w_i 的特征提取邻域窗口大小为

$$\mathrm{CWS}(m,k) = I_e^1(i,m) - I_b^1(i,m) + 1 = k(m-1) + 1 \tag{12-14}$$

由于在每一个卷积层均在句子的首尾添加了补位词，靠近句子首尾的词的特征提取邻域窗口中会含有补位词，因此 $\mathrm{CWS}(m,k)$ 是词在特征提取中涉及邻域词数量的上限，实验中将会讨论 $\mathrm{CWS}(m,k)$ 对基于卷积神经网络的实体级微博文本情感分析效果的影响。

12.3　基于卷积循环神经网络的序列标记

卷积神经网络能够很好地提取文本邻域特征，在序列标记任务中可以用于提取文本序列中每一个词的邻域上下文特征。但是基于卷积神经网络的序列标记方法受邻域窗口大小 $CWS(m,k)$ 的限制，如果要挖掘一个词和与其较远词的关联，需要使用较大的卷积核长度或较多的卷积层。当卷积核长度过大时，卷积神经网络失去了邻域信息提取的优势，效果类似于全连接神经网络。当卷积层深度增加时，模型参数会相应大大增加，可能引起过拟合现象。因此，基于卷积神经网络的序列标记方法在提取文本全局特征和词与词的远距离关联时存在一定问题。

循环神经网络的共享参数循环结构使其擅长于提取序列的全局特征，在序列标记中，单向循环神经网络中，每一个词的特征是对其前面词和本身进行正向循环提取的结果；双向循环神经网络中，每一个词的特征是对其前面词进行正向循环和对其后面词进行反向循环结果的综合。但是循环神经网络在提取词的邻域特征方面不如卷积神经网络直观与可控，即模型很难从结构上表现邻域特征和全局特征提取的有效结合。

在文本序列标记任务中，词的邻域特征和文本全局特征对词的标记都有一定的影响。由于分布式词向量对每一个词只使用一个向量表示，而在文本中常常会有一词多义的现象，一个词在不同上下文中表达的意义往往不同，提取词的邻域特征可以让词在文本中的意义更加明确。另外，很多词往往只是一些固定短语和俗语的一部分，其本身意义与整个固定表达的意义不尽相同，提取词的邻域特征可以更好地把握这些固定表达的意义。但是一个词的标记不仅取决于其附近的几个词，常常还与句子的整体意思相关。以实体级微博文本情感分析为例，一个词是否为实体词一般可由其邻域的几个词决定，而要判断句子对该实体的情感，常常需要把握句子整体表达的意思。

基于以上分析，本节阐述卷积神经网络与循环神经网络相结合的序列标记方法，发挥卷积神经网络在邻域特征提取的优势和循环神经网络在序列全局特征提取的优势，更好地进行实体级微博文本情感分析。

图 12－2 是基于卷积循环神经网络（Convolutional Recurrent Neural Network，ConvRNN）的序列标记方法示意图，模型与基于循环神经网络的方法具有相同的输入层、词向量层和标记层。在词向量层后，模型首先采用卷积神经网络提取每一个词的邻域特征，使每一个词有更清晰的语意，然后使用循环神经网络作为序列全局特征提取层，用于在每个词的邻域特征基础上理解整个文本的语意，提取每一个词在文本全局的特征。

邻域特征提取层可以由多个卷积层组成，为了简化模型，模型的所有卷积层使用相同的奇数卷积核长度，记为 m。记卷积层个数为 k_c，那么有

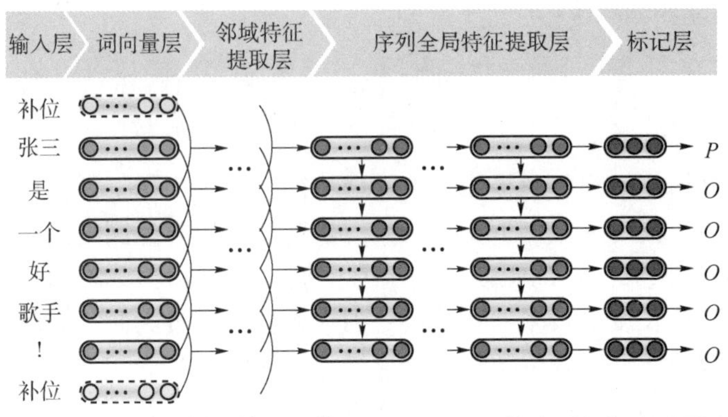

图 12－2　基于卷积循环神经网络（ConvRNN）的序列标记方法示意图

$$\boldsymbol{H}^1 = \mathrm{Conv}_m^1(\mathrm{X}) \tag{12－15}$$

$$\boldsymbol{H}^k = \mathrm{Conv}_m^k(\boldsymbol{H}^{k-1}), k = 2, 3, \cdots, k_c \tag{12－16}$$

同理，序列全局特征提取层也可以由多个循环神经网络组成，即循环神经网络层的个数为 k_r，那么有

$$\boldsymbol{H}^{k+1} = \mathrm{RNN}^{k+1}(\boldsymbol{H}^k), k = k_c, k_c + 1, \cdots, k_c + k_r \tag{12－17}$$

最后一个循环层输出的结果作为标记层的输入。在标记层计算每个词的各种标记分布

$$\boldsymbol{y}_i = \mathrm{softmax}(\boldsymbol{U}\boldsymbol{h}_i^{k_c+k_r} + \boldsymbol{b}_y) \tag{12－18}$$

可将该序列标记模型用于实体级微博文本情感分析任务。

12.4　实验与分析

本节对本章介绍的两种序列标记方法分别在实体级微博文本情感分析任务上的效果进行评价与分析。实验采用新浪微博公众实体情感民调数据集。由于对实体级微博文本情感分析方法的改进主要在于序列标记模型，因此，在不同模型的选取和对比中，主要采用序列标记的 F 值进行评价，在两种模型的最优结果中，给出序列标记 F 值和后处理后 F 值两种结果进行对比。

12.4.1　基于卷积神经网络的序列标记实验与分析

在对基于卷积神经网络的序列标记模型的评价中，实验采用基于循环神经网络的序列标记模型作为基准。此处仅使用简单神经网络、LSTM 和 GRU 的双向模型，分别记为 BiSRNN、BiLSTM 和 BiGRU 的 1～5 层模型。对于卷积神经网络，实验探索四种卷积核长度（3、5、7、9）的 1～7 层模型。实验从效果和计算效率上对基于 RNN 的方法和基于 CNN 的方法进行对比，最后分析卷积神经网络的邻域窗口大小（CWS）与序列标记结果之间的关系。实验代码使用 Keras 平台实现，在 NVIDIA GeForce GTX1080 GPU 上运算，模型训练方法采用 Adam 优化算法，参数为 $\beta_1=0.9$，$\beta_2=0.99$，学习率为 0.001。

1. 序列标记效果对比

图 12－3 所示为基于 CNN 的序列标记方法与基于 RNN 的序列标记方法在序列标记任务中的 *F* 值对比。图中横轴为模型层数，纵轴为序列标记 *F* 值。每一条线表示一个模型，实线为基于卷积神经网络的序列标记方法，虚线为基于循环神经网络的序列标记方法。根据图中结果，当模型深度增加时，模型效果均有先提高、后稳定和最后下降的趋势，但是基于卷积神经网络的方法表现更为稳定，后期下降趋势并不明显，主要保持稳定。从模型效果看，基于 CNN 的方法与基于 RNN 的方法在最好结果上相差不大，但基于 CNN 的方法普遍效果更好。在卷积核长度上，卷积核长度为 5 和 7 的模型比卷积核长度为 3 和 9 的模型的效果好，在深度增加时比较稳定。最高的 *F* 值由三层卷积核长度为 7 的模型取得，最好结果为 0.631，高于基于循环神经网络的方法的最好结果 0.624（双层双向 GRU）。

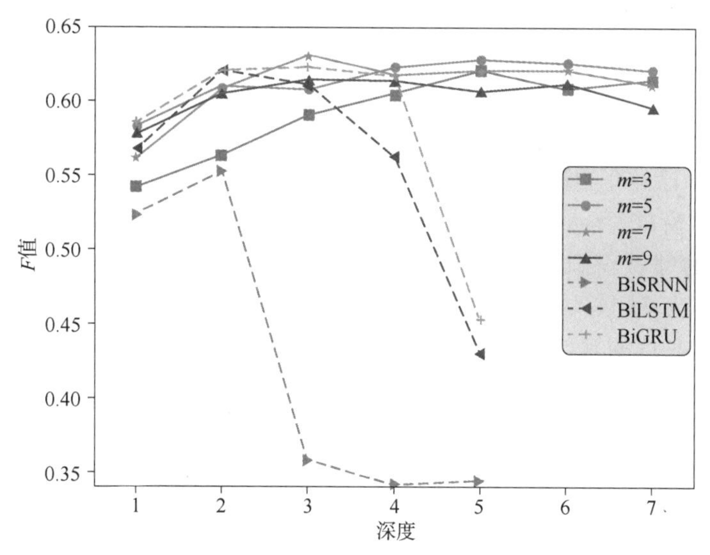

图 12－3　基于 CNN 与基于 RNN 的序列标记方法实验结果对比图

2. 训练时间对比

图 12－4 所示为基于 CNN 的方法与基于 RNN 的方法的训练时间对比。图中横坐标与每条线的设定与图 12－3 的相同，纵坐标为训练时间。由于基于 CNN 的方法训练时间差异相对基于 RNN 的方法小很多，基于 CNN 的方法的 4 条线基本重合，因此，在左上角子图上对基于卷积神经网络的方法的训练时间变化进行了放大。从图中可以看出，当模型层数增加时，基于 CNN 的方法的训练时间增长近似线性模型，而基于 RNN 的方法训练时间增长近似二次函数增长，并且基于 RNN 的方法训

练时间远大于基于 CNN 的方法。另外，对于基于 CNN 的序列标记方法，训练时间主要随层数增加而增加，卷积核的变化对模型训练时间影响较小。

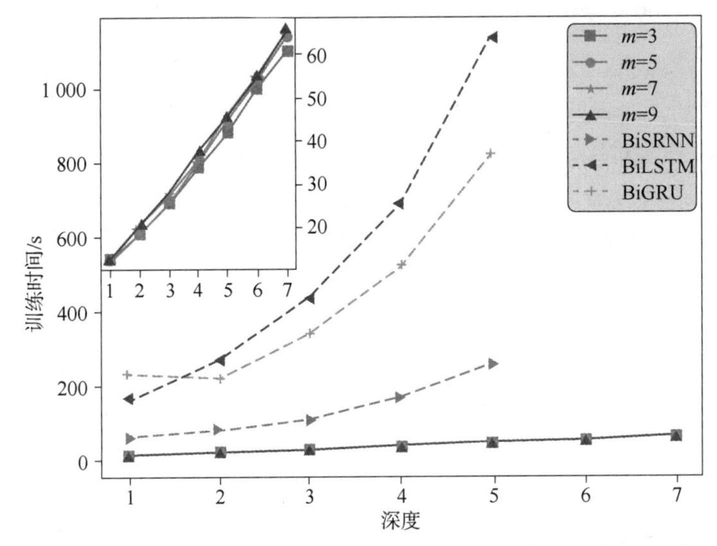

图 12-4　基于 CNN 与基于 RNN 的序列标记方法训练时间对比图

3. 邻域窗口大小

12.2 节中已经介绍过，邻域窗口大小是基于 CNN 的序列标记方法的重要指标。为了探索邻域窗口大小对基于卷积神经网络的序列标记方法结果的影响，实验计算了每种模型的邻域窗口大小，并与数据集中句子和子句的长度分布进行对比。图 12-5（a)为不同邻域窗口大小的模型结果 F 值，图 12-5（b）为数据集中句子长度和子句长度的累计概率分布。此处的句子以句子结束标志（"。""?""!"）划分，子句以子句结束标志（",""；"）划分。当邻域窗口增大时，模型效果开始提升；当邻域窗口大小达到 10 后，可取得较好的效果；到达 20 左右时，得到最好的效果；在 25 之后有下降趋势。从图 12-5（b）可以看到，85% 的子句长度小于 10，98% 的子句长度小于 20。那么，在决定一个词的标记时，邻域窗口大小为 10 的模型覆盖了大多数词所在子句，邻域窗口大小为 20 的模型覆盖了大多数词所在子句以及相邻的子句。实验结果表明，大多数的情感表达可以在一个子句中完成，但是考虑该子句和相邻的两个子句可以使对情感表达的理解更加完整、准确；当考虑更长的文本依赖时，可能会受到一定的干扰。

12.4.2　基于卷积循环神经网络的序列标记实验与分析

在对基于卷积循环神经网络的序列标记方法的评价中，实验同样以第 3 章的基于循环神经网络的序列标记方法作为基准，考察 CNN 引入的词的邻域信息对 RNN 模型的影响。具体地，本小节实验中对比循环神经网络采用简单神经网络、LSTM

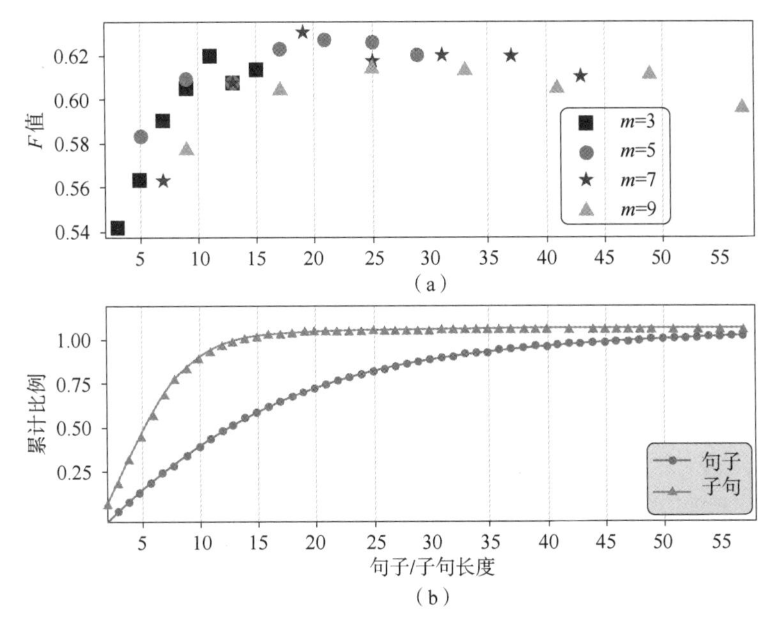

图 12－5　基于 CNN 的序列标记方法中不同邻域窗口大小的结果图

和 GRU 三种基本模型的 1～3 层单、双向模型，对卷积神经网络探索 3、5、7 三种卷积核长度的 1～5 层模型。因此，一共有 18 种 RNN 和 15 种 CNN 的不同搭配，共 270 种模型。实验代码使用 Keras 平台实现，在 NVIDIA GeForce GTX1080 GPU 上运算，模型训练方法采用 Adam 优化算法，参数为 $\beta_1 = 0.9$，$\beta_2 = 0.99$，学习率为 0.001。

1. ConvRNN 与 CNN 对比

实验首先对比只有一个卷积层的 ConvRNN 模型与只使用 RNN 的效果，以考察加入卷积层的邻域特征提取对序列标记是否有帮助，结果如图 12－6 所示。图中每个子图展示一种循环神经网络模型的效果，横轴为循环神经网络深度，纵轴为序列标记 F 值。在这 18 个不同的循环神经网络中，有 16 个模型在加入循环神经网络后 F 值得到明显提升，另外两个模型（一层和两层双向 GRU）取得相似结果。在循环层之前加入一个卷积层平均提升 0.02。最后，加入一个卷积层进行邻域特征提取，将基于 RNN 的序列标记最高 F 值从 0.624 提升到 0.632。因此，实验表明，加入卷积层提取词在文本中的邻域特征有助于循环神经网络进行序列标记。

2. 不同深度卷积循环神经网络

为了探索使用不同深度的卷积层和循环网络层模型的效果，实验对 270 种卷积循环神经网络在序列标记上的任务进行对比，结果如图 12－7 所示。图中共 18 个子图，对应 18 种循环神经网络模型与不同卷积层组合得到的模型效果，每一行子图表示一种循环神经网络深度，每一列子图表示一种循环神经网络基本模型，列的

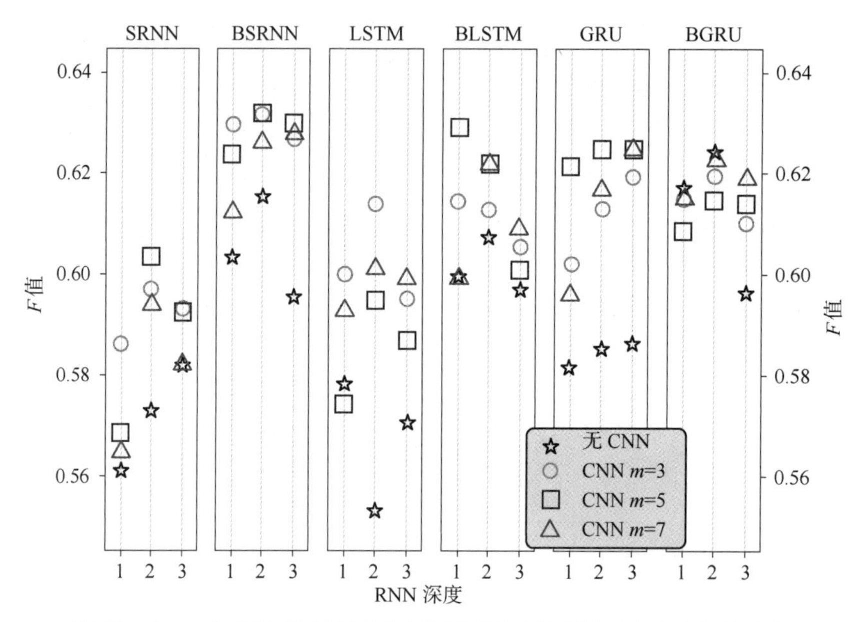

图 12-6　一个卷积层对基于循环神经网络的序列标记方法的影响结果

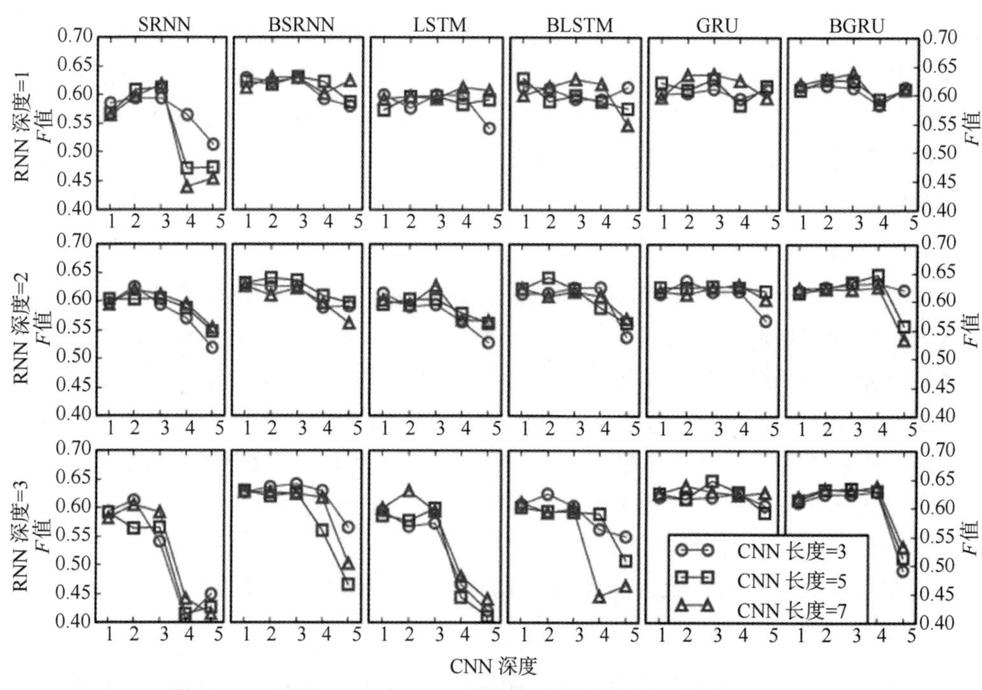

图 12-7　不同 CNN 与 RNN 模型组合的卷积循环神经网络结果

顶部标注了基本模型的简称。每个子图中横坐标为卷积层数，纵坐标为序列标记 F 值，每一条线表示一种卷积核长度。从图中可以看出，当卷积层层数增加时，大多数模型可以取得比单个卷积层更好的效果，但随着卷积层层数继续增加，效果会随之下降。特别是当循环网络层为 3 层时，后期下降趋势非常明显。这是因为实验标记数据量有限，多层模型带来参数量的增加，从而容易引起过拟合，使模型训练难度增大、效果变差。大多数模型在卷积层为 2 ~ 4 层时取得最好效果。对于不同的卷积核长度，实验显示不同卷积核长度对模型结果没有明显影响，不同循环神经网络中取得最好值的卷积核长度不同，并且不同卷积核长度总体差异不大。

3. 最好结果

表 12 - 1 列出了不同 CNN 和 RNN 组合的各模型在序列标记任务上取得的最好结果。含有 RNN 的模型中，所有的最好结果都在双向 RNN 中取得。加入卷积层邻域特征提取的模型的最好效果都比只用循环神经网络的效果更好。说明使用卷积层提取词在文本中的邻域特征有助于循环神经网络进行序列标记。当采用多个卷积层和多个循环层时，模型的最好效果均有提升，特别是当卷积层变为多层时，效果提升较大，说明多层的卷积对提取词在文本中的邻域特征是必要的。最高的序列标记结果在 4 个卷积层以及两个双向 GRU 循环层时取得，为 0.648，远高于只使用循环神经网络的 0.624 和只使用卷积神经网络的 0.631。说明阐述的卷积循环神经网络能够很好地利用卷积神经网络在邻域特征提取的优势和循环神经网络在序列全局特征提取的优势，从而取得了更好的序列标记结果。

表 12 - 1　不同模型设定下的序列标记最好结果

模型	最高 F 值	CNN 深度	基本 RNN 模型	RNN 深度
多层 RNN	0.624	—	BGRU	2
多层 CNN	0.631	3	—	—
单层 CNN + 单层 RNN	0.630	—	BSRNN	—
单层 CNN + 多层 RNN	0.632	—	BSRNN	2
多层 CNN + 单层 RNN	0.639	3	BGRU	—
多层 CNN + 多层 RNN	0.648	4	BGRU	2

为了进一步检验卷积循环神经网络对序列标记的提升是否对实体级微博文本情感分析任务有效，实验对序列标记结果进行了后处理，并将不同卷积层和循环层设定下的实体级微博文本情感分析最高结果进行比较，结果见表 12 - 2。对比表 12 - 2与表 12 - 1，在两种评价方式下，模型的结果不尽相同：首先，序列标记的结果与实体级微博文本情感分析的结果只是在整体趋势上一致，并不是严格的正相关关系。例如，多层 CNN 和单层 CNN + 单层 RNN 模型的序列标记结果均比多层 RNN 的好，但是实体级微博文本情感分析效果反而比多层 RNN 的差。其次，取得最好效果的模型深度有一定差异。这是因为后处理中对序列标记结果进行了筛选和综合，使得一个句子中序列标记结果的元组数减少，从而带来 F 值的差异。例如，一个句子中多次出现一个实体，那么序列标记会对每个出现的实体表达产生一个元

组，从而同一实体有多个元组，而后处理后只记录一个元组，那么会使得正确预测数减小。另外，对于一些并不是话题主要实体的其他实体，序列标记同样会将其标记出来，而后处理会将这些实体相关的元组去掉，从而影响最终结果。由于每个模型标记出的元组具有一定差异，后处理后的结果与序列标记结果会有一定差异。但总的来说，取得最好效果的 RNN 基本模型全部相同，对应层数也基本接近，得到的结论是一致的，即阐述的卷积循环神经网络能够很好地利用卷积神经网络在邻域特征提取的优势和循环神经网络在序列全局特征提取的优势，在实体级微博文本情感分析任务上取得了较两种单一网络都更好的效果。

表 12－2　不同模型设定下的实体级微博文本情感分析最好结果

模型	最高 F 值	CNN 深度	基本 RNN 模型	RNN 深度
多层 RNN	0.736	—	BGRU	2
多层 CNN	0.733	6	—	—
单层 CNN + 单层 RNN	0.723	—	BSRNN	—
单层 CNN + 多层 RNN	0.739	—	BSRNN	3
多层 CNN + 单层 RNN	0.736	3	BGRU	—
多层 CNN + 多层 RNN	0.754	3	BGRU	3

12.5　本章小结

本章阐述了文本邻域特征提取对文本序列标记的作用。具体地，首先阐述了基于卷积神经网络的文本序列标记方法，探索词的邻域特征对词的标记的作用；然后阐述了基于卷积循环神经网络的文本序列标记方法，发挥卷积循环神经网络邻域特征提取的优势和循环神经网络序列全局特征提取的优势，更好地预测每个词的标记。实验结果表明，每个词的邻域特征对该词的标记具有重要作用，并且综合词的邻域特征与序列全局特征可以取得更好的文本序列标记结果。

决 策 篇

第 13 章 基于深度神经网络与注意力机制的机器阅读理解技术研究

本章介绍了基于双向注意力机制的机器阅读理解模型、基于双向长短期记忆网络的机器阅读理解模型和基于自注意力机制与卷积神经网络的机器阅读理解模型，并对模型进行试验，分析它们在机器阅读理解中的效果。

13.1 基于双向注意力机制的机器阅读理解模型

基于双向注意力机制的机器阅读理解模型（Bidirectional Attention Flow，BIDAF）由 Seo 等人在 2017 年提出，使用了双向的注意力信息来更好地获得问题和文本的交互信息。BIDAF 的整体框架图如图 13－1 所示。

BIDAF 模型主要由以下五个层构成：

1. 输入嵌入层（Input Embedding Layer）

该层由词嵌入和字符嵌入组成预训练词向量和字向量。OOV 和字向量可训练，字向量用卷积神经网络训练，词 w 的表示由词向量和字向量拼接并经过两层高速网络（highway network）得到。

文本的词嵌入矩阵为：

$$\boldsymbol{X} \in \mathbb{R}^{d \times T}$$

问题的词嵌入矩阵为：

$$\boldsymbol{Q} \in \mathbb{R}^{d \times J}$$

2. 上下文嵌入层（Contextual Embedding Layer）

通过获得的词向量表示，采用 BiLSTM 编码来获得词语间的语义关系，最后拼接双向 LSTM 的输出得到文本和问题的语义表示。

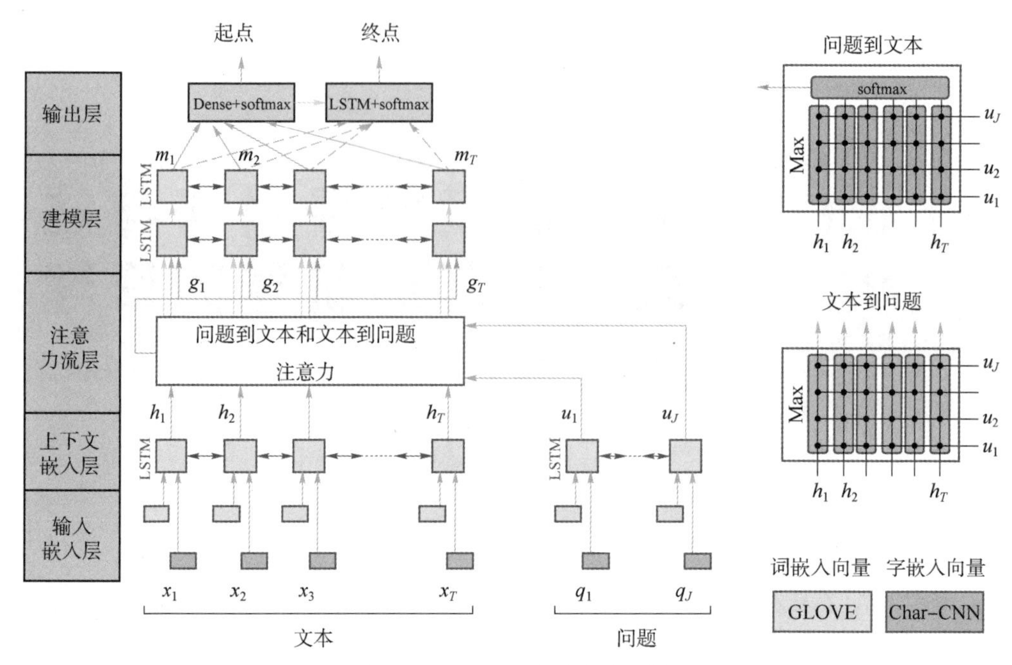

图 13-1 BIDAF 的整体框架图

文本的语义矩阵为：

$$\boldsymbol{H} \in \mathbb{R}^{2d \times T}$$

问题的语义矩阵为：

$$\boldsymbol{U} \in \mathbb{R}^{2d \times J}$$

至此，通过以上处理，捕捉到了 query 和 context 各自不同粒度的特征。

3. 注意力流层（Attention Flow Layer）

双向注意力流考虑了问题到文本层（query - to - context，Q2C）和文本到问题层（context - to - query，C2Q）两个方向的注意力信息。先计算文本和问题的相关性矩阵：

$$\boldsymbol{S} \in \mathbb{R}^{T \times J} \tag{13-1}$$

$$S_{tj} = \alpha(H_{:t}, U_{:j}) \in \mathbb{R} \tag{13-2}$$

$$\alpha(h,u) = w_{(S)}^{T}[h;u;h \circ u], w_{(S)} \in \mathbb{R}^{6d} \tag{13-3}$$

C2Q 注意力层计算哪些问题字或词与文本字或词最相关，通过 softmax 分类器对矩阵相关性进行归一化，然后计算问题向量加权和得到 $\hat{\boldsymbol{U}}$。

$$\alpha_t = \mathrm{softmax}(S_{t:}) \in \mathbb{R}^{J} \tag{13-4}$$

$$\hat{\boldsymbol{U}} = \sum_j \alpha_{tj} U_{:j} \tag{13-5}$$

Q2C 注意力层计算文本中的哪些字或词与问题最相关、相关性矩阵每列最大值，对其进行 softmax 归一化，最后计算 context 向量加权和，然后迭代 T 次，得到

$\hat{\boldsymbol{H}} \in \mathbb{R}^{2d \times T}$。

$$b = \text{softmax}(\max_{\text{col}}(S)) \in \mathbb{R}^{T} \tag{13-6}$$

$$\hat{\boldsymbol{H}} = \sum_{t} b_t H_{:t} \in \mathbb{R}^{2d} \tag{13-7}$$

4. 建模层（Modeling Layer）

输入是 G，经过一次 BiLSTM，获得对应单词关于整个文本和问题的上下文信息。

$$G_{:t} = \beta(H_{:t}, \hat{U}_{:t}, \hat{H}_{:t}) \in \mathbb{R}^{8d} \tag{13-8}$$

$$G = \beta(h, \hat{u}, \hat{h}) = [h; \hat{u}; h \circ \hat{u}; h \circ \hat{h}] \in \mathbb{R}^{8d \times T} \tag{13-9}$$

5. 输出层（Output Layer）

预测开始位置 p_1：

$$p_1 = \text{softmax}(W_{(p^1)}^{T}[G; M]) \tag{13-10}$$

结束位置 p_2：

$$p_2 = \text{softmax}(W_{(p^2)}^{T}[G; M^2]) \tag{13-11}$$

M 经过一层 BiLSTM 得到，$M^2 \in \mathbb{R}^{2d \times T}$。

目标函数为：

$$L(\theta) = -\frac{1}{N}\sum_{i}^{N}[\lg(p_{y^1}^{1}) + \lg(p_{y^2}^{2})] \tag{13-12}$$

通过将目标函数最小化，得到了最终的预测的答案开始位置 p_1 和结束位置 p_2。

13.2　基于双向长短期记忆网络的机器阅读理解模型

基于双向长短期记忆网络的机器阅读理解模型（R－Net）是由微软亚洲研究院提出的，模型大体包括 4 层：问题文本编码层、问题文本匹配层、文本自匹配层和答案输出层，如图 13－2 所示。

1. 问题文本编码层（Question & Passage Encoding Layer）

第一层使用预训练的词向量（Word2Vec，300 维，训练中不可变）和字向量（Glove，64 维，训练中可变）表示问题 Q 和文本 P 中的单词，并将连接后的［e_t^Q，c_t^Q］和［e_t^P，c_t^P］输入双向的 RNN（Bidirectional RNN，BiRNN），输出 u_t^Q 和 u_t^P。

2. 问题文本匹配层（Question－Passage Matching Layer）

第二层使用了门控卷积网络和注意力机制，对文本 P 中的每个词，计算其关于问题 Q 的注意力分布，并使用该注意力分布将问题信息整合到文本 P 的向量表示中，得到带问题 Q 理解的文本语义理解 $\boldsymbol{S} \in \mathbb{R}^{T \times J}$。

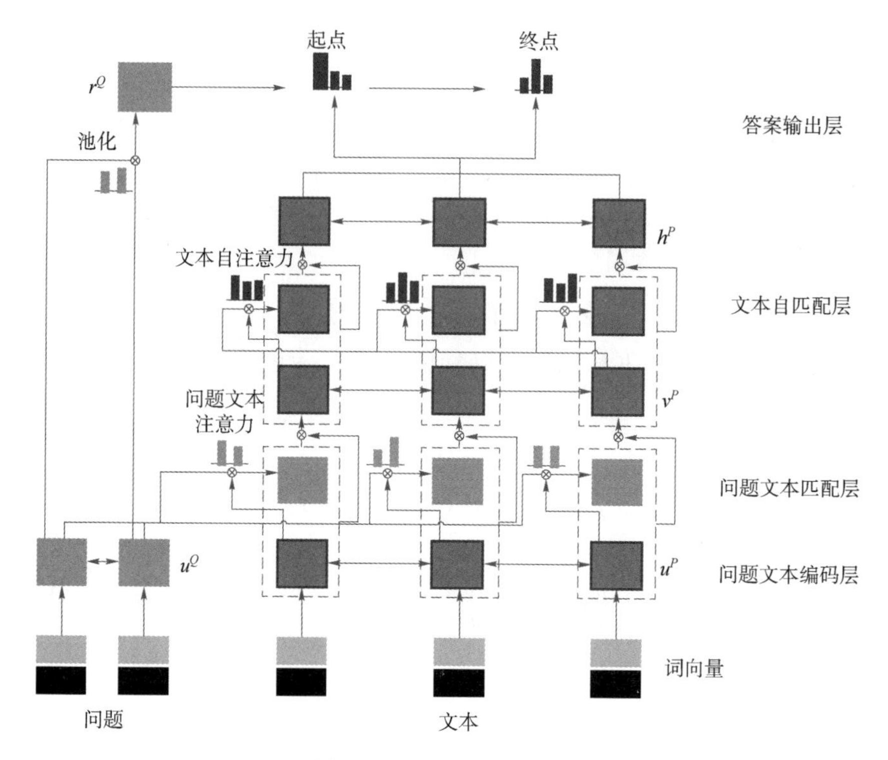

图 13-2　R-Net 结构图

除了对问题和文本的注意力机制，R-Net 还将注意力的输出 c_t 和 u_t^P 连接为 $[c_t, u_t^P]$ 并输入到 RNN 中。此外，对 $[c_t, u_t^P]$ 加入门控制，以决定文本中对应某一问题的不重要的信息，以更好地提取与文本 P 有关的问题信息：

$$[c_t, u_t^P]^* = g_t \odot [c_t, u_t^P] \tag{13-13}$$

3. 文本自匹配层（Passage Self-Matching Layer）

不同于上一层将问题 Q 和文本 P 做对比，考虑到文本中的部分答案和问题信息并不相关，则篇章信息对于答案抽取显得尤为重要。自注意力机制将带有 question-aware的篇章和其本身做对比，提取了整个篇章中问题答案对语义的表达。具体方法也是通过门控卷积网络+注意力机制来实现的（同上一层）。

4. 答案输出层（Answer Prediction Layer）

针对每一个文本中的词预测答案的开始和结束位置。具体通过将注意力向量作为候选答案的起始位置概率分布（开始位置在文本中的分布 logits1），即将 u_t^Q 注意力下采样得到的 r^Q 作为初始值；然后输入 RNN，得到终止位置在文本中的分布 logits2。通过以上两个分布可以得到一个联合分布矩阵。由于开始位置永远在终止位置之前，所以选择区域始终在矩阵对角线的左上半部分。又因为答案的长度有一定范围，因此可以设置答案的比较大的长度（75），以确保答案预测的准确率。

13.3　基于自注意力机制与卷积神经网络的机器阅读理解模型

基于自注意力机制与卷积神经网络的机器阅读理解模型（QANet）是由 Adams Wei Yu 等人在 2018 年提出的。与以往的基于包含注意力的循环神经网络的端到端的机器阅读理解的模型不同，QANet 不需要循环神经网络，相反，它的编码器仅由卷积和自注意力组成，不仅大大提升了模型在训练和推理方面的效率，同时也达到了与循环模型相媲美的精确度，在斯坦福大学给出的 SQuAD 数据集上取得了当前最好成绩。

如图 13－3 所示，QANet 模型主要包含以下部分：嵌入层（embedding layer）、嵌入编码层（embedding encoder layer）、文本－问题注意力层（context－query attention layer）、模型编码层（model encoder layer）和结果输出层（output layer）。

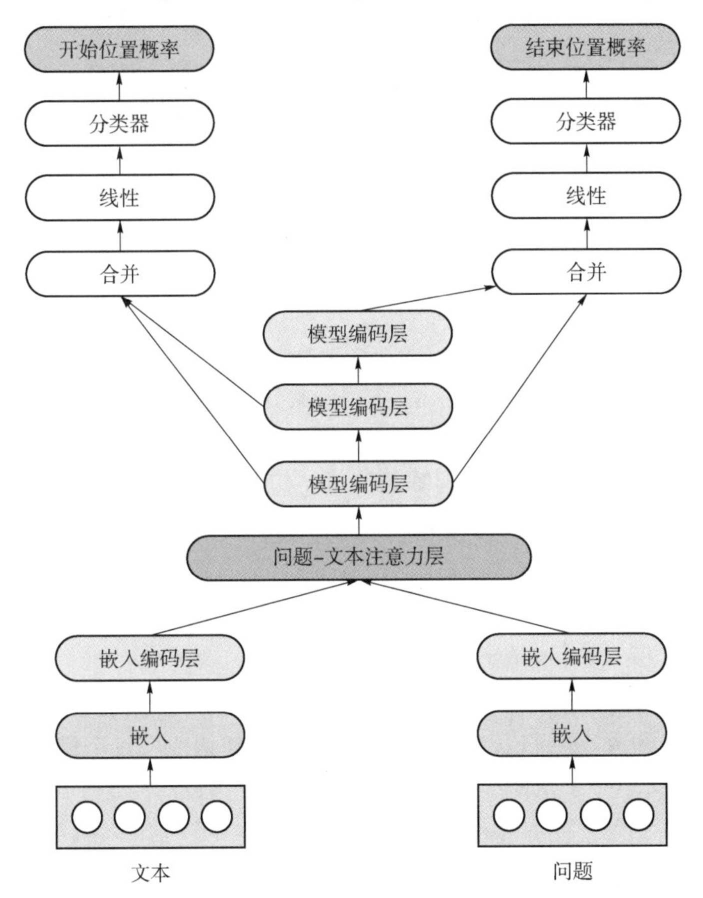

图 13－3　QANet 结构图

1. 嵌入层（embedding layer）

每个词的嵌入由其词嵌入（word embedding）和字符嵌入（character embedding）拼接而成。词嵌入用$p_1=300$维的预训练好的 GloVe 词向量进行初始化，并在训练过程中固定。将词 w 的词嵌入表示记为 x_w。每个字符被表示成一个 $p_2=200$ 维的可训练向量，每个词的长度增加或删减至 k，则词 w 也可以表示为 $p_2\times k$ 的矩阵。选取矩阵每行的最大值来获得每个词的固定大小的向量表示，记为x_c。将x_w和x_c拼接，得到词 w 对应的词向量 $[x_w;x_c]\in\mathbb{R}^{p_1+p_2}$。同时，在词向量的表示之上加入一个两层的高速网络。

2. 嵌入编码层（embedding encoder layer）

嵌入编码层由基本块堆叠而成，单个基本块的结构自底向上依次包含位置编码（position encoding）、卷积层（conv）、自注意力层（self－attention）和前馈网络层（feedforward layer）。相比于传统的结构，其采用了深度可分离卷积结构（depthwise separable convolutions），它使用内存的效率更高，并且具有更好的泛化能力。每个基本操作（卷积、自注意力、前馈网络）都放在残差块（residual block）中。残差块可以有效缓解神经网络由于深度问题导致的梯度消失或梯度爆炸的现象。

3. 文本－问题注意力层（context－query attention layer）

根据上一层得到的文本和问题的编码表示来计算文本对问题的注意力矩阵（context－to－query attention）和问题对文本的注意力矩阵（query－to－context attention）。分别用 $\boldsymbol{C}$ 和 $\boldsymbol{Q}$ 来表示编码后的文本和问题。文本对问题的注意力构造如下：首先计算文本和问题词的相似度，将其表示成一个相似度矩阵 $\boldsymbol{S}\in\mathbb{R}^{n\times m}$，接着利用 softmax 函数对矩阵 $\boldsymbol{S}$ 中的每一列进行归一化，得到新的矩阵$\overline{\boldsymbol{S}}$。文本对问题的注意力矩阵的计算公式为：

$$\boldsymbol{A}=\overline{\boldsymbol{S}}\cdot\boldsymbol{Q}^{\mathrm{T}}\in\mathbb{R}^{n\times d}\tag{13-14}$$

此处利用三线性函数（trilinear function）来计算相似度：

$$f(q,c)=\boldsymbol{W}_0[q,c,q\odot c]\tag{13-15}$$

式中，$\odot$表示点乘；$\boldsymbol{W}_0$是一个可训练的向量。仿照 DCN 模型中的做法，利用 softmax 函数对相似度矩阵 $\boldsymbol{S}$ 中的每一列进行归一化，得到矩阵$\overline{\overline{\boldsymbol{S}}}$，问题对文本的注意力矩阵 $\boldsymbol{B}$ 的计算如下：

$$\boldsymbol{B}=\overline{\boldsymbol{S}}\cdot\overline{\overline{\boldsymbol{S}}}^{\mathrm{T}}\cdot\boldsymbol{C}^{\mathrm{T}}\tag{13-16}$$

4. 模型编码层（model encoder layer）

模型编码层的输入的每一个位置是 $[c,\ a,\ c\odot a,\ c\odot b]$，其中 a 和 b 分别表示注意力矩阵 $\boldsymbol{A}$ 和 $\boldsymbol{B}$ 的一行。该层由 3 个模型编码块构成，每个模型编码块包含 7 个上文提到的基本块。3 个模型编码块之间共享权重参数。

5. 结果输出层（output layer）

结果输出层的功能是任务确定的。仿照斯坦福大学公开的 SQuAD 数据集，在进行预处理过程中，对答案在截取后的文本中标记了开始和结束的位置，并将位置标记结果作为模型的输入。所以结果输出层的任务是分别预测每个位置是答案的开始和结束的概率，分别记为p^1、p^2，计算公式如下：

$$p^1 = \mathrm{softmax}(W_1[M_0;M_1]) \tag{13-17}$$

$$p^2 = \mathrm{softmax}(W_2[M_0;M_2]) \tag{13-18}$$

式中，W_1、W_2是两个可训练的变量；M_0、M_1、M_2分别是自底向上三个模型编码层的输出。一个答案片段的得分是开始点概率和结束点概率的乘积。所使用的目标函数见式（13－19）。

$$L(\theta) = -\frac{1}{N}\sum_{i}^{N}[\lg(p_{y_i^1}^1) + \lg(p_{y_i^2}^2)] \tag{13-19}$$

式中，y_i^1和y_i^2分别表示样例 i 的真实答案的开始和结束的位置；θ 包含所有可训练的变量。

基于自注意力机制与卷积神经网络的机器阅读理解模型在编码层放弃了循环神经网络，完全使用卷积神经网络和自注意力机制，利用卷积神经网络捕捉局部结构信息，使用自注意力机制捕捉全局信息，在没有降低准确率的情况下，极大地加快了训练速度，并且使得预测速度也有较大的提升。而在嵌入编码层，采用了深度可分离卷积结构，它使用内存的效率更高并具有更好的泛化能力，而且将每个基本操作都放在残差块中，可以有效缓解神经网络由于深度问题导致的梯度消失或梯度爆炸的现象。因此，基于自注意力机制与卷积神经网络的机器阅读理解模型拥有训练时间快、准确率高的优点。

13.4　实验结果与分析

13.4.1　实验设置

实验软硬件环境见表 13－1。

表 13－1　实验软硬件环境说明

软硬件	配置需求
CPU	英特尔至强铜牌（1.7 GHz 6 核）
内存	2×16 GB DDR4 2 666 MHz
硬盘	2 TB 7 200 RPM SATA
显卡	NVIDIA GTX1080 Ti 11G
系统	Ubuntu16
CUDA	Version 9.0.176
Python	3.6.1
TensorFlow	1.8

各种方法使用的参数见表 13－2 和表 13－3。

表 13－2　QANet、R－Net 训练参数说明

参数名称	说明	参数值
glove_dim	词向量维度	300
char_dim	字向量维度	64
para_limit	篇章长度（以词为单位）	400
ques_limit	问题长度（以词为单位）	50
ans_limit	答案长度（以词为单位）	75
test_para_limit	测试篇章长度	1 000
test_ques_limit	测试问题长度	100
batch_size	训练批次大小	32
num_steps	训练步长	140 000
checkpoint	检查点	2 000

表 13－3　BIDAF 训练参数说明

参数名称	说明	参数值
char_out_size	字向量维度	150
sent_size_th	篇章长度（以词为单位）	500
ques_size_th	问题长度（以词为单位）	140
batch_size	训练批次大小	8
num_steps	训练步长	40 000
checkpoint	检查点	1 000

13.4.2　评价指标

利用 Rouge－L 值与 Bleu 值对实验结果进行对比。其中，Rouge－L 值由最长公共子序列得到，过程如下：

$$R_{\mathrm{lcs}}=\frac{\mathrm{LCS}(X,Y)}{m} \tag{13-20}$$

$$P_{\mathrm{lcs}}=\frac{\mathrm{LCS}(X,Y)}{n} \tag{13-21}$$

$$F_{\mathrm{lcs}}=\frac{(1+\beta^2)R_{\mathrm{lcs}}P_{\mathrm{lcs}}}{R_{\mathrm{lcs}}+\beta^2 P_{\mathrm{lcs}}} \tag{13-22}$$

式中，X、Y 分别代表标准答案与模型答案；m 为标准答案长度；n 为模型答案长度；$\mathrm{LCS}(X,Y)$ 即为标准答案与模型答案的最长公共子序列。因此，R_{lcs} 和 P_{lcs} 分别表示模型的召回率和准确率，而 F_{lcs} 即为 Rouge－L 值，取 β 为 1.2，因为召回率较准确率更重要。

Bleu 值首先计算 n 单位片段（n - gram）精确度。n 单位片段即为一个语句中连续的 n 个单词组成的片段，例如长为 20 的语句中有 20 个 1 单位片段、19 个 2 单位片段、18 个 3 单位片段，依此类推。其中模型答案的 n 单位片段出现在标准答案中的概率即为 n 单位片段精确度 P_n。然后引入惩罚因子 BP（Brevity Penalty），当模型答案的长度大于或等于标准答案的长度时，BP 值为 1；当模型答案的长度小于标准答案的长度时，则利用式（13－23）得到 BP 值。

$$BP = e^{1-\frac{m}{n}} \tag{13-23}$$

式中，m 为标准答案长度；n 为模型答案长度。

最终，Bleu 值由式（13－24）得到：

$$Bleu = BP \cdot \exp\left(\sum_{n=1}^{N} \omega_n \lg p_n\right) \tag{13-24}$$

式中，N 取 4；ω_n 取$\frac{1}{4}$。

13.4.3　实验结果与分析

1. 实验结果

三种模型结合词向量的结果见表 13－4。

表 13－4　基于词向量的实验结果

模型	语义表示技术	Rouge－L	Bleu
QANet	词向量	84.01	70.59
R－Net	词向量	83.48	68.53
BIDAF	词向量	69.94	57.71

表 13－4 所示的 BIDAF 模型的实验结果较差，Rouge－L 值仅为 69.94；QANet 模型和 R－Net 模型的效果较好，Rouge－L 值分别为 84.01 和 83.48。因此，在下一步的训练中使用基于词向量和字向量对 QANet 模型与 R－Net 模型进行训练和测试。结果见表 13－5。

表 13－5　基于词向量和字向量的实验结果

模型	语义表示技术	Rouge－L	Bleu
QANet	词向量＋字向量	87.39	74.68
R－Net	词向量＋字向量	86.73	74.05

在使用了词向量和字向量表示语义特征后，准确率都有了较大的提升。QANet 的 Rouge－L 值较 R－Net 而言还是高出了 0.66。这说明词向量和字向量的组合比单

一的词向量更有效果。

分别利用 ELMo 技术和 Pos – Tag 技术对词向量进行优化，得到的实验结果见表 13 – 6。

表 13 – 6 基于组合优化的词向量的实验结果

模型	语义表示技术	Rouge – L	Bleu
QANet	词向量 + 字向量 + ELMo	90. 22	76. 80
R – Net	词向量 + 字向量 + ELMo	89. 18	75. 74
QANet	词向量 + 字向量 + Pos – Tag	90. 12	76. 63
R – Net	词向量 + 字向量 + Pos – Tag	88. 86	75. 36

由表 13 – 6 可知，ELMo 技术和 Pos – Tag 技术对模型的效果都有一定的提升，其中结合 ELMo 技术的 QANet 模型和结合 Pos – Tag 技术的 QANet 模型的 Rouge – L 值较高，并且 Bleu 值也较其他组合高。其次是结合 ELMo 技术的 R – Net 模型，Rouge – L 值达到了 89. 18。这说明 ELMo 技术和 Pos – Tag 技术对词向量均有一定的提升。

2. 错例分析

对错误的实验结果进行错例分析，发现主要有回答不完全、回答冗余、缺少编号等错误。

（1）回答不完全

例如问题为“十四所研制的机载预警雷达是什么?”

标准答案为“新型预警机的核心设备，负责收集各类空情，包括低空和巡航导弹目标，能够极大地提升我方战斗机的战斗效率”，而模型输出答案只有“新型预警机的核心设备”这一部分。

（2）回答冗余

例如问题为“中央军委副主席范长龙访问美国都有谁随访?”

标准答案为“副总参谋长孙建国、总政治部副主任吴昌德、北京军区司令员宋普选等”，而模型输出答案为“范长龙此访主要随行人员有副总参谋长孙建国、总政治部副主任吴昌德、北京军区司令员宋普选等”。

（3）缺少编号

例如问题为“对美国空军空间司令部指挥官而言，具有优先权的事务包括什么?”

标准答案为“1. 战略威慑 2. 确保太空领域安全 3. 重新分配较少的预算”，而模型输出答案为“战略威慑、确保太空领域安全，以及重新分配较少的预算”。

13. 4. 4 结果后处理

对模型输出的答案进行错例分析后，发现针对数值型问题，模型生成的答案有时会没有量词单位。

例如：

问题：截至 11:39 已经收了多少名住院病人?

答案：83。

正确答案：83 名。

针对这一情况，后处理策略如下：

首先通过统计分析出这一类问题中往往包含“多少”“几”“哪一”“哪”这些关键词，提取出问题中出现在这些关键词之后的量词单位。对于包含“多少”等关键词的问题，如果答案为纯数字，则将关键词之后出现的量词单位添加到答案之中。

13.4.5　实验小结

可以看到基于自注意力机制与卷积神经网络的机器阅读理解模型（QANet）的效果较基于双向注意力机制的机器阅读理解模型（BIDAF）和基于双向长短期记忆网络的机器阅读理解模型（R-Net）的效果好。词向量在语义特征提取方面较字向量优秀，ELMo 技术和 Pos-Tag 技术对词向量均有较好的提升效果。最好的单模型为结合 ELMo 技术的 QANet 模型。

13.5　本章小结

介绍了三种不同的模型，并对模型的结果进行了对比。三种模型中，基于自注意力机制与卷积神经网络的机器阅读理解模型和基于双向长短期记忆网络的机器阅读理解模型的效果较好，因此将基于自注意力机制与卷积神经网络的机器阅读理解模型与基于上下文的动态词向量和基于词性标签的词向量结合，不但获得了更好的效果，而且为下一章的集成学习准备更好的基学习器。

第 14 章 基于集成学习的机器阅读理解技术研究

集成学习是将多个单学习器组合在一起，使它们共同完成任务，使得学习效果和单个学习器相比有较大的提升。

集成学习示意图如图 14－1 所示。

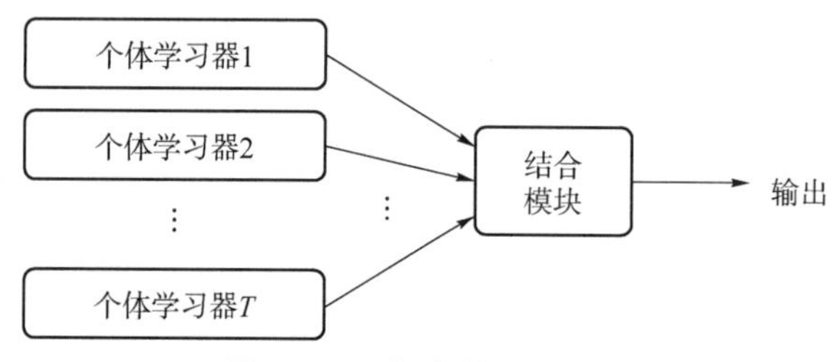

图 14－1　集成学习示意图

将 T 个个体学习器的结果综合，通过结合模块得到一个最终的集成学习器，若想该集成学习器在准确率上比之前的个体学习器有所提升，需要个体学习器有一个特点——“好而不同”，如图 14－2 所示。

(a)

	测试例1	测试例2	测试例3
h_1	√	√	×
h_2	×	×	√
h_3	√	√	√
集成	√	√	√

(b)

	测试例1	测试例2	测试例3
h_1	√	√	×
h_2	√	√	×
h_3	√	√	×
集成	√	√	√

(c)

	测试例1	测试例2	测试例3
h_1	√	×	×
h_2	×	√	×
h_3	×	×	√
集成	×	×	√

图 14－2　集成学习“好而不同”示意图

（a）集成提升性能；（b）集成不起作用；（c）集成起负作用

以简单的投票法为例，在图 14－2（a）所示情况时，通过集成学习提升了个体学习器的效果；在图 14－2（b）所示情况时，集成学习没有提升效果，但也没有使效果下降；在图 14－2（c）所示情况时，集成学习反而起到了负作用。

上例说明，要想获得好的集成效果，个体学习器应该“好而不同”，即每个学习器首先要有一定的准确性，其次要有一定的差异性。

但准确性和差异性其实是矛盾的，因为个体学习器是为了实现同一个目标、解决同一个问题而训练出来的，学习器之间显然不会相互独立，一般来说，准确性很高以后，要增加各个学习器的差异性，就只能牺牲准确性，而如何产生并结合“好而不同”的学习器，是集成学习的核心内容。

14.1　基于集成学习的机器阅读理解模型

集成学习一般采取提升、装袋等方法对单模型进行集成学习。

14.1.1　提升

提升（Boosting）的具体流程如图 14－3 所示。

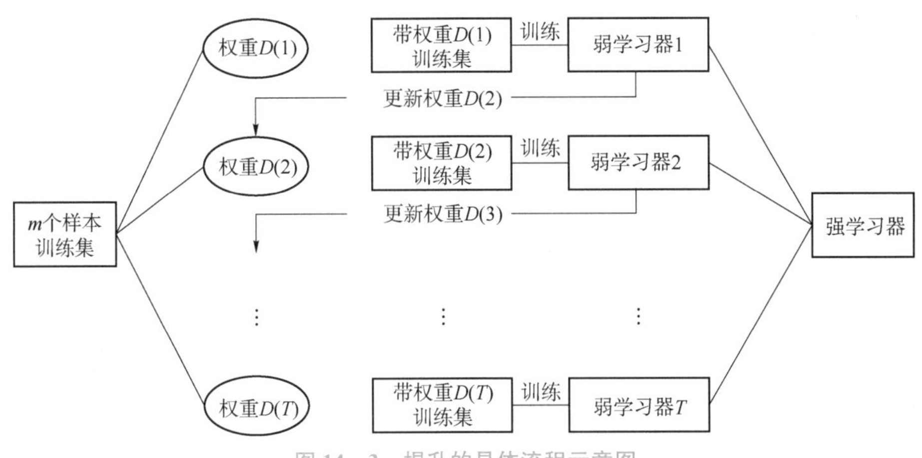

图 14－3　提升的具体流程示意图

由图 14－3 可见，提升先从一个基础学习器开始，按次序进行训练，其中每次训练完毕后，训练集会按照某种策略进行一定的改变。每次改变后，提高上一次训练中错误数据的权值。训练完毕后，当遇到一个新样本时，对所有学习器的结果进行线性或其他方式的处理，得到最终的结果。

提升通过每次迭代后改变训练集的权重，使得训练集在每次训练时起到不同的作用，从而使每个学习器所针对的地方有所不同，因此，在保证准确性的同时，又提供了一定的差异性，使得最终的学习结果获得提升。

14.1.2　装袋

装袋（Bagging）的具体流程如图 14－4 所示。

装袋在 m 个样本中采用有放回的方式（即对于 m 个样本的原始训练集，每次先随机采集一个样本放入采样集，接着把该样本放回，然后重复此步骤）随机采样 m 次，因此每次采样中大约会抽取样本中的$\frac{1}{e}\approx 63.2\%$作为样本，而剩下的作为评估该次学习的测试集，因为是随机采样，所以每次的样本都是不同的，因此可以训练出 T 个不同的学习器，通过一定的组合策略得到最终的学习器。

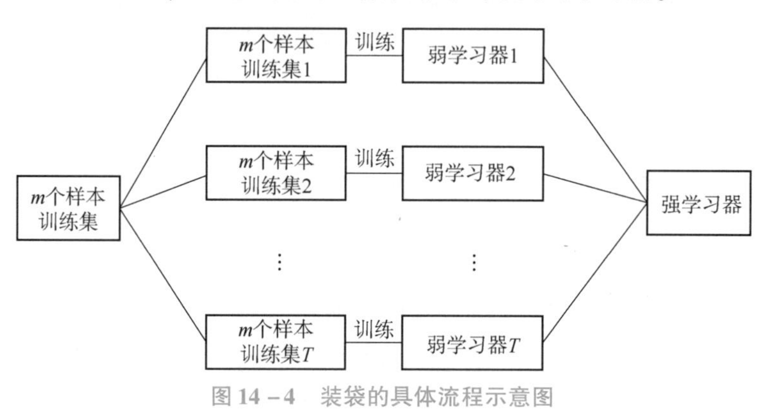

图 14－4 装袋的具体流程示意图

14.1.3 组合策略

在训练得到 T 个学习器以后，需要对着 T 个学习器的结果进行组合得到最终的结果。常用的组合策略有两种，分别为平均法和投票法。

1. 平均法

对于数值类的回归问题，通常使用平均法作为组合策略。也就是说，对 T 个学习器的结果进行平均即为最终的预测结果。

最简单的就是对 T 个学习器结果求算术平均，最终预测的结果见式（14－1）。

$$H(x) = \frac{1}{T}\sum_{i=1}^{T} h_i(x) \tag{14-1}$$

在实际中，每个学习器的效果不同，因此可能需要分配不同的权值 ω，此时的最终预测见式（14－2）。

$$H(x) = \sum_{i=1}^{T} \omega_i h_i(x) \tag{14-2}$$

式中，ω_i 为每个分类器的权重，为方便计算和理解，通常有 $\omega_i \geqslant 0, \sum_{i=1}^{T}\omega_i = 1$。

2. 投票法

对于分类问题，通常使用投票法作为组合策略。

最简单的投票法是相对多数投票法，也就是说，在 T 个预测中，数量最多的类别 C 就是最终的预测类别。

通常会对分类的质量有所要求，因此采用绝对多数投票法，获得的票数在半数以上时，才认为最终类别为 C，否则拒绝预测。

在实际中，每个学习器的效果不同，因此可能需要分配不同的权值 ω。和加权平均法类似，每个学习器的投票需要乘以权值，最后将各个类别的投票结果统计，票数最大所对应的类别即为最终的分类类别。

14.2　实验结果与分析

14.2.1　实验设置

由第 13 章可得，QANet 模型和 R－Net 模型效果较好，因此将这两种模型和三种语义表示方式结合作为基模型进行集成学习。QANet 和 R－Net 的训练参数见表 14－1。

表 14－1　QANet 和 R－Net 的训练参数说明

参数名称	说明	参数值
glove_dim	词向量维度	300
char_dim	字向量维度	64
para_limit	篇章长度（以词为单位）	400
ques_limit	问题长度（以词为单位）	50
ans_limit	答案长度（以词为单位）	75
test_para_limit	测试篇章长度	1 000
test_ques_limit	测试问题长度	100
batch_size	训练批次大小	32
num_steps	训练步长	140 000
checkpoint	检查点	2 000

采用投票法对这六种模型的结果进行组合，每种模型输出的答案乘以该模型的权重即为该答案的得分，若有多个模型的答案相同，则权重相加，最终权重高的答案即为最终的答案。

14.2.2　实验与结果与分析

实验结果见表 14－2。

表 14 -2　集成模型的实验结果

模型权值	Rouge - L	Bleu
(1.0,1.0,0.67,0.65,0.55,0.50)	91.23	86.08
(1.0,1.0,0.65,0.67,0.55,0.50)	91.23	86.15
(1.0,0.99,0.67,0.65,0.55,0.50)	91.24	86.13
(0.99,1.0,0.67,0.65,0.55,0.50)	91.24	86.13
(1.0,0.99,0.65,0.67,0.0,0.50)	91.03	85.78
(1.0,0.99,0.65,0.67,0.55,0.0)	91.05	85.79
(0.67,0.65,1.0,1.0,0.55,0.50)	91.01	85.67
(0.55,0.50,0.65,0.67,1.0,1.0)	90.67	85.03

表 14 -2 的第一列中，前两个权值为结合 ELMo 技术的 QANet 模型和结合Pos - Tag 技术的 QANet 模型的权值，之后两个分别为结合 ELMo 技术的 R - Net 模型和结合 Pos - Tag 技术的 R - Net 模型的权值，最后两个权值分别为基于词向量和字向量的 QANet 模型与基于词向量和字向量的 R - Net 模型。

从表中可以看到，当给予效果一般的模型较高权重时，集成模型的效果较差，较好的结果值出现在给予效果较好的模型较高权重时，而当用五个模型集成时，效果也较差。效果最好时，模型权值分配大致以模型效果排序为准（即效果越好的模型权重越高）。

14.3　本章小结

介绍了提升、装袋两种集成学习方法，并对集成学习中的组合策略进行了介绍，最终使用装袋的方式对模型进行进一步的提升，在原准确率上有了一定的提升。

第15章 融合相互影响力的转发行为预测

当今，网络信息可以通过用户之间的关系和互动在社交平台上快速传播。用户之间形成的社交关系为信息传播提供了底层网络结构基础，而用户之间的互动行为则为信息传播起到了推波助澜的效果。例如，新浪微博平台提供的关注功能，使用户之间可由关注关系构成复杂的网络结构，当网络中用户产生信息时，其他感兴趣用户则可以通过转发、回复和评论等行为推动信息的传播，最终使得信息在短时间内快速扩散，从而造成极大影响和关注。可以看出，在上述社交行为中，转发行为是促使信息爆炸式传播的最直接原因。用户在社交平台中发布编辑的信息，其粉丝由于兴趣等因素采取转发功能将信息呈现在自己的主页上，粉丝的粉丝又可以对该条信息进行再次转发，使信息无限制地快速传播，实现信息在大范围内快速扩散，迅速形成舆论焦点。正因如此，转发行为能够直接导致信息的大肆传播的优势在其他领域也被广泛利用。所以，研究社交网络中用户的转发行为不仅有利于更好地理解网络中信息传播规律，还对舆情监控、热点话题检测、商业营销等具有重要的现实意义。由于越来越多应用依赖于转发行为预测技术，相关学者在揭示信息传播底层复杂机制的同时，还从不同角度对用户转发行为进行了建模，包括利用社交特征、文本特征、历史信息等方法。这些方法存在的问题是只考虑用户或内容等特征，并没有考虑用户之间以及内容之间的相互影响。但是非常明显的是社交网络中用户转发行为会受到其他用户影响力和信息内容的共同作用。为此，基于前文分析，阐述了一种新的基于用户行为时序模式的时间敏感相互影响力度量方法，并利用该影响力对用户转发行为进行预测。为了能有效提高转发行为预测的准确性，还引入了用户兴趣和信息内容质量两个特征，并针对这两个特征分别设计了计算方法，将其用于转发行为的预测之中。接下来将时间敏感相互影响力、用户兴趣以及信息内容质量这三个特征融入一个统一的模型，并评估了该模型在转发行为预测中的有效性。最后，通过在一个真实的大规模微博数据集中进行大量实验，证实了所提方法与其他几种方法相比，在保证计算效率的同时，可以获得更好的预测性能。为了区分不同特征的作用，实验结果还展示了不同特征组合对转发行为预测性能的影响。

15.1 研究动机

现代社会，社交网络服务在人们的日常生活中发挥了至关重要的作用，改变了人们在真实世界中社交和沟通的方式。例如，通过社交网络平台提供的相关功能，人们可以随时随地分享态度、观点和经验，或与他人建立朋友关系。由于互联网或智能设备的在线互联功能，基于人与人之间的社交关系和互动行为，信息可以在社交网络上迅速大范围传播。在社交网络用户的交互过程中，微博系统提供的转发功能可以使用户方便地转发或重发其他用户的博文信息。利用这个功能，用户能够快速与其粉丝分享他们认为有价值而且重要的博文，导致信息在不同社区中快速扩散。由于用户还可以通过移动终端共享或消费信息，相比于任何其他传染性手段，此时信息扩散得更加迅捷。转发行为是社交网络中信息得以传播的重要前提，也被认为是社交媒体中信息病毒式传播最本质的因素，因此，针对社交网络中用户转发行为建模的研究在过去几年得到了学术界和工业界的广泛关注。

研究社交网络中用户的转发行为，无论是预测特定信息被转发的可能性还是需要找出决定信息转发的影响因子，在不同的社交网络平台中都具有重要应用价值，如社交投资、微博检索和事件流行度预测等。针对用户转发行为的研究，已有方法主要从网络结构、用户属性和信息内容等角度出发，在用户之间社交关系构成的复杂网络中分析信息传播的特点，或者通过找出影响用户转发选择的因素，以此构造转发预测模型。例如，王永庆等人研究用户的转发行为选择时，通过将用户转发和不转发行为指定为两种不同的状态，在以转发关系构建的网络结构中预测用户转发行为选择的概率。Boyd 等人对收集到的不同转发信息进行了定性分析，总结了 Twitter 中用户转发行为的触发因素。Guan 等人通过新浪微博流行事件分析用户行为时，发现嵌入照片或被认证用户发布的博文更容易被转发，用户性别对转发行为的影响不明显。Zaman 等人认为影响力对用户的转发行为具有直接影响，同时发现用户活跃度、粉丝量都能影响博文的转发量。Feng 等人从历史转发行为中揭示用户对博文的个人偏好，在一个由用户、发布者和信息三类节点组成的图结构中模拟转发行为，提出了一种特征感知的因式分解模型来对博文进行重排序，从而预测用户的转发行为。Luo 等人提出了一种基于自回归滑动平均模型来预测转发行为，该模型将每个原创博文的转发行为当作时间序列，相应的值就是转发的次数或可能被浏览的次数。上述方法在研究用户转发行为问题时，有些方法需要用户之间社交关系构成的网络结构，而现实中往往难以还原完整的网络结构，影响方法的准确性；还有些方法在构造转发行为预测模型时，只考虑信息发布者的固有属性或信息内容等特征，而被预测用户的个人行为特征和兴趣与转发行为的选择有必然联系。因此，由前几章的分析可知，社交影响力对用户行为存在影响，以用户和信息为中心，从微观角度研究转发行为的影响机制。具体来说，针对特定信息，主要通过建模用户之间与时间相关的相互影响力来预测用户的转发行为。

其实研究人员早就认为用户交互行为和信息传播都是由社交影响力驱动的，这是一种直观且被广泛接受的说法，也是社交网络区别于其他网络的现象。作为社交影响力的重要内容，相互影响力是指社交网络中用户对其他用户施加的影响。现有的相互影响力定量计算的研究主要基于社交网络结构、用户交互行为和信息内容。目前比较流行的方法是构建产生式概率模型，通过最大化观测数据的似然函数来推断用户之间相互影响力的大小。Zhang 等人在 ego 网络中研究了好友影响用户转发行为的机制，提出了局部影响力概念并实例化基于边对影响力和结构多样性的函数，用于预测用户的转发行为。虽然这些模型能有效地度量相互影响力，但是用户估计参数的算法非常耗时。此外，由于用户之间随时间的动态链接与社交平台的限制，使得研究人员无法随时获取网络结构的有效快照，因此很难在现实环境中应用这些相互影响力计算方法。

社交平台提供了各种用户交互模式，这些模式蕴含了相互影响力的痕迹，并发现了社交网络中用户发布或转发信息的行为模式。以转发行为的时序模式为主要因素来定量计算用户时间敏感相互影响力，因为这是传播信息的最直接方式，也是表征相互影响力的社交行为。所以，本章分析了用户对于特定信息的转发行为选择，并重点关注了社交网络中用户之间相互影响力是如何影响其转发行为的。相互影响力可以直接用于预测用户转发行为，而转发通常被认为是社交网络中信息传播的主要渠道。为了更有效地预测转发行为，除了相互影响力外，还考虑了其他因素，包括用户兴趣和信息内容。用户兴趣可以促使转发行为的选择，而信息内容是吸引用户采取转发行为的主要原因。因此，利用统一模型融合上述特征用于预测转发行为，提供了一种量化的方式来了解在社交网络中信息传播过程中相互影响力、用户兴趣和信息内容与转发行为的关系。

15.2 相关定义

在本节中，首先给出一些基本定义，并在表 15 - 1 中总结了本章中将会使用到的重要数学符号及定义，然后再形式化描述需要研究的问题。

表 15 - 1　数学符号及描述

符号	描　述
V	网络中用户集合
E	网络中边的集合
u，v	任意用户
e_{uv}	从用户 u 到 v 的有向边

续表

符号	描　　述
m	一条信息或微博
t_m	发布信息 m 的时间
$\mathrm{TMI}(v \mid u, t_m)$	从用户 u 到 v 的相互影响力
P_u	用户 u 发布信息的概率密度函数
R_u	用户 u 转发信息的时延概率密度函数
T_u	用户 u 的话题概率分布
$\mathrm{IC}(v \mid m)$	信息 m 对用户 v 的兴趣覆盖度
$\mathrm{MQ}(m \mid u)$	信息 m 的质量

表 15－1 中的符号P_u和R_u用于表征用户在社交网络中的行为时序模式。P_u反映用户在某个时间段在线的可能性，而R_u则反映用户在给定的时间窗口内转发消息的可能性。因此，前者描述了产生主动行为的时序模式，后者描述了对信息的被动反应时序模式。

定义 15.1（传播网络）：社交网络可以被建模为一个图 $G=(V,E)$，其中，V 是一组节点，而 $E\subseteq V\times V$ 是一组有向边，表示用户之间的转发关系。

一个节点 $u\in V$ 代表一个用户，并且如果 v 曾经转发过由 u 发布的原创微博，则存在有向边 $e_{uv}=(u,v)\in E$。在其他研究中，网络中的边表示两个用户之间的关注关系或好友关系，可以直接用于预测转发行为。但是，由于动态的关注链接和社交平台限制，由这些关系构成的完整网络结构难以捕捉。相反，使用转发关系来进行研究，不仅可以避免获取社交网络底层结构的需求，还能使阐述方法获得比较好的性能。图 15－1 是传播网络构建示意图，图 15－1（a）是两条信息的传播路径，图 15－1（b）是聚合而成的传播网络。

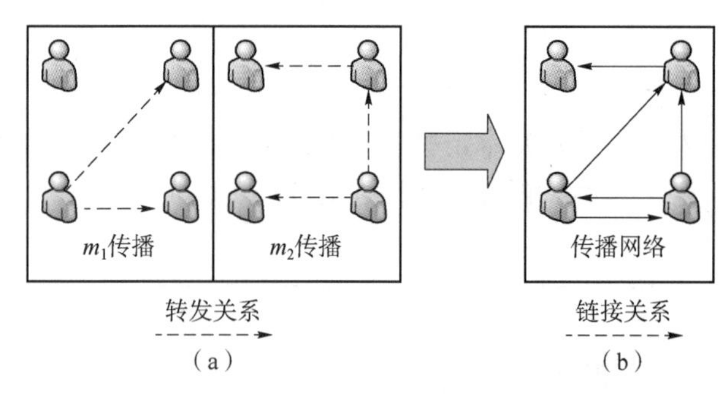

图 15－1　传播网络构建示意图

定义 15.2（转发层级）：在信息转发过程中，转发层级标注用户在转发关系中所处的位置，用 L 表示。$L=0$，说明该用户是原创消息的发布者；$L=1$，说明是直接转发用户；$L=2$，说明经过 2 跳，信息从发布者经过直接转发者传播到该用户。L 的数字大小代表了信息从发布者经过多少跳扩散到传播者。

从上面的定义可知，在每条信息成百上千的转发关系中，当 $L=0$ 时，只有一个用户，就是创造该信息的用户。

定义 15.3（时间敏感的相互影响力）：针对用户 u 在 t_m 时刻发布的信息 m，使用 $\mathrm{TMI}(v \mid u, t_m) \in \mathbb{R}$ 来表示时间敏感的相互影响力，即对于特定时间 t_m，用户 u 对 v 的影响强度。

显然，时间敏感的相互影响力是不对称的，$\mathrm{TMI}(v \mid u, t_m) \neq \mathrm{TMI}(u \mid v, t_m)$。这个定义反映了当考虑具体的信息时，用户之间的影响力不再是一个固定值，而是更符合实际应用。它可以帮助捕捉用户之间相互影响的动态变化，并预测用户转发行为。

为了预测用户转发行为，还考虑了用户兴趣和信息内容这两个特征。

定义 15.4（兴趣覆盖度）：对于特定信息 m，令 $\mathrm{IC}(m \mid u) \in \mathbb{R}$，代表信息 m 承载的话题与用户 u 的感兴趣话题的重合程度。

显然，$\mathrm{IC}(m \mid u) \neq \mathrm{IC}(u \mid m)$，兴趣覆盖度可以反映用户和信息之间话题的重叠现象。用户更喜欢与那些彼此拥有共同兴趣的人互动，也喜欢转发他们发布的信息，正所谓“物以类聚，人以群分”。另外，下面给出了信息质量的定义。

定义 15.5（信息质量）：对于由用户 u 发布的信息 m，设 $\mathrm{MQ}(m \mid u)$ 为信息的质量，其从多个维度表征信息的内容。

信息的内容是吸引用户传播它的直接且至关重要的因素。热门话题相关信息通常更容易引起大规模的信息传播。

基于上述定义，研究问题可以被形式化描述如下。给定时间 t_m，u 发布原创消息 m。对于用户 v，研究的目的是推导：如何量化从 u 到 v 关于消息 m 的时间敏感的相互影响力 $\mathrm{TMI}(v \mid u, t_m)$，如何将 $\mathrm{TMI}(v \mid u, t_m)$ 与其他两个特征结合构成一个统一的模型，即兴趣覆盖度 $\mathrm{IC}(m \mid u)$ 和 $\mathrm{MQ}(m \mid u)$，用于预测 v 在浏览信息 m 之后的转发行为。第一个子问题旨在探索一个可计算的模型来计算时间敏感的相互影响力，并基于以下假设：用户发布和转发信息的行为模式之间存在相关性，由第 3 章分析可知该假设成立。然而，除了相互影响力，其他因素也可能触发转发行为的发生，特别是兴趣覆盖度和信息质量，这也是需要解决的第二个问题。

15.3　方法描述

本节将详细阐述针对特定信息预测用户转发行为的方法，其核心是以时间敏感的相互影响力为基础，融合用户兴趣覆盖度和信息质量构建转发行为预测模型。在相互影响力计算方面，与现有模型不同，根据用户行为模式提出了面向转发行为预测的时间敏感相互影响力度量方法，也就是基于用户历史交互的时间数据来测量时间敏感的相互影响力。这种度量方式适用于各种存在或不存在显式网络结构的应用场景，并且在实践中具有良好性能。更重要的是，将时间敏感的相互影响力与其他特征组合共同训练一个分类器，以提高预测用户是否转发特定消息的性能。该分类器不仅可以验证所提出的时间敏感相互影响力模型的有效性，还可以准确预测用户转发行为。

图 15 – 2 展示了基于时间敏感相互影响力的用户转发行为预测方法的整体流程框架。该方法首先需要基于社交网络中用户相关的历史数据，学习得到一个关于三个特征的逻辑回归分类器，然后针对特定信息，采用定量的方式计算时间敏感相互影响力、兴趣覆盖度和信息质量这三个特征，最后通过分类器预测用户转发信息的概率。其中，在衡量特征变量时，需要构造相应的计算公式。时间敏感的相互影响力主要依赖预测用户的行为时序模式，构造了一个离散化的计算方法。信息质量是基于统计方法构造了一个表征其内容的向量模型。兴趣覆盖度是根据用户发布的历史信息挖掘其话题分布，与待转发信息的话题分布构造一个相似度计算方法。上述计算方法的具体形式如下所述。

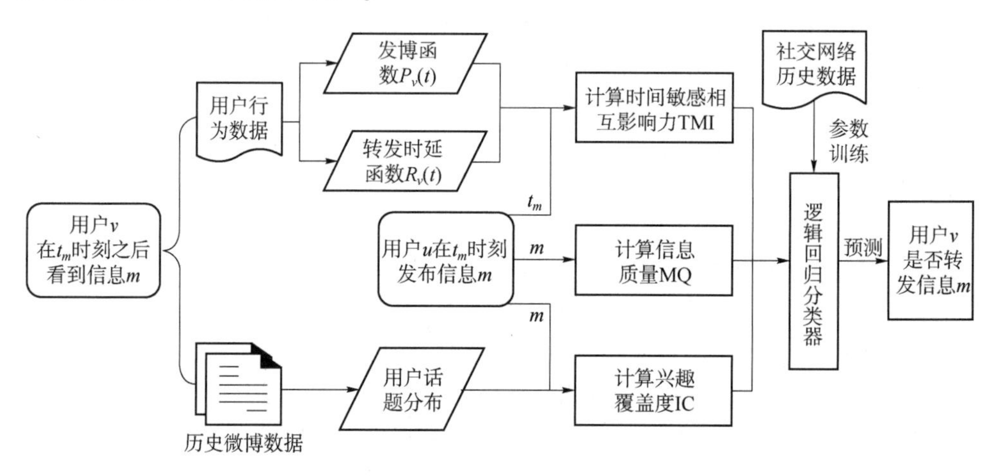

图 15 – 2　用户转发行为预测方法的整体流程框架

15.3.1　数据特征分析

用于实验分析和模型构建的数据集来自新浪微博，它是中国最大也是最为流行的微博服务平台。截至 2014 年 9 月底，新浪微博的月活跃用户数已超过 1.6 亿。与 Twitter 类似，新浪微博为用户提供一些基本的社交功能来生成或消费信息。例如，通过关注行为，用户可以在未经允许的情况下关注另一个用户，并在他们之间建立一种有向的关注关系，而相互关注可以形成双向的好友关系。关注用户叫 follower 或粉丝，而被关注用户叫 followee。当用户发布或转发一条信息时，其所有关注者都能看到该条信息。在新浪微博中，信息也被称为微博或博文。不只是关注行为，类似的转发或评论行为都可促使用户之间产生互动，从而构建多样的社交关系。但是，新浪微博出于隐私保护，系统规定用户只能自由访问其他用户相关的少量的关系列表，导致难以获得用户之间完整的关注关系网络结构。

本节共爬取了从 2014 年 8 月 1 日到 2014 年 9 月 30 日这两个月期间用户产生的微博数据和用户资料来分析用户的转发行为。为了对用户行为进行全面而有说服力的分析，爬取的数据与真实世界产生的数据尽可能一致。删除一些无用或不完整的数据条目，最终得到一个包含 2 164 018 274 篇微博和 54 828 504 位用户资料的大规模数据集。表 15 – 2 列出了数据集详细的统计特征。在新浪微博中，用户发布微博有可能是通过转发或评论后再转发实现的，将不区分这两种行为，都认为是转发微博行为。

表 15 – 2　数据集统计

数据集	新浪微博	数据集	新浪微博
微博数	2 164 018 274	原创微博比例/%	23.4
用户数	54 828 504	转发微博	1 658 186 514
原创微博数	505 831 760	原创微博平均转发数	2.9
原创微博用户数	37 477 721		

上述数据集包含了两种类型的数据，每种数据的格式如下：

①微博数据。针对一条微博，应该获取八个字段的相应信息，包括 ID、时间戳、用户 ID、转发次数、文本内容、原创微博 ID、原创微博内容和原创微博用户 ID。

②用户资料。对于新浪微博中的注册用户，根据需要爬取了他们的个人资料，即四个特定的属性，分别是用户 ID、粉丝数量、关注数和认证状态。

然而，数据集中的每条微博可能是原创或转发的信息，需要根据字段进行标识。如果是原创微博，则微博数据的最后三个字段都为空。在分析数据的过程中，对新浪微博用户数据进行了匿名化处理。针对用户资料等公开信息，可以通过微博开放 API 接口进行爬取。最后，由于数据集规模较大，建立了一个 Hadoop 集群存储爬取的数据，方便后续分析。

首先需要对数据集进行统计分析，验证其有效性。下面将介绍上述数据集呈现的一些宏观特征，与已有文献中的结论是一致的。所有得到的结果都以对数标度显示在图 15 – 3 和图 15 – 4 中。图 15 – 3 分别显示了关注者和粉丝的分布情况。从图 15 – 3 (a)可以看出，用户关注者人数分布到达 100 之前大致遵循均匀分布，除了 2 000 以上的数据点外，随后数据符合指数为 2. 02 的幂律分布。造成这种情况的原因是当关注人数达到 2 000 后，系统规定用户需要被授权才可以关注更多的用户，并且最多不能超过 3 000。如图 15 – 3 (b) 所示，用户粉丝人数分布满足指数为 2. 06 的长尾理论，表明一小部分用户吸引了整个网络中相当大量的关注度。

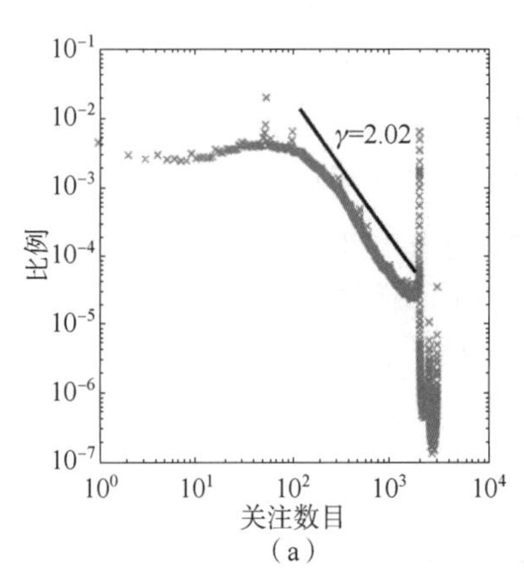

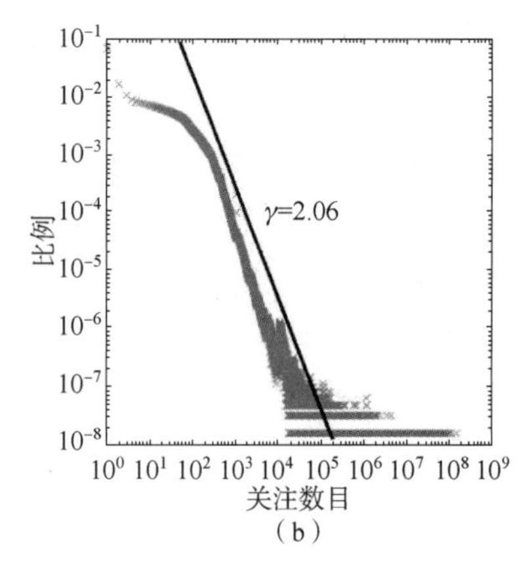

图 15－3　用户的关注者和粉丝分布

（a）关注者分布；（b）粉丝分布

图 15－4（a）显示了用户发布原创微博的数量分布，而图 15－4（b）显示了每条原创微博被其他用户转发次数的分布。两个分布均能看成指数分别为 2.19 和 2.08 的幂律分布，说明少数用户在网络中产生大量信息，只有少数微博能够得到广泛传播。例如，只有 8.5% 的原创微博存在转发，其中 0.05% 的原创微博会被转发 1 000 多次。同时，在图 15－4（c）中展示了微博的转发层级分布。转发层级也可以看成是信息级联中路径的长度。从图中了解到，不足 9% 的原创微博可以触发 3 层以上的信息级联。绝大多数用户都是直接转发他人的原创微博，比例高达 73% 以上。所以，只考虑用户之间的一级互动行为，即预测用户是否直接转发原创微博，针对某条微博的间接转发行为预测不在讨论的范围之中。

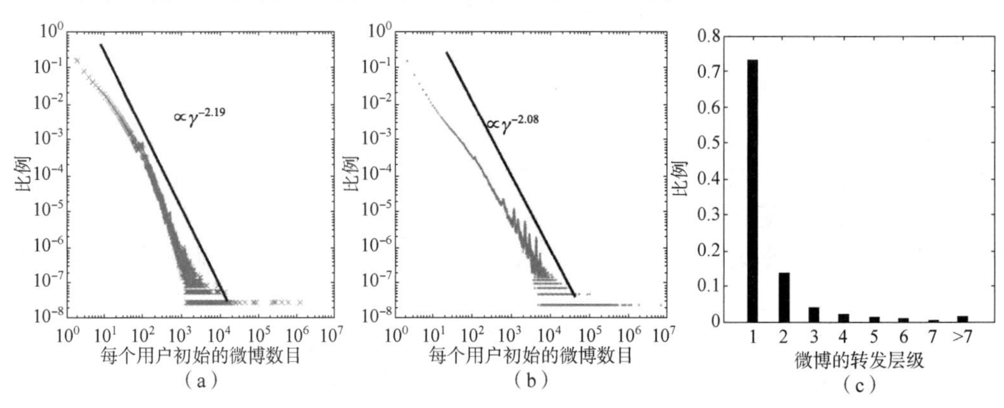

图 15－4　原创微博相关数据分析

（a）用户发布数分布；（b）转发数分布；（c）转发层级分布

图 15－5 阐述了用户发博或转发行为的周期性以及相关性。在此基础之上，提出了用于预测用户转发行为的时间敏感的相互影响力计算方法，同时，也为基于行

为模式分析用户转发行为提供了一个切入点。

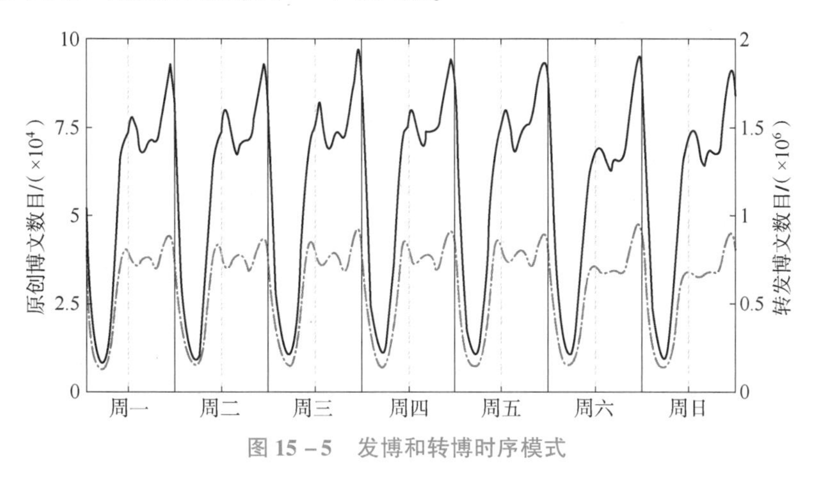

图 15-5　发博和转博时序模式

15.3.2　时间敏感相互影响力

针对数据集的统计分析表明，时间敏感的相互影响力本质上是动态的，应该被看作用户在某段时间内施加在另一个用户上的累积效应。它可以通过分析图 15-5 中用户行为的时序模式来定量计算。消息发布时间和其他用户转发它的时间之间通常存在固有延迟。这种延迟可用于计算时间敏感的相互影响力。基于这些观察，参考式（15-1），本节主要依赖用户行为时序模式之间的相关性来设计一种新的相互影响力计算方法。更准确地说，当用户 u 发布信息 m 时，对 v 的时间敏感相互影响力可以被计算为

$$\mathrm{TMI}(v \mid u, t_m) = \int P_v(t_m + \tau) \cdot R_v(\tau)\,\mathrm{d}\tau \tag{15-1}$$

显然，在不知道社交网络关系结构的前提下，数以亿计用户的行为时序模式可能是如下情况：两个用户之间的社交行为时序模式关联性很高，但他们之间从未发生过与信息有关的互动。为了克服这种情况带来的计算误差，在缺少用户关注关系网络数据时，对式（15-1）进行了如下改进：

$$\mathrm{TMI}(v \mid u, t_m) = \exp\left(\frac{1 + 2 \cdot w_{uv}}{\sum\limits_{z \in \mathrm{NB}_{\mathrm{out}}(u)} w_{uz} + \sum\limits_{z \in \mathrm{NB}_{\mathrm{in}}(v)} w_{zv}}\right) \cdot \int P_v(t_m + \tau) \cdot R_v(\tau)\,\mathrm{d}\tau \tag{15-2}$$

式中，$\mathrm{NB}_{\mathrm{out}}(u) = \{v \mid (u,v) \in E\}$，表示在传播网络中节点 u 的出度邻居用户集合，而此时$\mathrm{NB}_{\mathrm{in}}(u) = \{v \mid (v,u) \in E\}$，就表示在传播网络中节点 u 的入度邻居用户集合。在研究中，$\mathrm{NB}_{\mathrm{out}}(u)$ 表示曾经转发了用户 u 的原创微博的用户集合，$\mathrm{NB}_{\mathrm{in}}(u)$ 表示已经被 u 转发过微博的用户集合。为不失一般性，传播网络中每条边e_{uv}关联一个权重系数w_{uv}，用于表示用户 v 转发 u 的原创微博的数量。

作为式（15－2）的核心部分，第二项因子有以下直观解释：如果用户 u 对 v 的影响较大，那么 v 已经多次转发了 u 的消息。这将导致两个用户的时序行为模式更加一致，进一步表现出更强的相关性。它可以被看成当用户 v 阅读消息之后，他转发微博的期望。第一项是增强因子，表征基于历史数据，用户阅读另一用户消息的概率。该项有效扩展了式（15－1）的使用场景，不仅能在缺少用户关系结构网络中提高转发行为预测的准确度，还能在已知网络结构中防止过拟合现象：如果历史数据中用户之间不存在交互，那么在未来他们之间也不可能存在交互。这显然与研究问题相矛盾，因为转发行为预测就是针对用户之间在将来不确定的交互行为进行判定。总之，上述设计的时间敏感相互影响力计算方法是为了预测用户对特定信息的转发行为而定制的，后面将对此进行详细阐述。

此处最关键的目标是需要针对式（15－2）构造一种可行、有效的计算方式。这里也采用离散化的方法来解决这个问题。图 15－6 统计了上述数据集中的原创微博的转发时延概率分布。如图 15－6（a）所示，超过 75% 的转发行为发生在前 24 h，然后在一天之后呈指数衰减。所以只预测用户在看到信息之后的 24 h 内的转发行为，意味着没有人会在信息发布一天以后还会转发此消息。这个假设虽然不符合实际情形，但足以证明方法的有效性。如果需要考虑更长时间内的转发情况，只需在下述离散化的过程中更改相应参数。图 15－6（b）显示，转发行为也随时间呈指数衰减趋势。通过将时间 t 划分为离散的时间区间t_i来简化$R_v(t)$ 的计算。具体来说，使用 30 min 作为时间间隔，因此一天有 48 个区间。显然，这种离散化方法适用于任何时间间隔和任何时间窗口。$P_v(t)$ 的计算也可以使用与$R_v(t)$ 相同的离散化方法，都是简化成周期为一天的计算方式。最后，式（15－2）的积分项可以表示为

$$\int P_v(t_m+\tau)\cdot R_v(\tau)\mathrm{d}\tau = \sum_{t_i} P_v(\delta(t_i,t_{m,j}))\cdot R_v(t_i) \tag{15-3}$$

式中，$\delta(\cdot)$ 表示模运算；$t_{m,j}$是由t_m离散化得到的时间区间；$\delta(t_i,t_{m,j})=(i+j^m)\bmod 48$。此时时间敏感的相互影响力的计算方法如下：

$$\mathrm{TMI}(v\mid u,t_m) = \exp\left(\frac{1+2\cdot w_{uv}}{\sum\limits_{z\in \mathrm{NB}_{\mathrm{out}}(u)} w_{uz}+\sum\limits_{z\in \mathrm{NB}_{\mathrm{in}}(v)} w_{zv}}\right)\cdot \sum_{t_i} P_v(\delta(t_i,t_{m,j}))\,R_v(t_i) \tag{15-4}$$

综上所述，$\mathrm{TMI}(v\mid u,t_m)$ 值越大，说明用户在一天之内转发该信息的可能性越高。为了防止数据稀疏性的影响，将会从多个时间周期聚合用户行为。例如，用户每天从 00:00 到 00:30 执行的社交行为都会被指定到第一个时间区间t_1。

15.3.3 兴趣覆盖度

随着信息在社交网络中传播，网络中存在各种各样的话题。显然，人们都有自己的兴趣爱好，并且在现实生活中会对多个话题感兴趣。用户更愿意将有限的精力

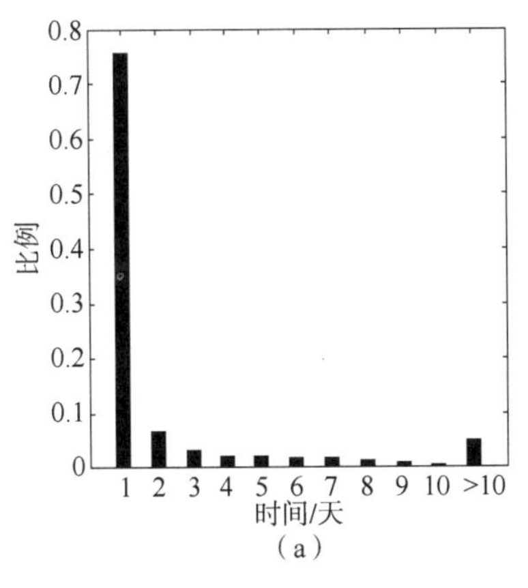

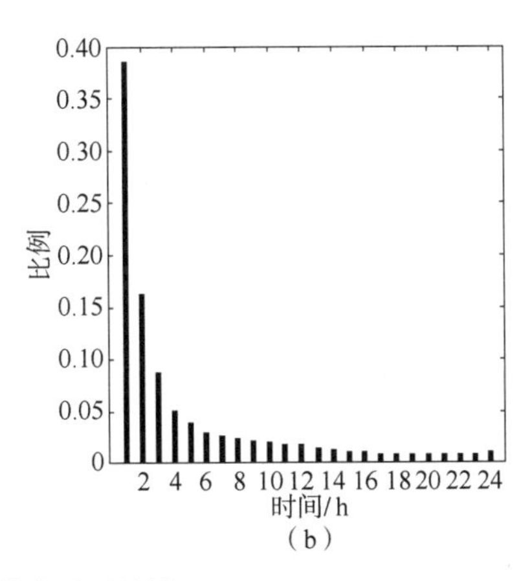

图 15-6　用户转发时延统计

(a) 不同天数中的转发时延分布；(b) 一天之中的转发时延分布

集中在感兴趣的信息上，或者与其他有共同兴趣爱好的人交流。因此，兴趣覆盖度 IC 可以捕捉用户的兴趣和行为之间的相关性，这可以用来预测转发行为。用T_u表示用户 u 对不同话题的偏好概率，本节将采用 KL 散度（Kullback-Leibler Divergence）来度量用户感兴趣话题和信息携带的话题之间的相似性，从而计算信息对用户的兴趣覆盖度。如下所述，已知用户 u 的话题分布为T^u，信息 m 携带的话题分布为T^m，则兴趣覆盖度可以被实例化为

$$\mathrm{IC}(m \mid u) = D_{\mathrm{KL}}(T^m \| T^u) \tag{15-5}$$

式中，$D_{\mathrm{KL}}(\cdot)$ 是 KL 散度，在信息论中又叫相对熵，用于衡量两个概率分布之间的差异，因此可以直接用于衡量以概率分布表示的用户关注话题和信息携带话题之间的一致性，其计算形式为

$$D_{\mathrm{KL}}(T^u \| \Gamma) = \sum_k T_k^u \cdot \lg \frac{T_k^u}{\Gamma_k} \tag{15-6}$$

由上述公式可知，IC 不是对称的，其值越小，说明信息越能覆盖用户关注话题的程度，也描述了用户倾向于转发能覆盖其兴趣更多的信息。在社交网络中，用户的兴趣体现在他们发布或转发的信息中。以新浪微博为例，从历史数据中收集微博文本内容作为每个用户的兴趣文档，然后使用经典的 LDA 模型来推断他们的兴趣分布。为了提高计算效率，采用了一个适用于在大规模数据集中挖掘用户感兴趣话题的主题建模算法包 Mr. LDA。

图 15-7 证明了式（15-5）的有效性。对于任何信息来说，正例代表在观察数据中用户转发此消息，而反例则代表用户没有转发此信息。横坐标表示用户和信息之间的 IC 值，纵坐标表示在不同的 IC 值中正例和反例的分布情况。从图中结果可知，当用户转发了某条信息时，该信息的话题分布与用户感兴趣话题分值之间的 IC 值一般来说比较小。但也存在 IC 值较大时，用户转发该信息，这说明了用户转发行为不止受信息携带话题的影响，还存在其他因素影响用户的转发行为，如介绍

的时间敏感相互影响力和信息质量等。总之，当 IC 值较小时，用户将以较高的概率转发该信息。

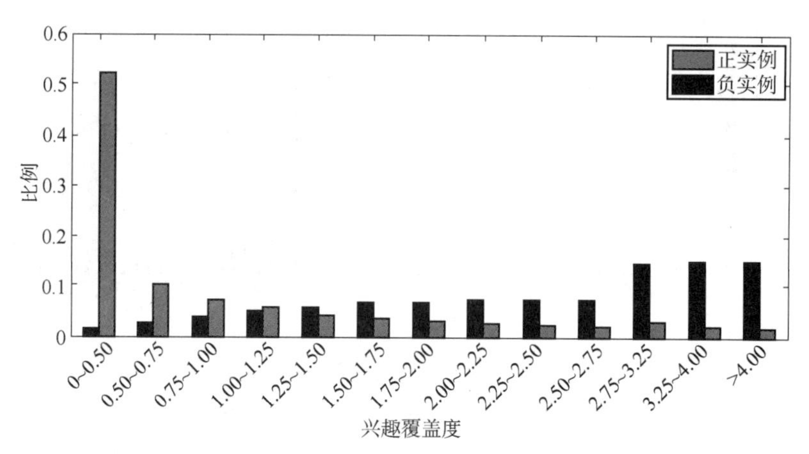

图 15－7　不同实例中 IC 值的分布

15.3.4　信息质量

在度量信息质量时，并没有从语义角度考虑信息内容的差异，而是根据信息内在和外在属性来表征信息质量。给定一个由用户 u 发布的信息，$MQ(m \mid u)$ 可以被实例化为一个六元组 < followers, reposts, status, hashtags, URLs, tokens >。

前三个要素主要是从发布者的角度衡量信息内容。名人或有影响力的用户倾向于发布有价值的信息来匹配他们的社会地位。

followers：拥有大量粉丝的用户可以将他们的信息传播给广大用户。用户发布的信息可以自动传送给其所有的粉丝。因此，如果用户有更多的粉丝，则他的信息可能会获得更多的转发数量，如图 15－8（a）所示。总体而言，信息的平均转发数量随着粉丝数的增加而呈现明显的指数增长趋势。

reposts：如果用户曾经发布过备受关注的信息，那么有理由认为他会继续创造高质量的信息。图 15－8（b）中描绘了这种相关性，类似于图 15－8（a）中的趋势。x 轴表示基于历史数据的平均转发量，而 y 轴表示观察期间的平均转发量。这说明通过曾经发布的信息转发数可以预测用户未来发布信息的转发状况。

status：新浪微博系统提供了用户认证功能，对于认证通过的用户，其账户上印有字母“V”，表示其认证状态。从图 15－8（c）中可以发现，在信息传播方面，认证用户更有可能发布具有高转发量的信息。

其余三个要素实际上是从文本内容方面来评估信息的质量。

hashtags：标签的使用很大程度上标识了信息的主旨内容，方便其他用户筛选有用信息。使用标签也成为用户发布微博的一种流行方式。图 15－9（a）表明，当标签数量达到 2 个时，信息拥有最大的平均转发次数。

URLs：社交平台允许用户在发布信息时内嵌 URL 等元素，因为每个 URL 都可

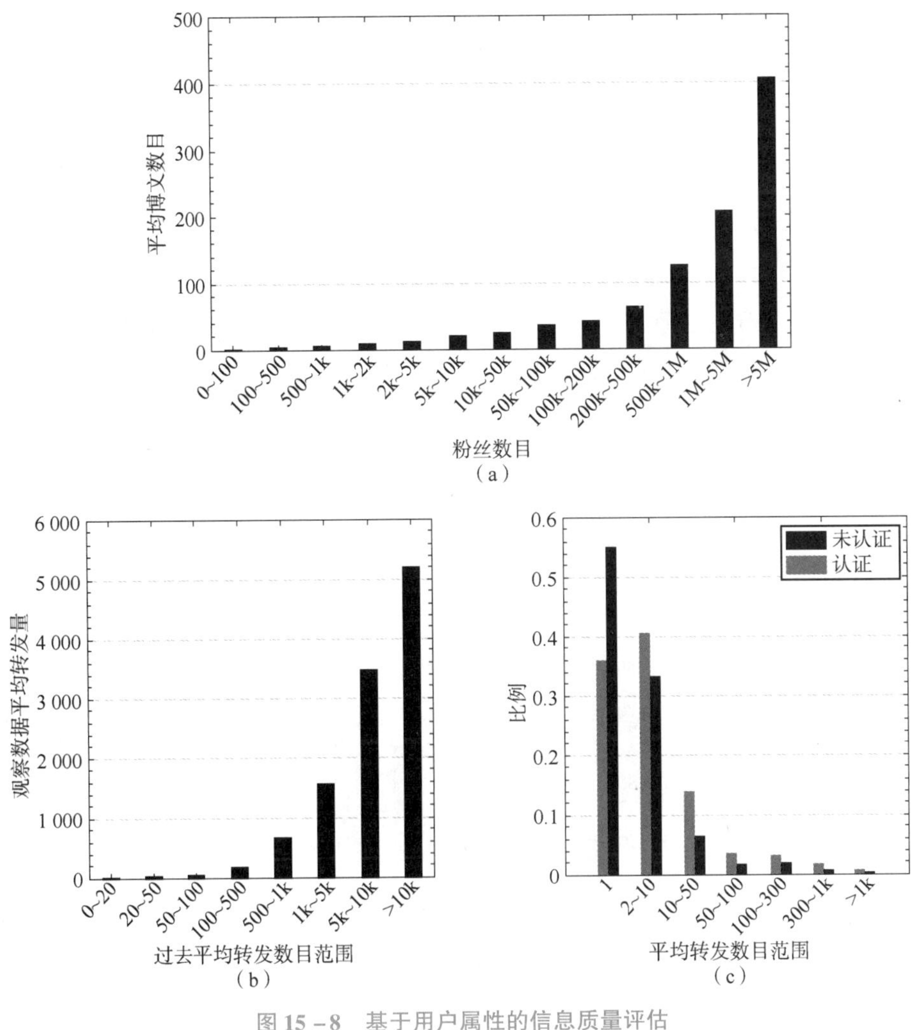

图 15－8　基于用户属性的信息质量评估

(a) 粉丝；(b) 历史转发情况；(c) 认证状态

以链接到外部资源，以获取更多信息，从而吸引用户的关注。图 15－9（b）显示了 URL 数量与平均转发数之间的关联，显然是一种正相关的关系。

tokens：token 是指微博文本中有效的词或短语，可以反映内容的质量和完整性。图 15－9（c）说明具有更多有效 token 的信息更可能被转发。

15.3.5　预测模型

根据第 15.2 节的描述，研究目标是在社交网络中根据上述特征预测用户转发行为。这是一个分类问题，需要找出转发行为与一个或多个自变量之间的关系。在这种情况下，给定用户 u 在t_m时刻发布的信息 m，对于用户 v，问题的因变量是预

测 v 是否将转发该信息，而自变量是时间敏感的相互影响力、兴趣覆盖度和信息质量。事实上，这个因变量是二分类的，所以这是一个二元分类问题。因变量可以表示为$B_v(u,m,t_m)$，并且当 v 转发 m 时，$B_v(u,m,t_m)$为 1，否则为 0。

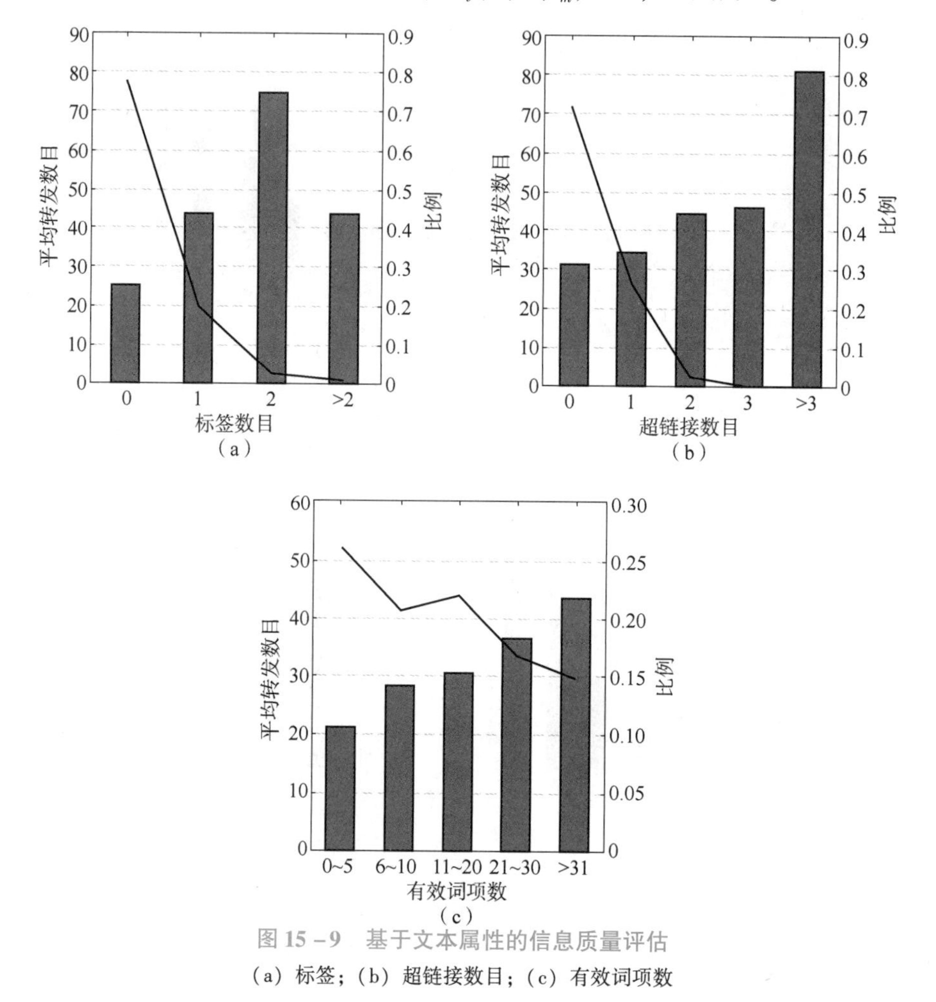

图 15－9　基于文本属性的信息质量评估

（a）标签；（b）超链接数目；（c）有效词项数

算法 15.1　融合时间敏感相互影响力的转发行为预测方法

输入：社交网络微博数据，用户资料，相关参数；

输出：用户转发信息的概率 $P(B_v=1)$，$v \in V$；

预处理：

1：　将社交网络微博数据分为训练数据和测试数据

训练阶段：

1：　根据训练数据抽取用户的转发关系，构造传播网络；

2：　在传播网络中计算转发关系边关联的权重矩阵 $\boldsymbol{W}$；

（续）

3：计算用户的发博概率 P_u 和转发时延概率 R_u，$u \in V$；
4：在训练数据集中聚合用户发布或转发的博文；
5：基于 Mr. LDA 算法包计算用户的话题分布 T^u，$u \in V$；
6：**foreach** $m \in$ 训练集 **do**
7：　获取正例用户集 V^+；
8：　**foreach** $v \in V^+$ **do**
9：　　基于式（15－4）计算 $\mathrm{TMI}(v \mid u, t_m)$；
10：　　基于 Mr. LDA 算法包获取信息的话题分布 T^m；
11：　　基于式（15－5）计算 $\mathrm{IC}(m \mid v)$；
12：　　基于统计方法计算 $\mathrm{MQ}(m \mid u)$；
13：　　归一化特征值 $\mathrm{TMI}(v \mid u, t_m)$、$\mathrm{IC}(m \mid v)$ 和 $\mathrm{MQ}(m \mid u)$；
14：　**end**；
15：　随机采样反例用户集 V^-，使得 $|V^-| = |V^+|$；
16：　**foreach** $v \in V^-$ **do**
17：　　重复步骤 9 ~ 13；
18：　**end**
19：**end**
20：基于上述正反例特征值训练模型（15－7），求取参数 α_1、α_0

预测阶段：

1：**foreach** $m \in$ 测试集 **do**
2：　**foreach** $v \in V$ **do**
3：　　重复步骤 9 ~ 13；
4：　　基于模型（15－7）计算 $P(B_v = 1 \mid X)$；
5：　**end**
6：**end**

本节尝试用逻辑回归模型来解决上述分类问题，它是一种统计类方法，在多个领域具有广泛应用。首先利用 Sigmoid 函数将特征的度量值归一化到［0，1］区间，用于推断用户转发信息的概率。需要学习如下形式的回归模型：

$$P(B_v = 1 \mid \boldsymbol{X}) = \frac{1}{\exp[-(\boldsymbol{\alpha}_1 \boldsymbol{X} + \alpha_0)]} \tag{15-7}$$

式中，$\boldsymbol{\alpha}_1$ 是回归系数向量；α_0 是截距。式（15－7）的关键是确定这些参数，使观测数据与预测数据的误差最小化。在逻辑回归中，$\boldsymbol{X}$ 是一个向量，方便包含任意数量的特征，被实例化为 $\boldsymbol{X} = [\mathrm{TMI}(v \mid u, t_m), \mathrm{IC}(m \mid v), \mathrm{MQ}(m \mid u)]$。

15.4 实验分析

为了验证方法的有效性和高效性，本节在真实数据集中进行了对比实验，并详细分析了实验结果。结果表明，基于时间敏感的相互影响力计算方法可以有效预测用户的转发行为。此外，融合兴趣覆盖度和信息质量等特征，可以显著提高用户转发行为预测精度。

15.4.1 实验设置

为了评测方法的性能，本节从 15.3.1 节描述的大规模数据集中采样了三个子数据集进行转发行为预测实验分析，即数据子集 DS1、DS2 和 DS3。这些数据子集共包含来自 141 675 个用户的 10 821 856 条微博数据。表 15－3 概括了这三个数据子集的详细情况。对于每个数据集，分别有训练数据和测试数据。训练数据用于计算上一节中介绍的特征，而测试数据用于评估方法的性能。

表 15－3 实验数据子集描述

数据集	训练集		测试集			
	时间	微博数	时间	原创微博数	正例数	反例数
DS1	8 月 1—10 日	1 728 642	8 月 11 日	6 296	191 032	190 276
DS2	8 月 1—30 日	5 350 709	8 月 31 日	5 920	175 208	176 004
DS3	8 月 1 日—9 月 10 日	10 645 204	9 月 20 日	5 754	170 898	171 626

对于每个用户，实验需要从训练数据中抽取其发布和转发微博的时间，然后计算出原创微博和转发博文的时间差。根据 15.3.2 节中的离散化方法，将时间划分为 48 个离散的时间区间来计算P_v和R_v，那么P_v和R_v都将被归一化为 48 维向量，可以通过用户之间的转发关系由式（15－4）计算 $\mathrm{TMI}(v \mid u, t_m)$。

从训练数据中收集用户最近发布或转发的 100 条微博作为其话题文档。通过这些话题文档，由文分布式 Mr. LDA 模型采用默认参数来生成他们的话题分布，话题个数设置为 50。对于没有足够微博文本来训练该模型的用户，他们的话题分布被定义为在所有话题上的均匀分布。针对测试数据集中的原创微博，用上面的话题模型推断其话题分布，然后根据式（15－5），$\mathrm{IC}(m \mid v)$ 可以由任意用户和微博的话题分布计算得到。

为了在数学上表示 $\mathrm{MQ}(m \mid u)$ 这个特征，在 15.3.5 节定义了一个由六个元素组成的元组模型。本节可以直接从第 15.3.1 节描述的用户资料中提取元素（即 followers 和 status）。显然，用户的粉丝数量是一个整数值，认证状态的值分为 0 和 1

两种。根据训练数据，对于某个用户，通过平均每个原创微博的转发数来计算 reposts 值。同时，实验通过分词工具对微博文本进行分词处理，标签的数量可以计为 hashtags 的值，并以获取 hashtags 值相同的方式分别获得 URLs 和 tokens 的值。最后，采用六个实数来表示一条微博的质量，并且在实验中将 $MQ(m \mid u)$ 特征的所有元素值归一化到［0，1］区间。

目前为止，实验已经定量计算了预测转发行为方法所需的所有特征。尽管如此，在原始数据集中，正例和反例的比例是非常不平衡的，其中正例数远小于反例数。这种不平衡可能影响分类器的性能。为了解决这个问题，本节对每个原创微博的反例进行随机抽样，得到正例和反例数量相同的测试数据。随机欠采样方法不会影响实验结果的分析。实验只考虑用户在观察期间是否会直接转发原创微博。

为了与提出的方法进行比较，本节还将表 15－3 中的数据集在以下方法上进行性能评估。

随机方法：该方法为B_v分配一个随机数来表示用户 v 转发特定微博的概率。这种方法可以用来验证其他方法的有效性。

RFM 方法：通过构造的影响力图可以计算出相互影响力，从而完成转发预测任务。但是，这种方法没有包含兴趣覆盖度和信息质量这些特征。

TAP 方法：通过 TAP 模型计算相互影响力。本节将话题层次的相互影响力与信息质量结合来训练逻辑回归分类器。

15.4.2　评价指标

在正反例平衡的测试数据集中，实验打算采用 10－折交叉验证法来评估所提方法和其他对比方法的性能。如上所述，用户转发行为预测本质上是一个二元分类问题，因此可以利用被广泛使用的分类器度量标准来评价这些方法的性能，如精度、召回率和 F 值等。

首先需要结合本实验对上述评价指标进行具体定义。设测试数据集中的正例集合用V^+表示，反例集合用V^-表示。如果 $v \in V^+$，那么$B_v = 1$，说明在真实情况下，用户 v 转发了某条信息；如果 $v \in V^-$，那么$B_v = 0$，说明在真实情况下，用户 v 并没有转发某条信息。基于训练数据集，不同方法将训练得到不同的用户转发行为预测分类器。针对用户 $v \in V^+ \cup V^-$，分类器预测用户的转发行为是 $\widetilde{B}_v$。

该分类器的精度（Precision）为正确预测用户转发了信息的实例在所有预测为正例中所占的比例，精度越高，分类器效果越好，可由下式计算：

$$\text{Precision} = \frac{|\{v \in V^+ \mid \widetilde{B}_v = 1\}|}{|\{v \in V^+ \mid \widetilde{B}_v = 1\}| + |\{v \in V^- \mid \widetilde{B}_v = 1\}|} \tag{15-8}$$

该分类器的召回率（Recall）为正确预测用户转发了信息的实例在真实正例中所占的比例，召回率越大，分类器效果越好，可由下式计算：

$$\text{Recall} = \frac{|\{v \in V^+ \mid \tilde{B}_v = 1\}|}{|V^+|} \tag{15-9}$$

该分类器的 F 值是精度和召回率的调和平均值，F 值越大，分类器效果越好，可由下式计算：

$$F = \frac{2 * \text{Precision} \times \text{Recall}}{\text{Precision} + \text{Recall}} \tag{15-10}$$

该分类器的准确率（Accuracy）是正确预测用户是否转发信息的实例在真实实例中所占的比例，准确率越高，分类器效果越好，可由下式计算：

$$\text{Accuracy} = \frac{|\{v \in V^+ \mid \tilde{B}_v = 1\}| + |\{v \in V^- \mid \tilde{B}_v = 0\}|}{|V^+| + |V^-|} \tag{15-11}$$

15.4.3 性能分析

表 15-4～表 15-6 展示了本章方法在不同数据子集中与其他三种方法在精度、召回率和 F 值方面的比较。表 15-7 是所有方法在准确率和 AUC 值上的比较结果。所有结果表明，除了随机方法外，其他三种方法对用户转发行为都具备预测能力，这也间接证实了相互影响力对用户转发行为存在影响。此外，实验发现，本章方法在所有数据集上都始终优于对比方法。即使在 DS1 上，本章方法仍可以获得比较好的性能，说明即使没有足够的训练数据，本章方法也有很强的预测能力。当有更多的训练数据来学习各自的分类器时，RFM、TAP 和本章方法的性能会更好。因此，如果想在社交网络中更准确地预测用户转发行为，则需要充足的历史数据。

表 15-4 数据子集 DS1 中性能比较

方法	DS1			方法	DS1		
	精度	召回率	F 值		精度	召回率	F 值
随机方法	0.495	0.502	0.499	TAP	0.720	0.636	0.675
RFM	0.574	0.607	0.590	本章方法	0.825	0.847	0.836

表 15-5 数据子集 DS2 中性能比较

方法	DS2			方法	DS2		
	精度	召回率	F 值		精度	召回率	F 值
随机方法	0.496	0.484	0.490	TAP	0.842	0.869	0.880
RFM	0.619	0.668	0.643	本章方法	0.894	0.893	0.893

表 15－6　数据子集 DS3 中性能比较

方法	DS3			方法	DS3		
	精度	召回率	*F* 值		精度	召回率	*F* 值
随机方法	0.499	0.500	0.500	TAP	0.874	0.873	0.873
RFM	0.634	0.694	0.663	本章方法	0.909	0.911	0.910

表 15－7　准确率和 AUC 值比较

方法	准确率			AUC		
	DS1	DS2	DS3	DS1	DS2	DS3
随机方法	49.54	49.60	49.87	0.493	0.494	0.498
RFM	57.86	62.83	64.68	0.601	0.671	0.692
TAP	69.42	84.13	87.34	0.773	0.900	0.927
本章方法	83.41	89.32	90.99	0.913	0.953	0.958

为了可视化这些方法对用户转发行为的预测性能，绘制了不同数据集上的 ROC 曲线，如图 15－10 所示，其中，y 轴和 x 轴分别是真正例和假正例的比率。真正例是指被正确分类的正例，假正例是指被错误分类为正例的反例。ROC 曲线越接近左边界和上边界，说明该方法所得结果越准确。显然，随机方法的 ROC 曲线接近于对角线，因为它仅依靠概率来区分转发和未转发特定微博的用户。从图 15－10 中可以看到，本章方法比其他三种方法具有更好的性能。另外，本节还使用 ROC 曲线下的面积（AUC 值）作为相关度量来评估这些分类器的总体性能，其中，AUC 数值越接近 1，说明该方法的整体分类性能越好。见表 15－7，与其他方法相比，本章方法可以在每个数据集上达到最大的 AUC 值。虽然 TAP 方法和本章方法的两条 ROC 曲线非常接近，特别是在图 15－10（c）中，但是 AUC 值显示本章方法在性能方面可以获得 3.1% 的提高。

15.4.4　计算效率

本节实验是在 64 位 Linux 操作系统（Ubuntu 16.04）上完成的，采用 Java 1.7 实现了上述所有方法，其硬件环境如下：两个 Intel Xeon E5－2450 CPU (2.50 GHz)，120 GB 内存和 2 TB 硬盘。在这种环境下，实验测试了三种方法在不同数据子集上的计算效率。表 15－8 给出了不同方法的执行时间。此时，运行时间分为两部分：计算特征的时间和训练分类器的时间。

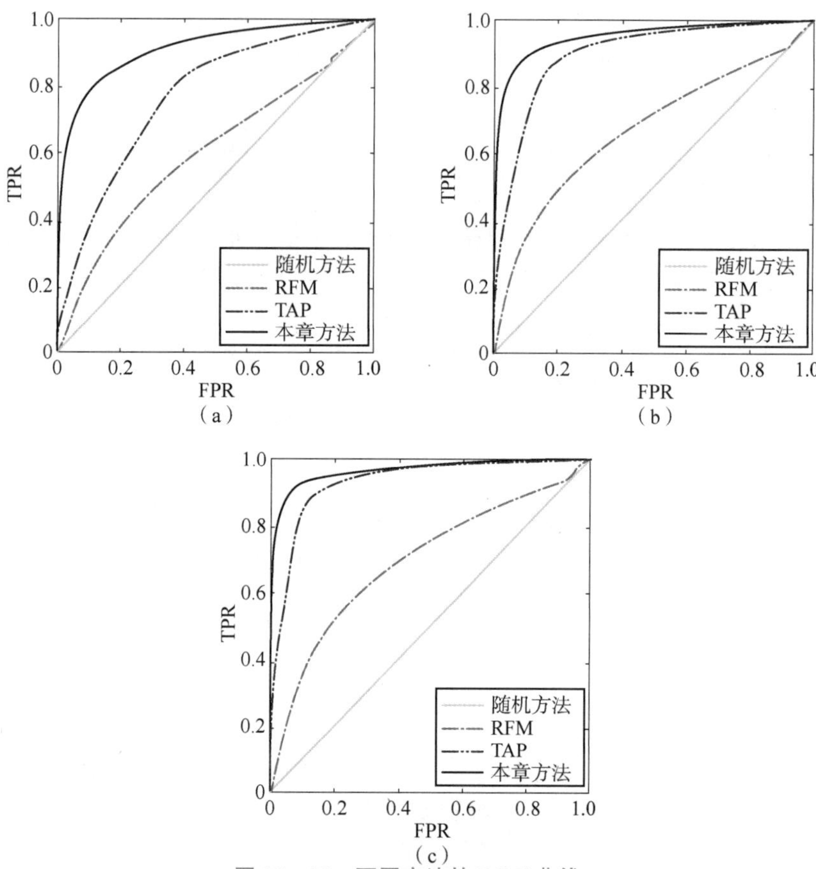

图 15－10　不同方法的 ROC 曲线

(a) DS1；(b) DS2；(c) DS3

表 15－8　运行时间比较　s

方法	DS1	DS2	DS3
RFM	18. 7	21. 5	26. 9
TAP	132. 0	153. 3	184. 4
本章方法	40. 6	43. 2	46. 9

表 15－8 的结果说明，RFM 方法比其他两种方法快得多，因为在这种方法中只有一个特征需要处理，而另外两种方法需要处理额外的兴趣覆盖度和信息质量两个特征。正如所料，训练数据越多，这些方法完成实验所需时间就越多。就相互影响力而言，TAP 方法使用迭代算法进行计算，但是在本章方法中，可以使用固定维数的向量进行有效计算。因此，本章方法比 TAP 方法更高效。通过前面的分析，可以得出这样的结论：与这些方法相比，本章方法能够以较低的计算成本获得较好的预测性能。

15.4.5　特征贡献分析

本节还分析了不同特征对所提方法转发预测准确度的贡献，实验对三种不同特征组合的逻辑回归分类器进行了训练，并评估了它们在数据集上的性能。与本章方法相比，其他两个分类器没有包含兴趣覆盖度特征。它们唯一的区别在于是否将信息质量的特征添加到具有时间敏感的相互影响力特征的分类器中。实验结果如图 15 - 11所示，使用准确率作为三个分类器性能评估的指标。注意到所有分类器在每个数据集上的表现都非常相似，当把这些特征连续添加到分类器中时，性能有了明显的提高。因此，可以得出结论，所有的特征都有助于提高方法在转发行为预测方面的有效性。

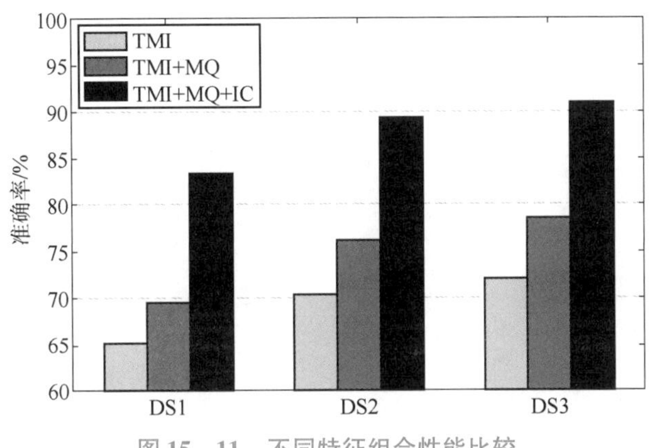

图 15 - 11　不同特征组合性能比较

没有任何附加的特征，基于时间敏感的相互影响力方法在 DS1 中可以获得615.18%的准确率，表明这种相互影响力的确对用户转发行为产生了显著影响。如果只利用这个特征，分类器能在 DS2 和 DS3 上表现更好，准确率分别达到了70.34%和 72.29%。因此，在充足训练数据中学习的分类器，其准确率更高。图 15 - 11中准确率更大的增长意味着方法具有更强的预测能力。在准确率方面，信息质量特征在每个数据集都可以提高 5%左右，而兴趣覆盖度特征可以带来 13%左右的性能提升。显然，后者对于转发行为预测的贡献很大，这也解释了 TAP 方法的预测性能接近于本章方法的原因。然而，在预测实验中采用的反例时，TAP 方法表现不佳，因为该方法的准确率在很大程度上取决于历史数据。总之，本章方法能够有效和高效地预测实验数据集中的正例和反例。

15.5　本章小结

本章在真实大规模数据集上对用户行为进行了全面和深入的分析，并在不同的时间尺度上发现了用户行为模式中存在的周期性规律。基于这些观察，提出了一种新的时间敏感方法用于计算用户之间的相互影响力。这种方法被定制为预测用户转发行为而不依赖于网络底层的显式结构，从而有效地降低了计算复杂度，使本章方法适用于更多的场景。此外，还将时间敏感的相互影响力与用户兴趣和信息质量这两个特征相结合，训练用于预测用户是否转发特定信息的逻辑回归分类器。通过在新浪微博真实数据集上的实验结果表明，上述所有特征都可以为提高用户转发行为预测的准确性。与其他几种方法相比，本章方法能够以较低的计算成本获得更好的预测性能。

第 16 章 基于相似关系和共现关系的话题流行度预测

在线社交方式的改革创新，使得社交应用平台成为最吸引注意力的在线服务之一。在线社交网络易于创建和低成本发布的特性创造了一个充满信息的虚拟世界。但是，在线社交网络中的生态系统呈现“赢家通吃”的状态：关注度主要集中在少数内容，大多数内容无法取得用户的青睐。在这种背景下，准确识别可能成为流行的网上内容显得至关重要。针对微博平台下的话题流行度预测问题，阐述一种基于相似关系和共现关系的流行程度预测方法。以新浪微博中的数据为例，对所阐述的算法进行测试。实验结果表明，相比于基准方法，基于相似关系和共现关系的话题流行度预测方法能够更好地预测微博话题的流行程度。

16.1 问题背景

随着互联网的快速发展，越来越多的应用平台充满着人们的日常生活。不同平台提供不同的交互方式：论坛用户可以发布帖子，其他用户可以通过回帖的方式表达自己的关注；微博中的用户可以发布微博博文，感兴趣的用户可以采取回复或者转发的行为推动微博博文的传播。这些都反映了社交平台中用户关注点的话题内容，彰显人们对文本信息中提及的现象或事件的关注程度。

预测话题的流行度对网络舆情的感知和分析有着至关重要的作用。从市场经济的角度出发，公司尽早地发现互联网的未来新兴话题，并通过广告置入的方式展现，可以最大化他们的收入。相关数据表明，大多数公司高达 30% 的预算花费在在线营销方面。从政府部门的角度出发，及时掌握用户关注的热门话题可以了解民众的动态和思想倾向，为决策的制定和新政的颁布指引方向。如何在一个话题出现的初期，快速、准确地判断它的流行趋势已经成为相关领域的研究热点，引起众多研究者的关注。

流行度预测存在多种多样的方法，比较有代表性的是 SH 模型。Szabo 等人得出结论：早期流行度的对数和未来流行度的对数呈现强线性相关关联。但是，该模型在应对不同流行变化趋势的网络内容时，会出现性能不足的问题。针对这种情况，Pinto 等人采用多元回归模型刻画流行度演化过程，以多个时间点的流行度作为输入的同时，融入了对流行度变化相似特征的思考，区别于处理不同时间点下的流行度，并赋予不同的重要程度。Bao 等人的研究面向新浪微博数据，探讨了网络结构属性对流行度的影响，并在传统的 SH 模型上加以改进，得出最终流行度与连接度间存在着很强的负相关关系和早期转发者的结构属性可以影响信息最终流行度的结论。Chang 等人针对网络电视剧的数据，得出相邻发布的电视剧流行度间存在很强线性关系的结论。

除了 SH 模型的优化方法外，还有其他的流行度研究成果：卢珺珈等人在话题流行度的衡量方面融入了帖子的回复数和点击数两个因素，以高斯模型拟合受关注的帖子的发展趋势，实现对帖子发展态势的预测。张虹等人利用小波分解与重构的思想处理由帖子的回复数或者是点击数构成的时间序列，取得不同条件的多个高频信号和一个低频信号，分别利用神经网络技术和移动平均混合模型预测这些高频信号和低频信号，以两种预测结果为基础，建立线性组合模型，计算最终的预测结果。高辉等人提出了一个长期事件发展预测的方法，该方法通过分析周期和层次聚类的方法实现事件类别的获取，对每类事件训练相应的发展趋势模型，在此基础上，利用最小二乘法从事件对应的类别中选择最小均方误差和的模型完成该事件的发展趋势预测。孔庆超等人提出了一个融入局部特征和多个动态因素思考的讨论帖预测方法。该方法利用话题早期的内容信息，讨论了可能影响讨论帖流行度的多个因素实现流行度的预测。上述方法的最大缺点是完成话题流行度预测的过程中必须借鉴该话题已有的发展态势，无法应对在话题发展初期实现流行度预测的要求。

针对这种情况，万圣贤等人提出了一种消息流行度预测方法。该方法基于最大熵模型知识分析每个用户对消息采取转发行为的可能性，采用独立级联模型探寻消息在真实状态下的传播情形，进而完成流行度的预测。熊小兵等人将每一条微博都看作一个话题，采用主成分分析的方法细致地讨论了对话题流行度产生影响的多种因素，基于内容属性和用户属性两方面因素构建线性回归模型，实现对话题流行度的预测。聂恩伦等人提出了一种基于 k－近邻的预测方法，该方法根据与新话题相似的历史话题流行情况，对新话题流行度进行预测。但该方法围绕向量空间模型展开，在与目标话题最相似 k 个话题的选取方面存在一定的误差。为了弥补这一问题，王卫姣等人提出一种基于 k－近邻和 LDA 模型的预测方法，LDA 模型可以在很大程度上弥补向量空间模型造成的误差，而且该方法在近邻思想的基础上融入了作者兴趣特征的思考，大大提升了流行度预测的性能。但是上述方法仅基于相似关系的考虑，没有考虑共现信息的影响：出现在同一文档的话题之间存在较强的逻辑关联，这对于话题流行度预测同样起到了关键作用。

因此，同时考虑相似信息和共现信息的话题流行度预测方法，在相似信息判断的基础上，结合了话题间共现关系实现对话题发展趋势的分析。

16.2 准备工作

16.2.1 前提假设

在微博平台中，如何预测一个话题之后的发展趋势对于研究平台性质和潜在规律至关重要。话题流行度分析就是解决这个问题的，为了更简化分析过程，做出如下假设：

A16.1　一条微博可以不属于任意一个话题，也可以同时属于多个话题。

A16.2　一条微博如果属于一个话题或者多个话题，那么它的评论也属于这个话题或者这些话题。

16.2.2 定义

定义 16.1（微博/文档）：微博是由词汇表中的词汇以任意数量组合而成的，可以表示为一个 V 维向量（比如每个维度表示词汇在微博中出现的次数）或者是词汇表上的概率分布。由于微博过于短小，将微博及其评论进行混合，作为最终所需的分析文档。

定义 16.2（话题）：一个话题可以看作是词汇上的一个概率分布，而且可以被表示为分布 $\{p(w|\theta)_{w\in V}\}$ 且满足 $\sum_{w\in V} p(w|\theta)=1$ 的条件限制。微博中每个话题包含若干条微博以及这些微博的转发信息，话题的个数被设定为 K。

定义 16.3（话题间的相似关系）：对于两个话题T_a和T_b，如果它们在语义上的相似程度超过某一阈值，则话题 T_a和T_b判定为相似关系。比如话题#三公支出#与话题#官员腐败#，见表 16－1。

表 16－1　话题间的相似关系

话题	话题中分布最多的词语
三公支出	公务　出国　行政　接待　开支　官员　公款　书记　财务　成本
官员腐败	腐败　贪污　官员　渎职　领导　人大代表制度　公开　干部

定义 16－4（话题间的共现关系）：对于两个话题T_a和T_b，如果存在一个文档或者多个文档同时属于这两个话题且属于这两个话题的概率超过某一阈值，则话题 T_a和 T_b判定为共现关系。比如话题#三公支出#与话题#财政预算#，话题#官员腐败#与#群众力量#、#监督机构#、#违法犯罪#等，见表 16－2 和表 16－3。

表 16-2 话题#三公支出#的共现话题

三公支出	
话题	话题中分布最多的词语
财政预算	财政 预算 中央 支出 投入 资金 地方 增加 安排 政策

表 16-3 话题#官员腐败#的共现话题

官员腐败	
话题	话题中分布最多的词语
群众力量	监督 公开 批评 群众 条件 官员 权力 财产 信息 创造
监督机构	司法 监督 法院 公正 机关 执法 法官 执行 最高 制度
违法犯罪	犯罪 案件 最高 刑法 打击 检察院 调解 机关 纠纷

16.2.3 流行度定量描述

不同的社交平台有各自的特点，分析的方法也各有侧重。以新浪微博中的话题为研究对象，与其他衡量指标相比，话题的转发数更能体现话题在微博中的传播情况，因此，将话题的转发数作为流行度的衡量指标。

基于以上考虑，给出话题流行度预测问题的相关定义：给定一个微博 c，以微博的发表时间为0时刻，记在 t 时刻的转发数为 $R(c,t)$，即微博 c 在时刻 t 的流行度。而对于一个话题 T，它包含若干条微博，以属于该话题的第一条微博的发表时间为0时刻，记在 t 时刻时属于该话题的所有微博转发数之和为 $R(T,t)$，即微博中话题在时刻 t 的流行度，形式化表示见式（16-1）。

$$R(T,t) = \sum_{c \text{ in } T} R(c,t) \tag{16-1}$$

模型在已知 t_s 时刻之前的话题演化数据的前提下，研究在 t_l（$t_l > t_s$）时刻话题的流行程度，如图 16-1 所示，具体衡量标准见式（16-2）。

$$q = R(T,t_s)/R(T,t_l)$$

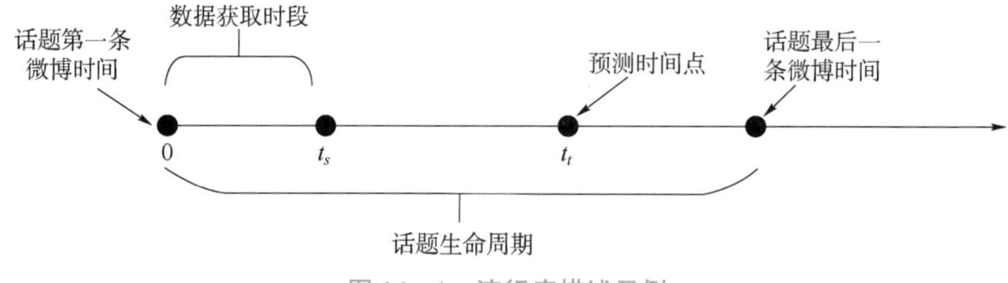

图 16-1 流行度描述示例

方法预先设定阈值来衡量话题的流行程度，将流行程度划分为四个量级。如果

$q \leqslant p_1$，说明此话题在 t_l时刻后会产生相当大数量的新微博和转发，即在预测时间点 t_l时会处于非常流行的状态（S_1 类）；如果 $p_1 < q \leqslant p_2$，说明此话题在 t_l时刻仍会产生一定数量的新博文和转发，即在预测时间点 t_l时，会处于比较流行的状态（S_2 类）；如果 $p_2 < q \leqslant p_3$，说明此话题在 t_l时刻后会产生较少数量的新博文和转发，即在预测时间点 t_l时，会处于稍微流行的状态（S_3类）；如果 $q > p_3$，说明此话题在 t_l 时刻后只拥有少量的新博文和转发，即在预测时间点 t_l时，会处于不流行的状态（S_4类）。在实际应用中，为了限制上述问题定义，将话题分别在 t_s和 t_l时刻的最少转发量阈值设置为 $\min R(t_s)$ 和 $\min R(t_l)$，以保证有足够的转发信息用于该预测问题。

16.3 流行度预测方法

本节将介绍基于相似关系和共现关系的话题预测方法，其框架如图 16－2 所示。该方法的思想同样可以应用在微博、博客等多种社交媒体的话题预测中。

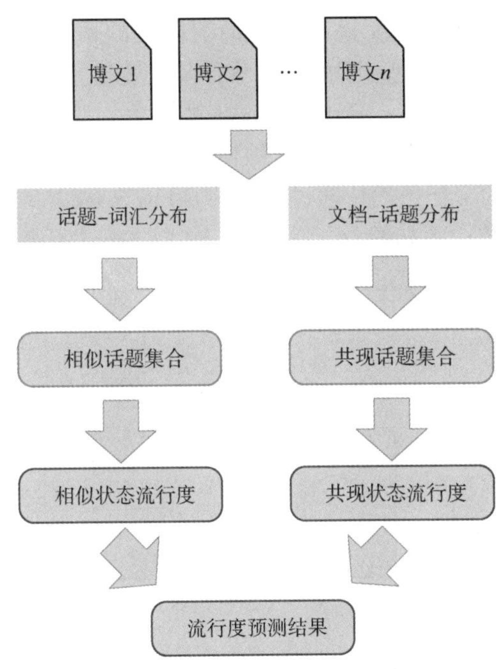

图 16－2　流行度预测方法示意图

基本步骤如下：

①对实际微博数据进行分析，将话题流行度划分为四个等级。

②采用 LDA 模型对文档集合进行建模，获取话题－词汇分布和文档－话题分布。

③根据 KL 散度的原理，计算话题之间的相似情况，得到每个话题的相似话题矩阵。

④根据文档 - 话题分布，计算话题之间的共现情况，得到每个话题的共现话题矩阵。

⑤根据话题的相似话题矩阵，估算话题在相似关系下属于四个流行度等级的概率。

⑥根据话题的共现话题矩阵，估算话题在共现关系下属于四个流行度等级的概率。

⑦结合相似关系和共现关系的流行度等级分析，预测目标话题最终流行度等级。

16.3.1 基于 LDA 模型的文档分析

LDA 模型是一种非监督训练模型，通常用来应对大规模文档集合中隐藏话题的检测场景。该模型同样属于词袋模型的范畴，即没有区分词与词的顺序差异，这样可以在很大程度上降低问题的复杂程度。LDA 模型中的每一篇文档是由一些话题构成的概率分布，而每一个主题又是由很多词汇构成的概率分布。LDA 模型是一个 Bayes Hierarchy Model，就是把模型的参数看作随机变量，这样可以引入控制参数的参数。不同于常规的文档文本，新浪微博文本的字数一般比较短小，这在很大程度上影响了 LDA 模型的性能。为了应对这种情况，将新浪微博与其对应的评论集合组合，作为一个完整的文档，然后通过经典的 Gibbs Sampling 方法训练 LDA 模型求得结果。LDA 模型的结构图如图 16 - 3 所示，外层方框表示每篇文档的处理，内层方框表示每个词汇的处理。通过重复迭代，生成每篇文档的各个词汇。

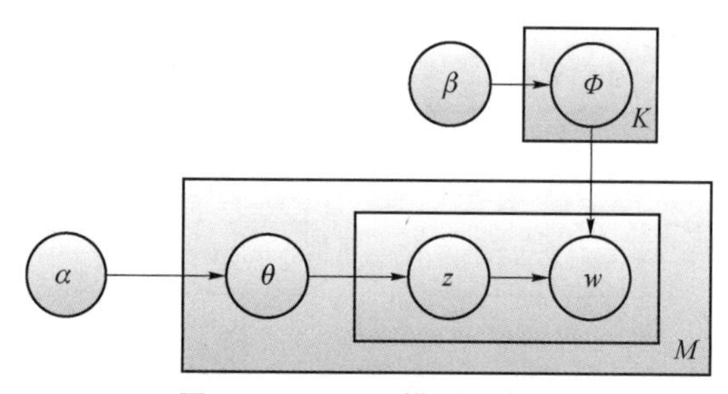

图 16 - 3　LDA 模型示意图

定义文档集合的话题情况见式（16 - 2）。

$$p(D \mid \alpha,\beta) = \prod_{i=1}^{M} p(\theta_i \mid \alpha) \prod_{j=1}^{N} p(z_{ij} \mid \theta_i) p(\Phi_{zij} \mid \beta)(w_{ij} \mid \varphi_{zij}) \qquad (16-2)$$

式中，α 和 β 是两个给定的超参数；θ_i 是文档 d_i 对应的话题分布；w_{ij} 表示文档 d_i 中的第 j 个词汇；z_{ij} 表示第 j 个词汇对应的话题。这里采用 Gibbs Sampling 方法求得隐藏变量以及估算 LDA 模型的参数，Gibbs Sampling 的公式推导见式（16 - 3）。

$$
\begin{aligned}
p(z_l = k \mid \vec{z}_{\neg l},\vec{w}) &\propto p(z_l = k, w_l = t \mid \vec{z}_{\neg l},\vec{w}_{\neg l}) \\
&= \iint p(z_l = k, w_l = t, \vec{\theta}_m, \vec{\varphi}_k \mid \vec{z}_{\neg l}\vec{w}_{\neg l})\,\mathrm{d}\vec{\theta}_m \mathrm{d}\vec{\varphi}_k \\
&= \iint p(z_l = k, \vec{\theta}_m \mid \vec{z}_{\neg l}\vec{w}_{\neg l}) \cdot p(w_l = t, \vec{\varphi}_k \mid \vec{z}_{\neg l},\vec{w}_{\neg l})\,\mathrm{d}\vec{\theta}_m \mathrm{d}\vec{\varphi}_k \\
&= \iint p(z_l = k \mid \vec{\theta}_m) p(\vec{\theta}_m \mid \vec{z}_{\neg l},\vec{w}_{\neg l}) \cdot p(w_l = t \mid \vec{\varphi}_k) p(\vec{\varphi}_k \mid \vec{z}_{\neg l},\vec{w}_{\neg l})\,\mathrm{d}\vec{\theta}_m \mathrm{d}\vec{\varphi}_k \\
&= \int p(z_l = k \mid \vec{\theta}_m)\,\mathrm{Dir}(\vec{\theta}_m \mid \vec{n}_{m,\neg l} + \vec{\alpha})\,\mathrm{d}\vec{\theta}_m \cdot \int p(w_l = t \mid \vec{\varphi}_k)\,\mathrm{Dir}(\vec{\varphi}_k \mid \vec{n}_{k,\neg l})\,\mathrm{d}\vec{\varphi}_k \\
&= \int \theta_{m,k} \mathrm{Dir}(\vec{\theta}_m \mid \vec{n}_{m,\neg l} + \vec{\alpha})\,\mathrm{d}\theta_{\vec{m}} \cdot \int \varphi_{k,t} \mathrm{Dir}(\vec{\varphi}_k \mid \vec{n}_{k,\neg l})\,\mathrm{d}\hat{\varphi}_k \\
&= E(\theta_{m,k}) \cdot E(\varphi_{k,t}) = \hat{\theta}_{m,k} \cdot \hat{\varphi}_{k,t} \qquad (16-3)
\end{aligned}
$$

Dirichlet 参数估计公式在此不过多赘述，参数结果见式（16－4）和式（16－5）。

$$
\hat{\theta}_{m,k} = \frac{n^k_{m,\neg l} + \alpha_k}{\sum_{k=1}^{K} (n^k_{m,\neg l} + \alpha_k)} \qquad (16-4)
$$

$$
\hat{\varphi}_{k,t} = \frac{n^t_{k,\neg l} + \beta_t}{\sum_{t=1}^{V} (n^t_{k,\neg l} + \beta_t)} \qquad (16-5)
$$

通过 LDA 模型，可以获取到微博文档的话题分布以及话题的词汇分布，见式（16－6）和式（16－7）。式中，w^t_{jp}表示文档 d_j在话题 p 下的分布概率，w^w_{iq}表示话题 t_i在词汇 q 下的分布概率。

$$
d_j = (w^t_{j1}, w^t_{j2}, \cdots, w^t_{jm}) \qquad (16-6)
$$

$$
t_i = (w^w_{i1}, w^w_{i2}, \cdots, w^w_{in}) \qquad (16-7)
$$

16.3.2　面向相似关系的话题分析

见表 16－4，通过对微博内容的话题分析，可以得出以下结论：相似话题一般可以吸引相似的用户群体，所以它们具有相似的发展趋势，流行程度也更为相近，即两个话题具有相似的语义，其词汇分布均匀情况相似，它们的流行度的变化情况也相近，即存在相似关系的话题的流行趋势相近，话题流行度的预测可以考虑其相似话题的流行度轨迹。

表 16－4　相似关系话题的流行度

话题	话题分布概率最高的 10 个词语	流行等级
#汶川地震#	倒塌　空运　灾区　交通　灾民　余震　重建　受困　震级　汶川	比较流行
#深圳山体滑坡#	灾民　受阻　救援　坍塌　广东　伤亡　政府　灾区　堰塞湖　深圳	比较流行

面向相似关系的话题分析的重点是如何判定两个话题是否存在相似关系，这里采用 KL 散度的方法进行衡量。KL 散度（Kullback - Leibler divergence），又称相对熵（relative entropy），是衡量两个概率分布 P 和 Q 间差异的一种常用方法，见式（16 - 8）。它具有非对称属性，这意味着 $D(P\|Q)\neq D(Q\|P)$。KL 散度始终是大于等于 0 的，当且仅当两个分布相同时，KL 散度等于 0。

$$D(P\|Q)=\sum P(i)\lg\left(\frac{P(i)}{Q(i)}\right) \tag{16-8}$$

面向相似关系的话题分析可以总结为以下几个步骤：

（1）计算两个话题的相似程度

通过 16.3.1 节的处理，获取每个话题的词汇分布 t。对于两个话题 l 和话题 j，其对应的话题分布分别为t_l和 t_j。然后，采用 KL 散度衡量两个话题的词汇分布的相似程度，见式（16 - 9）。两个话题语义越接近，则它们的词汇分布越相似，对应的 KL 散度值就越接近于 0。也就是说，在分析两个话题相似性时，KL 散度值越小越好。

$$D(t_l\|t_j)=\sum_{i=1}^{n}t_l(i)\lg\left(\frac{t_l(i)}{t_j(i)}\right) \tag{16-9}$$

（2）计算各个话题的相似矩阵

对于任意话题 l，其与话题 j 的相似比重可以通过 $D(t_l\|t_j)$ 衡量，利用式（16 - 10）表示话题 l 的相似向量。

$$\text{Similarity}(t_l)=\{(t_1,w_{s-l1}),(t_2,w_{s-l2}),\cdots,(t_m,w_{s-lm})\} \tag{16-10}$$

式中，t_i表示第 i 个话题；w_{s-li}表示第 i 个话题对应的相似权重。由于散度值越小，两个话题越相似，所以这里采用取倒数方式表示相似权重的大小。为了防止分母为零，一般情况下使用 $1+D(T_l\|T_i)$ 进行计算，见式（16 - 11）。

$$w_{s-li}=\frac{\dfrac{1}{1+D(T_l\|T_i)}}{\displaystyle\sum_{p=1}^{m}\frac{1}{1+D(T_l\|T_p)}} \tag{16-11}$$

通过两个话题间相似程度的计算，可以汇总得到一个 $m\times m$ 维矩阵——TS 矩阵（Topic Similarity matrix）。其中，m 为话题个数，矩阵中第 i 行第 j 列的数值表示话题t_i与话题t_j的相似权重，见式（16 - 12）。

$$\begin{array}{c} \quad\text{topic 1}\quad\text{topic 2}\quad\cdots\quad\text{topic } n \\ \text{TS}=\begin{bmatrix} \times & w_{s-12} & \cdots & w_{s-1n} \\ w_{s-21} & \times & \cdots & w_{s-2n} \\ \vdots & \vdots & \vdots & \vdots \\ w_{s-n1} & w_{s-n2} & \cdots & \times \end{bmatrix}\begin{array}{l}\text{topic 1}\\ \text{topic 2}\\ \vdots \\ \text{topic } n\end{array}\end{array} \tag{16-12}$$

16.3.3　面向共现关系话题分析

通过对微博中话题的分析，可以得出如下结论：如果一条微博文档同时表述着两个话题，则这两个话题存在一定的逻辑关联，它们具有相近的流行度变化趋势。在 LDA 模型中，每个文档是话题集合上的一个概率分布，分布概率较高的话题组成了该文档的代表性话题集合。而存在共现关系的话题需要至少一次同时出现在某条微博的代表性话题集合中，两个话题的逻辑关联与其共现次数呈正比例关系。

面向共现关系的话题分析可以总结为以下几个步骤：

（1）计算文档的代表性话题

根据 16.3.1 节所述步骤，可以得到每个文档所属的话题分布 d。依照分布概率最大的三个话题的量级通常明显高于其他话题的结论，选取每篇文档中分布概率最高的三个话题组成该文档的代表性话题集合，如文档 d 的代表性话题集合表示为 $T(d)$，它包含分布概率最大的三个话题。

（2）计算两个话题的共现次数

定义布尔函数 φ 来判断两个话题是否同时属于某一文档 d 的代表性话题集合，见式（16-13）。对于话题t_l和 t_j，其共现次数的计算方法见式（16-14），其中 D 为全部文档集合。

$$\varphi(t_l,t_j,d)=\begin{cases}1, & t_l \text{ in } T(d)\text{且 } t_j \text{ in } T(d)\\ 0, & t_l \text{ out of } T(d)\text{或 } t_j \text{ out of } T(d)\end{cases} \tag{16-13}$$

$$\mathrm{Cor}(t_l,t_j)=\sum_{d \text{ in } D}\varphi(t_l,t_j,d) \tag{16-14}$$

（3）计算话题的共现向量

对于任意话题 t_l，它的共现向量可以表示为式（16-15）的形式。

$$\mathrm{Context}(t_l)=\{(t_1,w_{c-l1}),(t_2,w_{c-l2}),\cdots,(t_m,w_{c-lm})\} \tag{16-15}$$

式中，t_i表示第 i 个话题；w_{c-li}为第 i 个话题对应的共现权重。对于话题 l，通过步骤（2）可以得到它与其他话题的共现次数，最终共现权重可以通过式（16-16）进行计算。

$$w_{c-li}=\mathrm{Cor}(t_l,t_i)\Big/\sum_{p=1}^{m}\mathrm{Cor}(t_l,t_p) \tag{16-16}$$

通过计算两个话题间的共现程度，可以汇总得到一个 $m\times m$ 维矩阵——TC 矩阵（Topic Co-occurrence matrix）。其中，m 为话题个数，矩阵中第 i 行第 j 列的数值表示话题t_i与话题t_j的共现权重，见式（16-17）。

$$\begin{array}{cc} & \begin{array}{cccc}\text{topic 1} & \text{topic 2} & \cdots & \text{topic } n\end{array} \\ \mathrm{TC}= & \left[\begin{array}{cccc}\times & w_{c-12} & \cdots & w_{c-1n}\\ w_{c-21} & \times & \cdots & w_{c-2n}\\ \vdots & \vdots & \vdots & \vdots\\ w_{c-n1} & w_{c-n2} & \cdots & \times\end{array}\right]\begin{array}{l}\text{topic 1}\\ \text{topic 2}\\ \vdots\\ \text{topic } n\end{array}\end{array} \tag{16-17}$$

16.3.4 流行度预测方法

基于 KNN 的算法思想，一个话题的流行度可以通过与其最相似的 k 个话题的流行情况进行预测。同样地，也可以通过与共现信息比重最高的 k 个话题的流行度进行预测。基于以上考虑，提出基于相似关系和共现关系的话题流行度预测方法 SCW（Similarity and Co－occurrence Weighting）。算法的基本思想是根据相似关系和共现关系分别衡量目标话题属于 16.2.3 节中四个流行度等级的概率，在此基础上，完成对目标话题最终流行等级的预测。算法 16.1 展示了 SCW 算法的流程，具体步骤如下：

（1）基于相似关系的流行等级分析

在话题相似矩阵 TS 中可以获取到任意两个话题间的相似程度，对于话题 t_l，选出与其相似程度最高的 k 个话题 $T_{sim}(t_l)$，通过这 k 个话题的流行度等级以及与话题 t_l 的相似程度，计算话题 t_l 在相似关系下属于定义的四种流行度等级的概率，见式（16－18）。

$$p_{sim}(t_l, S_k) = \sum_{j=1}^{m} w_{s-lj} * \delta(\mathrm{IS}(t_l) = S_k) \tag{16-18}$$

式中，$p_{sim}(t_l, S_k)$ 表示话题 t_l 在相似关系下属于流行等级 S_k 的概率，k 的取值为 1、2、3、4，分别对应 S_1、S_2、S_3、S_4 四个类别；IS( ) 是判定话题所属真实流行度类别的函数；δ( ) 是一个布尔函数，见式（16－19）。

$$\delta(x) = \begin{cases} 1, x \text{ 正确} \\ 0, x \text{ 错误} \end{cases} \tag{16-19}$$

（2）基于共现关系的流行等级分析

在话题共现矩阵 TC 中可以获取到任意两个话题间的共现程度，对于与话题 t_l 共现程度最高的 k 个话题 $T_{cor}(t_l)$，通过这 k 个话题的流行度等级以及与话题 t_l 的共现情况，计算话题 t_l 在共现关系下属于定义的四种流行度等级的概率，见式（16－20）。

$$p_{cor}(t_l, S_k) = \sum_{j=1}^{m} w_{c-lj} * \delta(\mathrm{IS}(t_l) = S_k) \tag{16-20}$$

式中，$p_{cor}(t_l, S_k)$ 表示话题 t_l 在共现关系下属于流行等级 S_k 的概率，k 的取值为 1、2、3、4，分别对应 S_1、S_2、S_3、S_4 四个类别；IS( ) 是判定话题所属真实流行度类别的函数；δ( ) 是一个布尔函数，见式（16－19）。

（3）话题最终流行等级预测

对于话题 t_l，汇总相似关系下的流行度等级和共现关系下的流行度等级预测话题 t_l 最终的流行度等级，见式（16－21）。

$$p(t_l, S_k) = \gamma * p_{sim}(t_l, S_k) + (1-\gamma) * p_{cor}(t_l, S_k) \tag{16-21}$$

式中，$p(t_l, S_k)$ 表示话题 t_l 属于流行等级 S_k 的最终概率；γ 为协调参数，衡量相似关系和共现关系的贡献权重。选择 S_1、S_2、S_3、S_4 四种流行度等级中概率最大的等

级作为话题 t_l 的最终流行等级。

算法 16.1　基于相似情况和共现信息的话题流行度方法

输入：文档集合 D，LDA 模型的训练参数：α、β 和话题个数 k_1，KNN 算法的参数 k_2

输出：话题集合的预测流行度等级集合 L

1. $L(Z,W) \leftarrow$ TW－LDA(D) // 通过 LDA 模型得到话题－词汇矩阵
2. $L(D,Z) \leftarrow$ DT－LDA(D) //通过 LDA 模型得到文档－话题矩阵
3. **for** 文档集合 D 中的每个文档 d **do**
4. 　从 $L(D,Z)$ 得到文档 d 对应的话题分布，选择其中的代表性文档集合 $T(d)$
5. **end for**
6. **for** 话题集合 T 中的每个话题 t_1 **do**
7. 　**for** 话题集合 T 中除了话题 t_1 外的每个话题 t_2 **do**
8. 　　基于话题－词汇分布 $L(Z,W)$ 和公式计算话题 t_1 和话题 t_2 的相似度 c
9. 　基于式（16－13）和式（16－14）计算话题 t_1 和话题 t_2 的共现次数
10. 　**end for**
11. 　基于式（16－10）和式（16－11）计算话题 t_1 的相似话题向量
12. 　基于式（16－15）和式（16－16）计算话题 t_1 的共现话题向量
13. 　选择最高 k_2 个话题作为话题 t_1 的相似话题集合 $T_{\text{sim}}(t_1)$ 和共现话题集合 $T_{\text{cor}}(t_1)$
14. 　基于式（16－18）分别计算在相似性考虑下，话题 t_1 属于四个流行度等级的概率
15. 　基于式（16－20）分别计算在共现性考虑下，话题 t_1 属于四个流行度等级的概率
16. 　基于式（16－21）计算话题 t_1 最终属于四个流行度等级的概率，将概率最高的等级判定为话题 t_1 的最终流行度等级 S_i
17. 　将 $<t_1, S_i>$ 加入流行度预测集合 L
18. **end for**
19. **return** L

16.4　实验分析

SCW 流行度预测方法去掉共现信息分析部分，即为基于相似关系的流行度预测

方法 KNN－S；去掉相似信息计算部分，即为基于共现关系的流行度预测方法 KNN－C。使用 ICTCLAS 完成微博文档的分词过程，实验结果以经典 S－H 模型作为基准算法，以数据集的平均准确率、平均召回率和平均 F 值为评价指标，对比验证 KNN－S、KNN－C 和 SCW 方法的性能。此外，本节还测试参数变化对 SCW 方法的影响，并分析出现这种影响的主要原因。

16.4.1 数据集

以新浪微博的数据进行实验，新浪微博的用户可以通过网页、手机客户端等方式发布消息或上传图片。基于 API 接口爬取了新浪微博 2012 年 10 月 1 日至 2012 年 10 月 31 日的公开微博文本信息，过滤信息后抽取微博文本信息的转发量以及评论信息。对爬取的信息进行预处理，主要是去除在t_s时刻转发量小于 50 的文本，预处理后的 137 266 573 条文本信息用于实验。

16.4.2 评价方法

采用准确率、召回率和 F 度量值衡量提出方法的性能，评价话题在指定时间的流行程度情况。首先，通过方法获取每个流行度等级S_i的话题集合，计算其与通过流行度定义计算的真实话题集合之间的准确率、召回率和 F 度量值。这里定义的准确率、召回率和 F 度量值如下所示。

$$\text{precision}(S_i)=\frac{|\text{real}(S_i)\cap\text{method}(S_i)|}{|\text{method}(S_i)|} \tag{16-22}$$

$$\text{recall}(S_i)=\frac{|\text{real}(S_i)\cap\text{method}(S_i)|}{|\text{real}(S_i)|} \tag{16-23}$$

$$F(S_i)=\frac{2\times\text{precision}(S_i)\times\text{recall}(S_i)}{\text{precision}(S_i)+\text{recall}(S_i)} \tag{16-24}$$

式中，$\text{real}(S_i)$ 表示通过流行度定义计算得到的流行度等级 i 的真实话题集合；$\text{method}(S_i)$ 表示通过指定方法计算得到的流行度等级 i 的实验话题集合；$\text{precision}(S_i)$ 表示流行度等级S_i的准确率；$\text{recall}(S_i)$ 表示流行度等级S_i的召回率；$F(S_i)$ 表示流行度等级S_i的 F 度量值。

最终方法在整个数据集上流行度预测结果的准确率、召回率和 F 度量值由以下三个公式算出：

$$\text{precision}=\frac{\sum_{S_i\in S}\text{precision}(S_i)}{|S|} \tag{16-25}$$

$$\text{recall}=\frac{\sum_{S_i\in S}\text{recall}(S_i)}{|S|} \tag{16-26}$$

$$F = \frac{\sum_{S_i \in S} F(S_i)}{|S|} \tag{16-27}$$

式中，S 表示话题流行度等级集合；S_i表示某一流行度等级。

16.4.3　参数设定

SCW 方法是基于 KNN 的思想，结合话题间的相似关系和共现关系设计的方法。实验中将基于 KNN 方法的 k 值设定为 5，t_s设定为 25 h，t_l设定为 40 h。对于流行等级的划分，设定参数 p_1、p_2、p_3分别为 0.2、0.4、0.7，即当衡量比值小于 0.2，说明该话题非常流行；当大于 0.2 小于 0.4 时，说明该话题比较流行；大于 0.4 小于 0.7 时，说明该话题稍微流行；而大于 0.7 时，则认为该话题不流行。

LDA 模型存在三个变量：超参数 α、β 以及主题个数 K。在模型进行求解之前，需要确定这三个变量的最佳取值大小。根据 David 等人的结论可确定 α 和 β 的取值，令 $\alpha = 50/K$，$\beta = 0.01$，这种取值效果较好。潜在话题个数 K 的选取采用困惑度（perplexity）进行衡量，它是统计模型中应用最为广泛的评价标准之一，可以根据式（16-28）进行计算。

$$\text{perplexity}(R) = \exp\left(\frac{\sum_{m=1}^{M} \lg(P(d_m))}{\sum_{m=1}^{M} N_m}\right) \tag{16-28}$$

式中，N_m表示第 m 篇文档 d_m的长度；$P(d_m)$ 表示模型产生文档d_m的概率。标准困惑度是衡量模型吻合度的指标，其值越低，说明模型吻合度越好。实验过程中通过对话题个数 K 取不同的值，统计并观察标准困惑度的变化情况，如图 16-4所示。可以看出话题个数达到 1 000 时，标准困惑度值最小，之后随着主题数量的增加，困惑度值增大。结果说明，在$K = 1\ 000$时，LDA 模型性能相对较好。因此，实验参数最终设定为 $K = 1\ 000$，$\alpha = 0.05$，$\beta = 0.01$。训练集和测试集的分配按照 4∶1 的比例进行，即最后训练集有 800 个话题，测试集有 200 个话题。

γ 是用来衡量相似关系与共现关系对话题流行度预测影响程度的参数。实验过程中挑选合适的融合参数可以很大程度上提升算法的性能，这里使用训练数据来进行实验。统计 γ 值从 0.1 到 0.8 时对应的准确率、召回率和 F 值，以选择最合适的 γ 值，实验结果如图 16-5所示。由图的结果可以看出，准确率、召回率和 F 值都是先升高再逐步下降。其中，准确率和 F 值都是在 0.4 时达到最大值，而召回率也相对较高，所以选择 $\gamma = 0.4$ 进行测试实验。融合参数 γ 的分析表明，相似关系和共现关系在流行度预测方面都起着非常重要的作用，同时考虑相似关系和共现关系才会取得更好的预测性能。

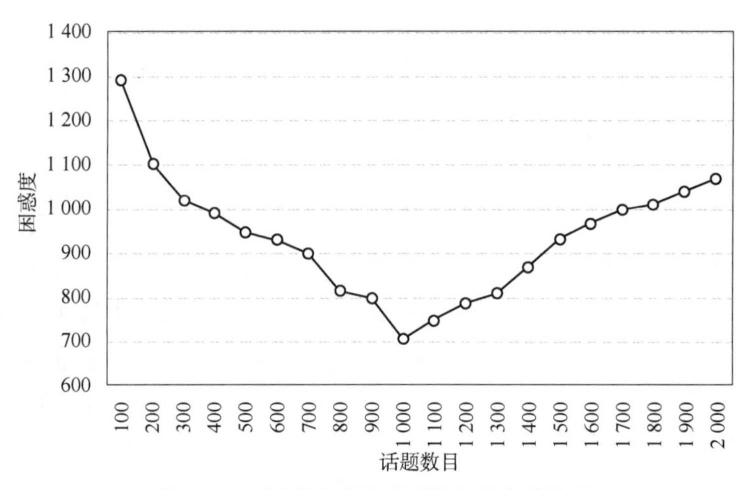

图 16－4　困惑度随隐主题数目的变化情况

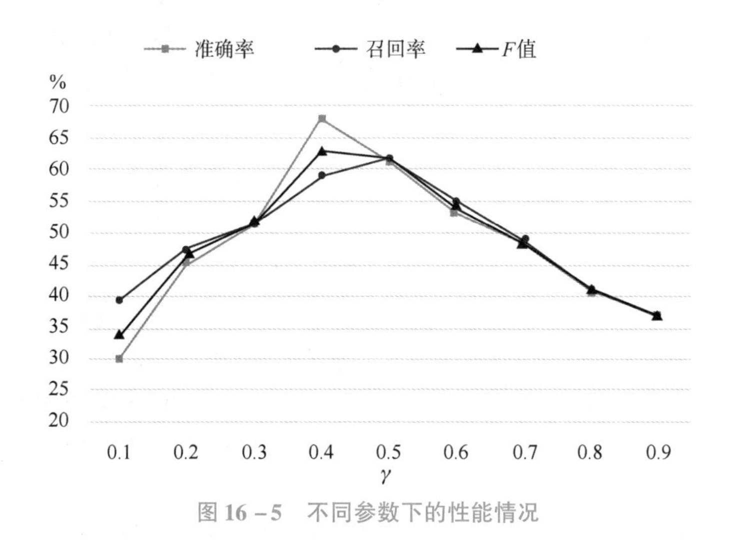

图 16－5　不同参数下的性能情况

16.4.4　实验结果

为了确定 SCW 方法的性能，将算法与以下几种方法做对比。

1. 相似性算法（KNN－S）

将 γ 取 1，即话题流行等级只取决于与它最相似的 k 个话题的流行等级情况。

2. 共现性算法（KNN－C）

将 γ 取 0，即话题流行等级只取决于与它共现程度最高的 k 个话题的流行等级情况。

3. S－H 模型

先通过训练得到t_s时刻的转发数和t_l时刻的转发数之间的比值μ。在当前问题的设置下，根据 S－H 的模型假设，可以按照如下方法获取分类结果：如果μ小于阈值p_1，则判定所有话题都属于不流行等级，即等级S_4；如果μ大于阈值p_1小于阈值p_2，则判定所有话题都属于稍微流行等级，即等级S_3；如果μ大于阈值p_2小于阈值p_3，则判定所有话题都属于比较流行等级，即等级S_2；如果μ大于阈值p_3，则判定所有话题都属于非常流行等级，即等级S_1。

参数设定与 16.4.3 节所述相同，实验结果如图 16－6 所示。对于 S－H 模型，由于所有的测试数据共享从数据集中计算得到的线性比例系数，所以在当前的问题定义下，所有的测试数据只能得到相同的分类结果，这在很大程度上影响了算法的性能。对于 KNN－S 算法，它是通过相似关系计算结果，与 S－H 模型相比，不必强制分类，所以性能更优。对于 KNN－C 算法，它是通过共现关系计算结果，性能要优于 KNN－S 算法，说明共现信息对流行度影响更大。而在上述的条件下，与其他方法相比，提出的 SCW 方法的流行度预测性能最优。分析结果发现，很多共现话题同样是目标话题的相似话题，也就是说，如果某一话题与目标话题不仅存在相似关系，还存在共现关系，则此话题对目标话题的影响力更大，这与正常情况相符。

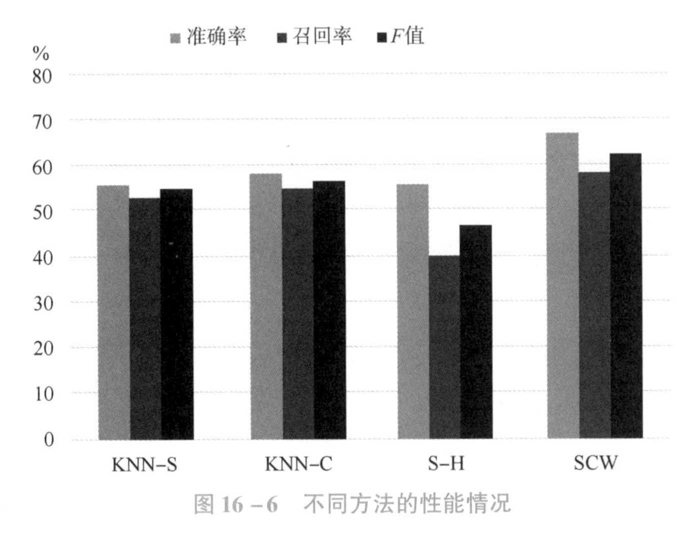

图 16－6　不同方法的性能情况

16.5　本章小结

在社交网络和社交媒体中，话题流行度的分析与预测可以挖掘话题关注情况及变化趋势，易于管理者更加及时准确地掌握、监管和引导公共舆论。但是，现有的流行度预测方法大多是依据话题本身已有的发展态势预测其未来的发展情况，无法在话题刚出现就实现对其流行度以及变化趋势的预测。虽然话题的长期预测具有重要的应用价值，但是由于网络舆情具有爆发周期短的特点，短期预测尤其是针对新话题的流行度预测更有意义。事实上，许多广为关注的舆情事件，从话题出现到备受关注只有短短几天的时间，长期预测不适用于新型媒介下的流行度预测要求。

针对这种情况，将流行程度划分为四个等级，以转发量作为微博话题流行度的衡量标准。基于 KNN 算法的思想，将话题间的相似关系与共现性关系相结合，根据话题的早期情况，对其流行等级进行预测。与其他方法的对比实验结果表明，提出的基于相似关系和共现关系的流行度预测方法 SCW 在预测未来时间点的话题流行程度方面具有更好的性能。

行　动　篇

第 17 章 用户推荐相关理论

本章将重点阐述推荐算法及衡量推荐结果的相关指标与理论。

17.1 推荐的相关算法

目前，存在着不同的推荐算法分类体系，但最广为接受的分为两种：基于内容的推荐和协同过滤推荐。在后续发展中，尽管出现了其他很多新应用，或者面向特定场景的算法和推荐模型，但基本上都是对这两类算法所做的改进，如矩阵分解模型（SVD）、交替最小二乘（ALS）等。

17.1.1 基于协同过滤的推荐算法

协同过滤推荐算法（Collaborative Filtering Recommendations，CF）是目前为止最流行的推荐方法，由亚马逊公司提出并推广。这种方式已经被广泛地研究并应用于不少著名的电商企业。协同过滤推荐算法是基于收集和分析已有用户的历史行为记录、活动和偏好兴趣，然后根据用户之前的某些相似度来预测当前待推荐用户可能喜欢什么或对什么物品感兴趣。协同过滤一个最大的优点是它不需要依赖于对文本的分析进行推荐，即使不知道要推荐的物品是什么，也可以根据人和人或人和物品之间的相似度来准确地推荐很复杂的东西。为了研究相似度问题，许多优秀的相似度衡量算法被用于推荐系统中，如基于用户的最近邻算法(K – Nearest Neighbor，KNN)、Pearson 相关算法等。

协同过滤基于的假设是：每个用户的行为是有规律的，用户在过去的行为数据会与在将来的行为保持一致性，否则，无法对无规律无偏好的用户做出高效的推荐。

1. 数据收集

表 17 – 1 为协同过滤评分数据举例，表中显示了当前用户 A 和其他用户的评分

数据，对物品的喜好程度按1～5分进行评分，A给物品4的评分为5分，说明A非常喜欢物品4。如果能预测出A非常喜欢这个物品，则将该物品放入用户A的推荐列表中。为此，寻找那些和A拥有相似偏好的用户，然后用这组用户对物品5评分，预测A是否喜好物品5。

表17－1　协同过滤的评分数据库

用户	物品1	物品2	物品3	物品4	物品5
用户A	4	3	2	5	?
用户1	4	2	4	3	4
用户2	5	5	5	2	2
用户3	3	2	3	1	3
用户4	1	4	1	4	5

在构建用户行为模型时，要注意区分显式和隐式形式的数据集。

显式数据集主要有以下五种形式：

①用户给物品的打分。

②用户的查询记录。

③用户对物品的喜好度排名。

④用户对两个展示物品的相对喜欢程度。

⑤用户创建的喜欢的物品列单或收藏夹。

隐式数据集主要包括：

①发掘的用户在在线商店中的浏览记录。

②物品/用户的浏览时间。

③用户在线购买记录。

④获得用户在线的收听和查看记录。

2. 案例

推荐系统将收集到的数据与收集的其他用户的相同和不同的数据进行对比，并通过计算为推荐用户生成物品的推荐列表。以下是几个有名的使用协同过滤算法的例子：

①Amazon的item－to－item协同过滤（购买A的人也购买了B）。

②Last. fm（英国著名音乐电台）基于相似用户的收听习惯进行音乐推荐。

③MySpace、Facebook、LinkedIn等社交网络平台使用协同过滤来推荐好友、群组等（基于用户的好友关系）。

3. 缺点

①冷启动：这些系统往往需要大量的历史用户数据作为基础才能做出比较精准的推荐。

②可扩展性：类似于淘宝的在线商城中，有数以亿计的用户和商品，在这样的系统中进行信息推荐，对推荐系统的计算能力必然会要较高要求。

③稀疏性：显示推荐系统中待推荐的物品数量往往异常的大，每个用户都只是给很少一部分的物品进行了打分或评价。因此，即使是最流行的物品，也只会有少部分用户的打分或评价。

17.1.2　基于内容的信息推荐

1. 算法概述

基于内容的推荐算法（Content – based Recommendations，CB）主要基于对物品的描述和用户资料中挖掘的偏好。在基于内容的推荐系统中，关键词通常被用来描述物品的标签，建立用户资料来表示用户喜爱哪一类物品。换句话说，这种算法将物品的标签与用户资料进行比对，若能匹配，则将物品放入该用户的推荐列表中。这种方法源自信息检索和信息过滤的研究领域。

为了将物品的特征抽象化，推荐系统中一般使用 TF – IDF 算法（Term Frequency – Inverse Document Frequency）将文档转换形式进行描述，它通过使用信息检索和文本挖掘相关算法构建权重标准。文档 d 中词语 t 的权重计算如下：

$$W_{t,d} = \mathrm{TF}(t,d) \times \lg \frac{|D|}{|d:t \subseteq d|} \tag{17-1}$$

式中，$\mathrm{TF}(t,d)$ 是 t 在文档 d 中的频率；$|D|$ 是所有的文档数量；$W_{t,d}$ 就是衡量项之间的相似度公式，另外，如果两个用户收藏相同内容的项，那么就可以认为这两个用户具有相似性。

为了创建用户资料，推荐系统通常关注两类信息：用户偏好模型和用户的历史交互数据。

基于内容的推荐算法基本上都是使用物品的资料文件来描述推荐系统内的物品。系统创建了一个基于资料的用户、基于加权向量的物品特征，权重则表示特征所占的比重，即重要性，可以使用不同的方法由各自的已排名的文本向量计算得出，简单的方法是使用户额定项向量的平均值，也可以使用其他复杂的方法，如贝叶斯分类器、聚类分析、决策树、人工神经网络等来预测用户会喜爱某一物品的概率。

2. 案例

基于内容推荐的一个关键问题是系统能否从用户一个方面的行为中学习到用户其他方面的偏好。只能推荐某一类信息的推荐系统显然在价值上比不上能推荐多类信息的系统。例如，基于各个浏览者的新闻浏览记录能较好地给用户推荐新闻文章，但对于音乐、视频、商品的推荐却无能为力。如果能够从浏览记录的内容中也分析出用户对这些方面的喜好，那么推荐势必会更有价值。Pandora 电台就是这样的一个很出名的例子。在它的推荐系统中，通过收听音乐的类型、内容等，向用户提供电影方面的推荐。

3. 缺陷

①有限的内容分析：只能分析一些容易提取的文本类内容（新闻、网页、博客），而自动提取多媒体数据（图形、视频流、声音流等）的内容特征具有技术上的困难。

②过度规范问题：因内容相似性问题容易导致推荐结果的单一化，不利于挖掘用户的潜在兴趣。

③新用户问题：基于内容的推荐很依赖用户本身的浏览查看数据。对于一个拥有很少反馈数据的新用户，该方法很难给用户进行有效的推荐。

17.1.3 混合推荐方法

最近的研究表明，在很多情况下，结合协同过滤和基于内容的过滤的混合方法可能更高效。混合方法可以有几种方式实现：通过分别进行基于内容和基于协作的预测，然后组合它们；通过将基于内容的能力添加到基于协作的方法（反之亦然）；通过将这些方法统一为一个模型。混合方法能较好地避免单方法各自的缺点，克服了推荐系统中的一些常见问题，例如冷启动和稀疏问题。

Netflix 是一个使用混合推荐系统的很好的例子。通过比较相似用户的观看记录和搜索习惯（协同过滤），以及用户对电影的打分（基于内容的过滤），来给用户推荐电影。

随着推荐系统的发展，多种技术开始广泛地应用于推荐系统，除了上文已经介绍过的协同过滤、基于内容的方法外，还有基于知识、人口统计学、关联规则等多种方法。表 17－2 是主要信息推荐方法的对比。

表 17－2　主要信息推荐方法的对比

当前主要推荐方法对比			
推荐方法	基本思路	优点	缺点
基于内容推荐	基于用户已有的记录给用户推荐相似的物品	没有冷启动和稀疏问题；没有新项目问题；透明	新用户问题；不能显式利用其他用户的数据
协同过滤推荐	利用已有用户群的历史行为数据来预测当前用户最可能对哪些物品感兴趣或喜欢哪些东西	挖掘用户新的潜在的兴趣；推荐能较好地匹配兴趣；能处理复制的非结构化对象	冷启动问题；质量取决于历史数据；初始推荐质量差
混合推荐方法	将多种推荐算法结合来进行推荐	能够综合各个不同算法的优点，如基于内容与协同过滤的混合推荐算法既能避免冷启动和稀疏问题，也能较好地实现推荐的多样性与新颖性	多种算法的选择和结合问题，不合适的使用可能使推荐效果比单种方法更差

续表

当前主要推荐方法对比			
推荐方法	基本思路	优点	缺点
基于效用推荐	根据用户 profile 来创建相应的效用函数，并基于效用函数做推荐	无冷启动和稀疏问题；对用户偏好变化敏感；加入考虑非产品特性问题	需要用户提供各种信息来进行填充，才能形成有效的效用函数；推荐是静态的，灵活性差
基于知识推荐	根据用户知识结构建模，从而进行推荐	能考虑非产品特性	知识难以获取；推荐是静态的

17.2　信息推荐的衡量指标

推荐系统的核心是推荐算法，推荐算法的效率直接决定了推荐系统的效果。关于推荐系统的评测，最近的研究很多。为了评估推荐算法，数据经常会被分成训练集和测试集两部分。训练集被认为是已知的信息。测试集中数据用来做推荐。

基于对推荐系统中评测指标现状的研究，本节主要对准确度指标、多样性和创新性、覆盖率三个方面进行介绍。

17.2.1　准确性指标

准确性一般是推荐系统最关键的评测指标，准确性不高的推荐甚至不能称之为推荐。

1. 评级准确性

衡量一个推荐系统的推荐质量具有多种指标衡量。其中两个最常用也是最容易想到的是：①平均据对误差（Mean Absolute Error，MAE）；②均方根误差（Root Mean Squared Error，RMSE）。MAE 是计算所有待评价用户和测试集中的物品的推荐得分，并与实际得分之间求平均差，而 RMSE 则更看重较大偏差。对于真实评级矩阵和预测评级值的接近程度的评测，它们都能有较好的效果。如果 $r_{i\alpha}$ 是用户 i 对项 α 真实的值，那么 $\tilde{r}_{i\alpha}$ 就是预测评级值，E^P 就是隐藏的用户 - 项评级值的集合，MAE 和 RMSE 的定义如下：

$$\mathrm{MAE} = \frac{1}{|E^P|}\sum_{(i,\alpha)\in E^P}|r_{i\alpha} - \tilde{r}_{i\alpha}| \tag{17-2}$$

$$\mathrm{RMSE} = \left[\frac{1}{|E^P|}\sum_{(i,\alpha)\in E^P}(r_{i\alpha} - \tilde{r}_{i\alpha})^2\right]^{1/2} \quad (17-3)$$

式中，E^P 表示测试数据集。对于这两个指标而言，较低的 MAE 和 RMSE 就意味着较高的预测精度。由于 RMSE 在求和之前对误差进行平方化处理，所以倾向于赋予大误差更大的惩罚项。由于这些评价指标可以平等对待所有评级，无论指标在推荐列表中的位置如何，MAE 和 RMSE 对于某些常见任务，比如找到少量可能被给定用户所偏好的商品来说，并不是最理想的选择。然而，由于其简单性，RMSE 和 MAE 被广泛用于推荐系统的评价。

2. 排名准确性

评估预测精度的另一个方法是计算预测评级值和真实评级值之间的相关性。

对于相关性的测评，主要有以下三种经典的方法：Pearson 相关系数（Pearson product - moment correlation）、Spearman 相关系数（Spearman correlation）、Kendall 相关系数（Kendall's Tau）。其中，Pearson 相关系数主要是用来衡量两个评级集合的线性相关的程度，它被定义为：

$$\mathrm{PCC} = \frac{\sum_{\alpha}(\tilde{r}_{\alpha} - \tilde{r})(r_{\alpha} - \tilde{r})}{\sqrt{\sum_{\alpha}(\tilde{r}_{\alpha} - \tilde{r})^2}\sqrt{\sum_{\alpha}(r_{\alpha} - \tilde{r})^2}} \quad (17-4)$$

式中，r_{α}、$\tilde{r}_{\alpha}$ 分别指真实评级值和预测评级值。Spearman 相关系数被定义的方式和 Pearson 相关系数相似，唯一不同之处在于 r_{α} 和 $\tilde{r}_{\alpha}$ 分别被各自的对象等级所替换。与 Spearman 相关系数相同，Kendall 相关系数也估计了真实评级值和预测评级值对于评级值所达成的一致程度。它被定义为：

$$\tau = (C - D)/(C + D) \quad (17-5)$$

式中，C 是指系统预测排序顺序与实际按特定等级属性排序一致的同序对（concordant pairs）数量；D 是指系统预测排序顺序与实际按特定等级属性排序完全相反的异序对（discordant pairs）数量。所以，当预测排序和真实排序相同时，$\tau = 1$；反之，$\tau = -1$。对于两个评级集合的序对中存在具有相同的真实评级值或者预测评级值的情况，Kendall 提出了修正后的相关系数：

$$\tau = \frac{C - D}{\sqrt{(C + D + S_T)(C + D + S_P)}} \quad (17-6)$$

式中，S_T 表示具有相同的真实评级值的序对数量；S_P 表示具有相同的预测评级值的序对数量。Kendall 相关系数对于连续排序对之间的任意位置交换赋予相同的权重，但不同位置的交换可能会产生不同的影响，例如在 1 和 2、100 和 101 之间的交换。所以，修正后的 Kendall 相关系数可能会赋予预测正确评级中排名靠前的序对更高的权重。

3. 分类精度指标

分类指标适用于诸如“寻找好物品”等任务，特别是当只有隐含的评级可参考时（例如，我们知道用户喜欢哪些物品，但却不知道他们对物品的喜爱程度）。当给出排序推荐的物品列表时，由于推荐系统的阈值是不明确的或者可变的，无法为用户做到精准推荐。为了解决这种情况，一个较为经典的评估指标就是 AUC（Area Under ROC Curve，ROC 曲线下面积），其中，ROC 表示被推荐者的行为特性，AUC 可以用来衡量推荐系统如何能够成功地区分相关项（用户所喜爱的对象）与非相关项（所有其他对象）。计算 AUC 的最简单方式就是将相关项被推荐的概率与不相关项被推荐的概率进行比较。计算方式如下：

$$AUC = \frac{n' + 0.5n''}{n} \quad (17-7)$$

每次比较包括一个相关项和一个非相关项，n'、n''分别表示在 n 次独立比较中相关项被推荐的概率高于或者等于不相关项被推荐的概率的次数。显然，如果所有的相关项都比非相关项被推荐的概率高，则 AUC = 1，即这是一个完美的推荐结果。对于随机排名的推荐列表，AUC = 0.5。因此，AUC 值超过 0.5 的就表示推荐算法具有识别相关项的能力。

真实用户往往只关注推荐列表排名靠前的一小部分，所以推荐中更可靠高效的方式是考虑用户相关联项在推荐列表中 Top – L 的位置。

准确率与召回率是最著名的两个分类衡量指标。两者均是以正确推荐给用户的相关物品的数量的比例来计算的。对于任意目标用户 i 推荐问题中的准确率 $P_i(L)$ 和召回率 $R_i(L)$ 的计算公式如下：

$$P_i(L) = \frac{d_i(L)}{L},\ R_i(L) = \frac{d_i(L)}{D_i} \quad (17-8)$$

式中，$d_i(L)$ 表示推荐列表中预测会与用户 i 具有相关性的物品数量；D_i 表示实际和用户具有相关性的物品总数。对于至少拥有一个相关物品的用户，通过平均所有用户相关项的准确率和召回率，即可得到对用户 i 的平均准确率 $P(L)$ 和平均召回率 $R(L)$。将二者与随机推荐产生的准确率和召回率进行对比，就能得到 $P_i(L)$、$R_i(L)$的加强：

$$e_P(L) = P(L)\frac{MN}{D},\ e_R(L) = R(L)\frac{N}{L} \quad (17-9)$$

式中，M 和 N 分别表示用户和物品的数量；D 表示相关物品的总数量。当 $P(L)$ 随着 L 的降低而降低时，$R(L)$ 随着 L 的增加而增加。因此，考虑将准确率和召回率相结合，形成一个 L – dependent 评价指标：

$$F_1(L) = \frac{2PR}{P+R} \quad (17-10)$$

这个指标称为 F 值。目前，还有很多类似的评价指标用于评估信息检索的有效性，也有一些会应用于评估推荐算法，比如平均准确率、R – 精度等。

大多数情况下，准确率和召回率能更直观地评价推荐系统的好坏，因为这直接反映了用户对推荐的接受程度，而不是对物品的预测评分。由于 MAE 所有的偏差都得到相同的加权，所以它不一定是好的指标；而且从用户的角度看，他们关注的也只是物品是否被推荐。

17.2.2 多样性和创新性评价指标

通常，对推荐系统的研究往往最受人关注的是推荐算法的准确度，但是，准确度也不是衡量推荐效果的唯一指标。有时即使是一个成功的推荐项，也不一定能收到好的效益。如音乐推荐中，即使正确地分析出了听众喜欢的音乐类型，但如果总是推荐这一类音乐，听众也会感到厌烦。因此，为了避免用户被同类型的推荐信息所充斥，近几年来学者们也提出了不少有关多样性和创新性的评价指标，本节将围绕这两种评价指标进行介绍。

1. 多样性

用户往往对物品更多样化的推荐感到更满意。

给定两个不同用户 i 和 j，他们的 Top－N 的推荐列表之间的多样性通过汉明距离（Hamming distance）测量：

$$H_{ij}(N)=1-\frac{Q_{ij}(N)}{N} \tag{17-11}$$

式中，$Q_{ij}(N)$ 是指用户 i 和用户 j 的 Top－N 的推荐列表中共同的推荐项。如果推荐列表中的结果一样，那么 $H_{ij}(N)=0$；相反，当两个列表完全不同时，$H_{ij}(N)=1$。平均所有用户对的 $H_{ij}(N)$，就能够获得平均汉明距离 $H(N)$。它的值越大，则说明推荐系统的推荐结果更加多样化。

推荐给用户 i 的物品表示为 $\{o_1,o_2,\cdots,o_N\}$，这些物品之间的相似度 $s(o_\alpha,o_\beta)$ 可用于衡量用户内分集的多样性，给用户 i 推荐项的平均相似度为：

$$I_i(N)=\frac{1}{N(N-1)}\sum_{\alpha\neq\beta}s(o_\alpha,o_\beta) \tag{17-12}$$

它能平均所有用户获得推荐列表 $I(N)$ 的项的平均相似度。尤其是推荐列表之间的差异性，通过避免连续相同项的推荐，能够被用于提高更新推荐的结果。通过引入推荐列表中项排名的损失函数，就能获得对排序敏感的版本。

2. 创新性

有些推荐项在用户看来是他们以前不知道的，当在推荐列表中看到时，对这些推荐评价很高，并接受了这样的推荐。这就是创新度。

评价创新性最简单直接的方式就是衡量推荐项的平均流行度，公式如下：

$$N(L)=\frac{1}{ML}\sum_{i=1}^{M}\sum_{\alpha\in O_R^i}k_\alpha \tag{17-13}$$

式中，O_R^i 表示用户 i 被推荐的物品列表；k_α 表示物品 α 的流行程度。较低的 k_α 对应较高的创新性。衡量被推荐物品创新性的另一个指标是自信息。给定物品 α，则在随机选择的用户中收藏 α 的可能性是 k_α/M，那么用户 i 的自信息可表示为：

$$U_{\alpha} = \log_2(M/k_{\alpha}) \tag{17-14}$$

可以通过将观测值限制到目标用户，即计算目标用户被推荐列表中物品的平均自信息，来定义用户的相对创新性。通过计算所有用户自信息的平均值，可以得到平均创新度。类似地，P. Castells 通过考虑某一物品是否被任一随机用户熟悉的概率，提出了一种基于启发式的算法计算推荐列表的创新度。

17.2.3　覆盖率评价指标

覆盖率可以衡量推荐算法能够成功推荐给用户的物品数量占所有物品数量的百分比。将所有位于推荐列表中不同物品的总数定义为 N，则覆盖率可表示为：

$$\mathrm{Cov}(L) = N_d/N \tag{17-15}$$

式中，N_d 是所有推荐列表中在 Top－L 位置上不同项的总条数。

低覆盖率意味着该推荐算法只能推荐一小部分不同的物品（通常是最受欢迎的物品）给用户，这往往导致推荐结果不够多样化。反之，覆盖率较高的推荐算法就倾向于提供不同的推荐建议。由此可见，覆盖率在某种程度上也可以被认为是一种衡量多样性的评价指标。另外，覆盖率更够辅助准确率指标更好地评估推荐结果。推荐流行的物品可能具有高准确率，但覆盖率低。理想的推荐方法是既具有高准确率，又拥有高覆盖率。

如何选择一个合适的指标来评价推荐系统取决于该系统想要达到的推荐目标。实际上，针对新用户或者老用户的不同需求，推荐系统可能会选择不同的推荐方式，这使得评估过程更加复杂化。综上所述，表 17－3 总结了推荐系统中的各个评测指标。

表 17－3　推荐系统中的各个评测指标

<table>
<tr><th colspan="2">评测指标</th><th>名称</th><th>英文缩写</th><th>偏好</th><th>是否依赖于推荐列表长度</th><th>适用</th></tr>
<tr><td rowspan="8">准确度</td><td rowspan="4">预测评分准确度</td><td>平均绝对误差</td><td>MAE</td><td>小</td><td rowspan="8">否</td><td rowspan="4">对精度关注度高的推荐</td></tr>
<tr><td>平均平方误差</td><td>MSE</td><td>小</td></tr>
<tr><td>均方根误差</td><td>RMSE</td><td>小</td></tr>
<tr><td>标准平均绝对误差</td><td>NMAE</td><td>小</td></tr>
<tr><td rowspan="4">预测评分关联</td><td>Pearson 关联</td><td>PCC</td><td>大</td><td rowspan="4">不关注精度</td></tr>
<tr><td>Spearman 关联</td><td>ρ</td><td>大</td></tr>
<tr><td>Kendall 关联</td><td>τ</td><td>大</td></tr>
<tr><td>基于距离的标准指标</td><td>NDMP</td><td>大</td></tr>
</table>

续表

<table>
<tr><th colspan="2">评测指标</th><th>名称</th><th>英文缩写</th><th>偏好</th><th>是否依赖于推荐列表长度</th><th>适用</th></tr>
<tr><td rowspan="5">准确度</td><td rowspan="4">分类准确度</td><td>准确率</td><td>$P(L)$</td><td>大</td><td rowspan="3">是</td><td rowspan="4">除 AUC 外，其他不适用于没有明确二分喜好的系统</td></tr>
<tr><td>召回率</td><td>$R(L)$</td><td>大</td></tr>
<tr><td>F 值</td><td>$F_1(L)$</td><td>大</td></tr>
<tr><td>ROC 曲线面积</td><td>AUC</td><td>大</td><td>否</td></tr>
<tr><td>排序准确度</td><td>平均排序分</td><td>RS</td><td>小</td><td>否</td><td>排序精准度要求高的推荐</td></tr>
<tr><td colspan="2" rowspan="3">基于排序加权的指标</td><td>半衰期效用指标</td><td>$\mathrm{HL}(L)$</td><td>大</td><td rowspan="3">是</td><td rowspan="3"></td></tr>
<tr><td>折扣累计利润</td><td>$\mathrm{DCG}(b,L)$</td><td>大</td></tr>
<tr><td>排序偏差准确率</td><td>$\mathrm{RBP}(p,L)$</td><td>大</td></tr>
<tr><td colspan="2" rowspan="2">覆盖率</td><td>用户覆盖率</td><td>U_{cov}</td><td>大</td><td>否</td><td rowspan="9">不单独使用，结合其他指标一起改进推荐系统</td></tr>
<tr><td>产品目录覆盖率</td><td>C_{cov}</td><td>大</td><td rowspan="8"></td></tr>
<tr><td colspan="2" rowspan="2">多样性</td><td>内部用户偏差</td><td>$H(L)$</td><td>大</td></tr>
<tr><td>外部用户偏差</td><td>$I(L)$</td><td>小</td></tr>
<tr><td colspan="2" rowspan="4">创新性</td><td>推荐商品平均度</td><td>$N(L)$</td><td>小</td></tr>
<tr><td>系统的自信息量</td><td>$U(L)$</td><td>大</td></tr>
<tr><td>推荐的新颖率</td><td>UE</td><td>大</td></tr>
<tr><td>考虑排序的推荐新颖率</td><td>UER</td><td>大</td></tr>
</table>

17.3 本章小结

主要阐述信息推荐的相关理论，包括各种推荐算法的概述、案例和优缺点介绍，最后介绍了几种评价信息推荐系统的相关指标。通过本章可以很好地了解推荐及其效果的评价，为后文推荐模型算法的评估提供依据。

第 18 章　基于转推网络的个性化推荐模型

在社交网络中通过基于协同过滤进行个性化的信息推荐，就是把博文作为物品，用户作为节点，构建用户和博文的矩阵，利用此矩阵给用户进行个性化的信息推荐。而在社交网络中基于协同过滤的信息推荐，一般是通过加入社交关系的属性来提高算法的准确率。但是在社交网络中，好友关系并不能动态反映用户关系之间的变化，于是考虑用转推博文的关系来刻画用户的关系变化，这样就需要构建用户和转推博文的关系矩阵。在基于原始协同过滤模型的基础上，利用转推博文的动态网络，论述了用户相似度和信任度的概念，改进了原始基于协同过滤的模型。

18.1　基于转推网络的推荐模型框架

改进协同过滤模型基础是要构建用户和转推博文的矩阵。微博的转推机制是用户转发他关注好友的博文，分享给关注自己的粉丝。这个机制不仅可以加速信息的扩散，而且也暴露了用户个人的兴趣点。在设计推荐模型时，考虑到两个因素：

①在实际的社交网络中，用户在每个时间段的兴趣可能都会有所不同。

②不同国家的用户会使用不同的语言发布博文，如果只是基于内容的推荐，在推荐算法的实现上会碰到语言的阻碍。

鉴于以上两个原因，利用转推行为构建的动态转推网络，阐述一个基于协同过滤的个性化推荐模型，如图 18 – 1 所示。这个模型克服了语言和兴趣变化的困难，它主要包括四部分：数据采集和数据预处理，基于信任度计算用户对博文的兴趣度，基于相似度计算用户对博文的兴趣度，计算用户对博文的加权兴趣度。

下面具体描述这四部分模块：

（1）数据采集和数据预处理

这一部分是整个模型的基础。数据采集即利用微博的官方 API 采集用户和博文的信息。用户的选择是基于随机选取的若干个种子节点，同时通过获取这些种子节

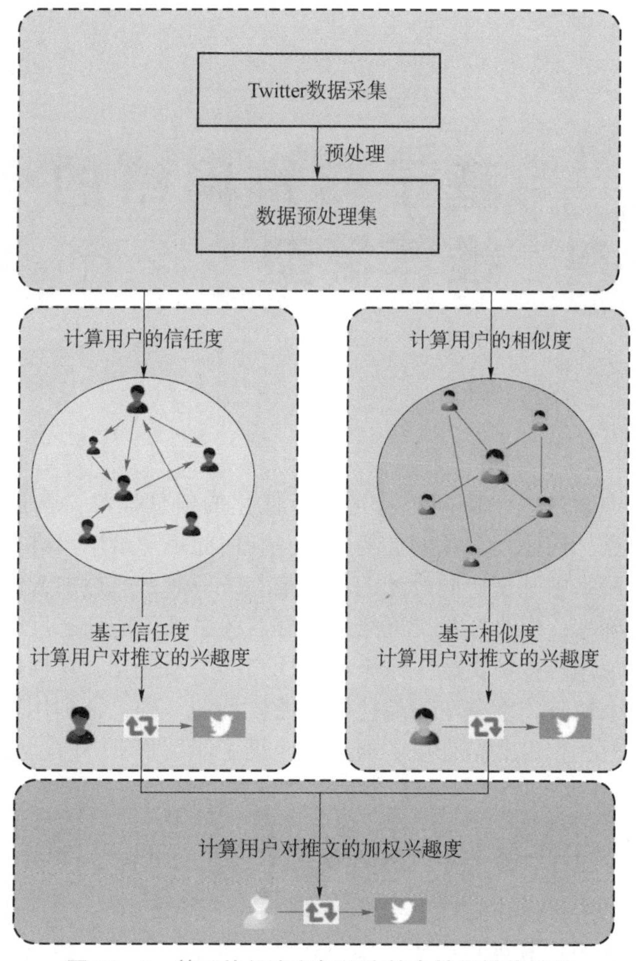

图 18－1　基于信任度和相似度的个性化推荐模型

点的好友和粉丝关系来拓展种子节点。在数据预处理阶段，因为模型的需求，通过匹配博文中的“RT@”抽取转推关系，并且取博文（去掉转推人名）纯文本的 30 字符长度做哈希处理，以便于之后模型内部的计算。

（2）基于信任度计算用户对博文的兴趣度

从直觉上，如果一个用户 u 经常转推用户 v 发布的博文，那么说明在未来的某个时间，用户 u 有很大的可能转推用户 v 发布的博文。所以引入了信任度的特征去预测用户对博文的兴趣度。

（3）基于相似度计算用户对博文的兴趣度

基于传统的协同过滤模型和转推关系，计算出用户之间的相似度，同时，根据用户之间动态变化的相似度去预测用户对博文的兴趣度。

（4）计算用户对博文的加权兴趣度

在完成了（2）（3）两步之后，根据用户相似度和信任度计算出用户对博文的兴趣度，最后提出加权公式去整合两种方式计算出的兴趣度。

在本章的模型中，基于两个假设：

①如果用户 u 转发了用户 v 发布的博文，那么用户 u 应该和用户 v 有一定的相似度，同时，用户 u 应该对用户 v 有一定的信任度。

②在一般情况下，用户偏向于转发和自己比较相似的用户的博文，或者比较偏向于转发自己信任的用户的博文。

18.2　基于用户相似度的个性化推荐模型

个性化推荐模型核心分成了三部分：基于用户相似度的个性化推荐模型、基于用户信任度的个性化推荐模型和加权计算用户兴趣度，如图 18－1 所示。本节先介绍基于用户相似度的个性化推荐模型。这一部分是利用基于用户的协同过滤模型来计算用户对博文的兴趣度的。

18.2.1　相似度的定义与计算

用户之间的相似度，顾名思义，是基于用户与博文的矩阵，刻画用户之间相似程度的一个指标。如图 18－2 所示，把博文作为项，通过用户－博文的打分矩阵，计算用户之间的相似度。

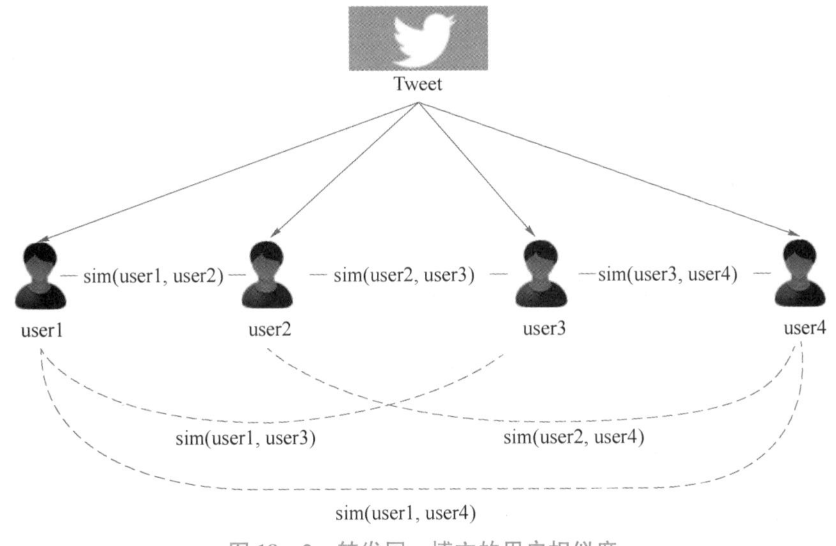

图 18－2　转发同一博文的用户相似度

这个打分矩阵只包含 0 和 1。如果博文被转发，则为 1；没有转发，为 0，见表 18－1。

表 18－1 用户－博文打分矩阵

用户	博文 1	…	博文 j	…	博文 n
用户 1	r_{11}	…	r_{1j}	…	r_{1n}
…	…	…	…	…	…
用户 i	r_{i1}	…	r_{ij}	…	r_{in}
…	…	…	…	…	…
用户 m	r_{m1}	…	r_{mj}	…	r_{mn}

用户相似度是个性化推荐的重要步骤，其计算公式如下：

$$\mathrm{sim}(u,v) = \frac{\sum_{i\in |N(u)\cap N(v)|} \frac{1}{\lg(1+\mathrm{retweetCount}(i))}}{\sqrt{|N(u)||N(v)|}} \qquad (18-1)$$

这个公式利用了逆用户频率公式计算用户之间的相似度。其中，分母中的 $N(u)$ 是指用户 u 发布的博文数，$N(v)$ 是指用户 v 发布的博文数，分母是正则项，能够使得最后用户 u 和用户 v 的相似度值在 0 和 1 之间。$\frac{1}{\lg[1+\mathrm{retweetCount}(i)]}$ 是惩罚因子，表示博文 i 被转发的次数越多，该惩罚因子的值会比原始值小。这也就意味着如果某博文非常热门，那么该博文不足以直接反映用户之间的相似程度；相反，如果博文转发次数很少，比较冷门，那么这条博文就比热门博文更能反映转发这条博文的用户之间的相似度。

18.2.2 基于用户相似度的兴趣度计算

在获得了用户－博文的打分矩阵和用户之间的相似度后，当给定用户 u 和博文 t 后，就可以利用如下公式计算用户 u 对博文 t 的兴趣度：

$$p_{\mathrm{sim}}(u,t) = \sum_{v\in S(u,K)\cap N(t)} \mathrm{sim}(u,v)\cdot r_{vt} \qquad (18-2)$$

式中，$S(u,K)$ 包含与用户 u 最相似的 K 个用户集合；$N(t)$ 是指转发或发布过博文 t 的用户集合，那么用户 v 就是指上述两个集合的用户交集集合；r_{vt} 是指用户 v 是否转发或发布过博文 t（1 为转发或发布过，0 为未转发或发布过）。

根据以上定义，计算用户 u 对博文 t 的兴趣度。首先要获取要求的用户 v 集合，根据 v 集合的要求，必须是与用户 u 最相似的 K 个用户集合和发布或转发过博文 t 的用户集合的交集，所以用户 v 一定转发或发布了博文 t，那么 r_{vt} 的值一定为 1。则计算兴趣度的公式可以简写成如下形式：

$$p_{\mathrm{sim}}(u,t) = \sum_{v\in S(u,K)\cap N(t)} \mathrm{sim}(u,v) \qquad (18-3)$$

根据计算出的用户对博文的兴趣度值，就可以得到对每个用户的 Top－N 的博文推荐列表。

18.3　基于用户信任度的个性化推荐模型

18.2 节主要介绍了基于用户相似度的个性化推荐模型。如果从图的角度出发，是构建了用户之间的无向边网络，边之间的权重值就是用户的相似度。但只用相似度去刻画用户之间的关系是不够的，毕竟用户之间应该是有指向的，这个指向就是社交网络中的网络关系，这样考虑把网络关系的因素加入这个模型中。但是通过观察数据，发现用户的网络关系一旦建立，变化的概率很小，不能够动态地反映用户关系指向的强弱。所以利用转推博文网络的动态化和指向性，阐述了信任度的概念，构建了基于用户信任度的个性化推荐模块。

18.3.1　信任度的定义与计算

相似度刻画了用户之间的无向边属性，与此同时，引入了信任度去刻画用户之间有向边的属性。如图 18－3 所示，信任度这个特征是指当用户 v 转发了用户 u 发布或转发的博文，那么就认为用户 v 对用户 u 有一定的信任度。

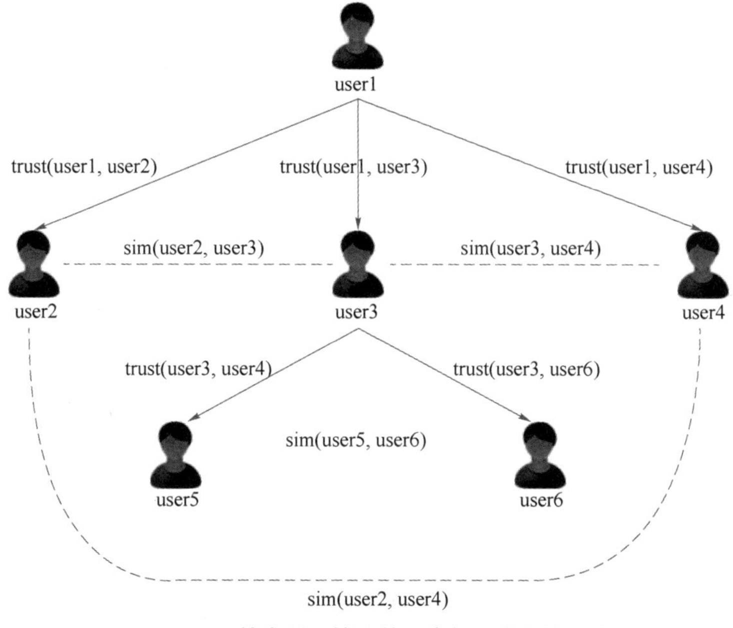

图 18－3　转发同一博文的用户相似度和信任度

为了更好地评估信任度的计算，做了一个假设：当用户 u 发布博文的时间和用户 v 转发用户 u 发布博文的时间越近，就认为用户 v 对用户 u 的信任度值越高。

从直观上来看，如果用户 u 发布了博文 t，用户 v 转发了博文 t，那么就意味

着用户 v 比较喜欢博文 t 并且愿意去和他的粉丝分享，或者用户 v 重视用户 u 这个网络关系。无论从哪方面看，用户 v 对用户 u 都是有一定的信任度。并且用户 v 越快转帖，说明用户 v 和用户 u 的时序行为很接近，会更大可能地关注用户 u 发布的博文。所以引入了负指数分布去模拟某一条博文发布时间和转发时间的延迟：

$$\mathrm{trust}_t(x;\lambda)=\begin{cases}\lambda e^{-\lambda x}, & x\geqslant 0\\ 0, & x<0\end{cases} \tag{18-4}$$

trust 值就是通过负指数分布计算出来的，其中 x 的定义如下所示：

$$x=\frac{\mathrm{created}At_v(t)-\mathrm{created}At_u(t)}{\mathrm{created}At_{\max}(t)-\mathrm{created}At_{\min}(t)}(\text{当 } u,v \text{ 是连接的}) \tag{18-5}$$

式中，$\mathrm{created}At_v(t)-\mathrm{created}At_u(t)$ 是指用户 u 转发博文时间和用户 v 发布博文时间的延迟。$\mathrm{created}At_{\max}(t)-\mathrm{created}At_{\min}(t)$ 是指在转推博文时间间隔中最大的延迟。在这里需要注意的是，用户 u 和用户 v 必须要是相邻的，意思是用户 v 是直接转发了用户 u 的博文，后边我们会具体分类讨论。

对于参数 λ，使用最大似然估计计算其值：

$$\hat{\lambda}=\frac{1}{\bar{x}} \tag{18-6}$$

式中，$\bar{x}=\frac{1}{n}\sum_{i=1}^{n}x_i$ 是样本的平均值。同时，上述是针对相邻（直接转发关系）的用户，对于间接转发的用户之间，同样可以计算信任度的值，这里做出一个假设：信任度的值是可以传递的。这意味着如果用户 w 转发了用户 v 转发的博文 t，用户 v 转发了用户 u 发布的博文 t，那么用户 w 对用户 v 一样是有信任度值的，其计算如下：

$$\mathrm{Path}_t(w,u)=\{\mathrm{trust}_1(w,v),\mathrm{trust}_2(v,u)\} \tag{18-7}$$

这个公式是指用户 w 和用户 v 存在一条转发路径，而信任度的计算如下：

$$\mathrm{trust}_t(w,u)=\prod_{i\in \mathrm{Path}_t(w,u)}\mathrm{trust}_i \tag{18-8}$$

那么用户 w 对用户 v 的信任度就是在这条转发路径上的信任度值的乘积。

以上是针对一条博文计算用户间的信任度值，最后，计算用户 w 和用户 u 之间的信任度时，需要把所有转发的博文计算的信任度求和：

$$\mathrm{trust}(w,u)=\sum_{k=1}^{m}\mathrm{trust}_k \tag{18-9}$$

这样就计算出了用户之间的信任度，同时构建出了用户之间的信任度矩阵和有向边网络。

18.3.2 基于用户信任度的兴趣度计算

基于用户信任度的 Top－N 推荐类似于基于用户相似度的 Top－N 推荐计算方

法，在获得了用户 - 博文的打分矩阵和用户之间的信任度后，当给定用户 u 和博文 t 后，就可以利用如下公式计算用户 u 对博文 t 的兴趣度：

$$p_{\text{trust}}(u,t) = \sum_{v \in S(u,K) \cap N(t)} \text{trust}(u,v) \times r_{vt} \tag{18-10}$$

式中，$S(u, K)$ 包含用户 u 信任度最高的 K 个用户集合；$N(t)$ 是指转发或发布过博文 t 的用户集合；用户 v 是指上述两个集合的用户交集集合；r_{vt}是指用户 v 是否转发或发布过博文 t（1 为转发或发布过，0 为未转发或发布过）。

根据以上定义，计算用户 u 对博文 t 的兴趣度，首先要获取要求的用户 v 集合，根据 v 集合的要求，必须是用户 u 对其信任度最高的 K 个用户集合和发布或转发过博文 t 的用户集合的交集，所以用户 v 一定转发或发布了博文 t，那么 r_{vt}的值一定为 1。则计算兴趣度的公式可以简写成如下形式：

$$p_{\text{trust}}(u,t) = \sum_{v \in S(u,K) \cap N(t)} \text{trust}(u,v) \tag{18-11}$$

根据计算出的用户对博文的兴趣度值，就可以得到对每个用户的 Top - N 的博文推荐列表。

18.4　基于用户相似度和信任度的混合推荐模型

通过以上两种模型的计算，从用户 - 博文打分矩阵的构建到获取两个模型的 Top - N 推荐列表。最后引入了加权公式去混合两种模型，得到最优的 Top - N 推荐列表。

因为根据两种模型获取到的用户对博文的兴趣值各不相同，所以分别对每个用户所预测博文集合的相似度兴趣值和信任度兴趣值做归一化处理，以便除去误差。归一化的公式如下：

$$P_{\text{sim}}^{*}(u,t) = \frac{P_{\text{sim}}(u,t) - P_{\text{sim}}(u,t_{\min})}{P_{\text{sim}}(u,t_{\max}) - P_{\text{sim}}(u,t_{\min})} \tag{18-12}$$

$$P_{\text{trust}}^{*}(u,t) = \frac{P_{\text{trust}}(u,t) - P_{\text{trust}}(u,t_{\min})}{P_{\text{trust}}(u,t_{\max}) - P_{\text{trust}}(u,t_{\min})} \tag{18-13}$$

第一个公式是对基于相似度的推荐模型计算出的兴趣度做归一化，其中 $t_{\max}$是指该用户兴趣度最大的博文，$t_{\min}$是指该用户兴趣度最小的博文。最后计算出归一化后的兴趣度。

第二个公式是对基于信任度的推荐模型计算出的归一化兴趣度。

得到归一化的兴趣度后，就可以利用加权公式进行最优兴趣度的计算：

$$p_{\text{sim\_trust}}(u,t) = \alpha \| p_{\text{trust}}{}^{*}(u,t) \| + (1-\alpha) \| p_{\text{sim}}{}^{*}(u,t) \| \tag{18-14}$$

式中，α 是值为 0 ~ 1 的参数值，算法需要不断在测试集上调整优化 α，从而达到最优的结果，这部分会在实验阶段具体描述。

18.5 本章小结

阐述了基于转推网络的个性化推荐模型，从传统的协同过滤算法出发，首先考虑到转推网络的相对动态性，引入了信任度和相似度的指标，构建了用户的相似度矩阵和用户的信任度矩阵。然后根据这两个矩阵分别计算出用户对博文的兴趣度，得到两种方法的 Top - N 推荐列表。最后再使用混合加权的方法计算用户对博文的兴趣度，取得最优的 Top - N 推荐列表。

第 19 章 基于内容标签的个性化推荐模型

上一章描述了基于转推网络的个性化推荐模型，该模型本身是基于传统的协同过滤模型，但是这一类的推荐模型都有普遍的问题，那就是冷启动问题。在基于转推网络的推荐模型背景下，如果用户没有转推博文，那么该模型会因为不能获取到转推网络而失效，则不能给这个用户推荐信息。所以本章主要阐述抽取用户博文中的一些属性去分析用户的兴趣、情感、时序行为，从而弥补基于转推网络的个性化推荐模型所带来的一些缺陷。

19.1 基于内容标签的推荐模型框架

基于内容标签的个性化推荐模型框架如图 19－1 所示，主要分为三个模块：数据的采集及预处理、标签特征的抽取、基于多标签的兴趣度计算。

（1）数据的采集及预处理

利用微博的 API 采集用户和博文的数据，同时过滤掉非中文的博文和用户，以保证对用户兴趣类别的划分和情感的分类。

（2）标签特征的抽取

标签特征的抽取主要分为用户标签特征的提取和博文标签特征的提取。首先，需要对采集到的博文数据进行兴趣类别的分类、情感倾向的分类和时序行为的分类，得到三种类别标签后，将基于博文内容的兴趣类别标签和情感倾向标签进行组合，就得到了博文的兴趣类别＋情感倾向标签和博文的时序标签。然后对用户发布的博文进行统计分析，获取到其组合标签与时序行为标签。最后就分别得到了用户和博文的标签及对应标签的权值。

（3）基于多标签的兴趣度计算

根据获取到的用户和博文的标签特征集合，对用户进行多标签向量化。通过博文标签向量与用户标签向量计算用户对博文的兴趣度，也就是用户与博文的匹配度。

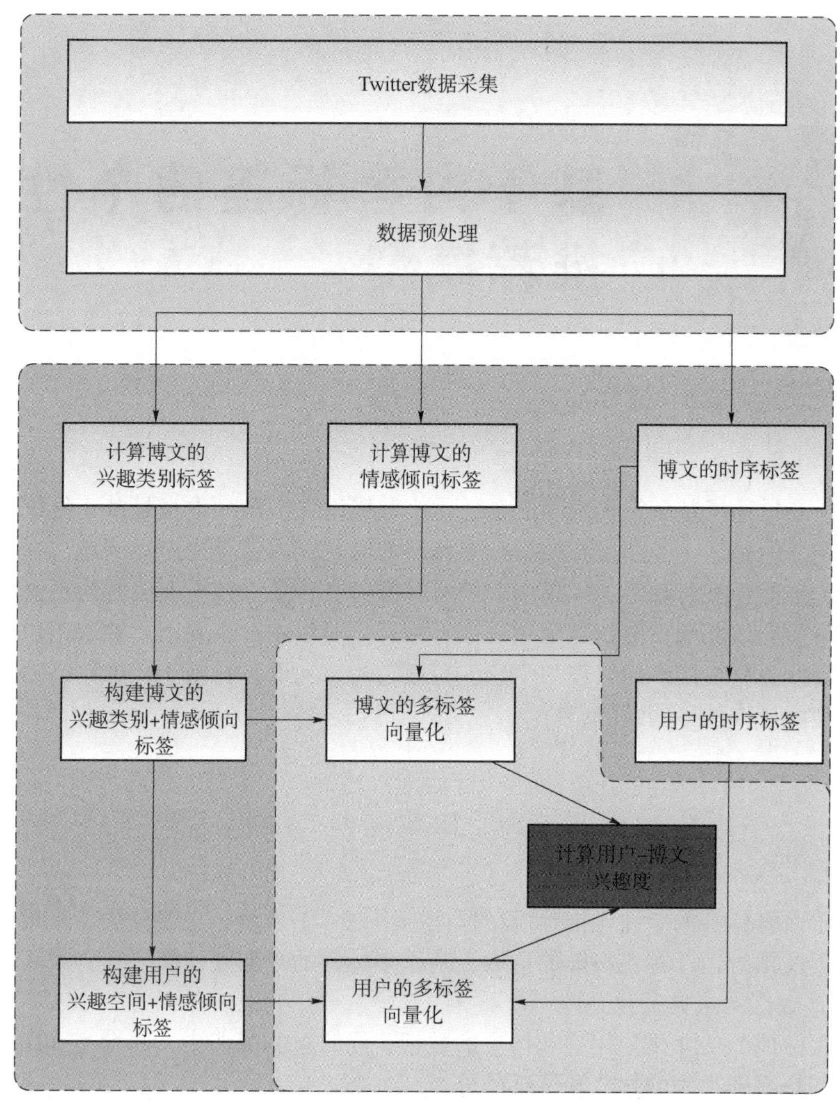

图 19-1　基于内容标签的个性化推荐模型框架

19.2　标签特征的抽取

标签是联系博文和用户的一个纽带。用户喜欢具有某些特征的博文，而博文本身又具有某些特征，所以特征就可以以标签的方式标记用户和博文，标签匹配率比较高的用户和博文自然会建立连接，即用户很可能喜欢匹配率高的博文并且对其产生转发或评论的行为。而标签特征的抽取是计算匹配度的基础工作，本章从推荐的三个方面抽取特征：兴趣类别、情感倾向和时序行为。

19.2.1　兴趣类别标签特征

1. 兴趣类别的定义

兴趣类别，主要基于对博文的类别分类，然后统计每个用户发布博文的类别，构建用户的兴趣空间。在微博中，博文是不超过 140 个字符的短文本。针对这种短文本的分类，已经有很多学者进行了深入研究，比如，Boyd 等将回帖作为一种会话进行训练，把博文分成了覆盖面比较广的类别，例如信息、事件、会话等；Pear Analytics 定义了六种类别：新闻、垃圾邮件、自荐内容、歧义语、过去内容、会话。研究将博文分为五个有效类——社会（A）、军事（B）、政治（C）、经济（D）、娱乐生活（E）和一个无效类——其他（F）。

2. 兴趣类别的特征抽取

如图 19－2 所示，首先对训练集和测试集中的文本进行预处理、分词、特征过滤和文本表示，然后对文本表示后的训练集数据进行训练，形成兴趣模型，用该模型对测试集数据进行兴趣分类。分词采用 FDNLP 中文分词器。兴趣分类的核心是对分类器的构建，主要采用支持向量机算法，使用台湾民族大学里的机器学习小组研发的 Liblinear 工具。

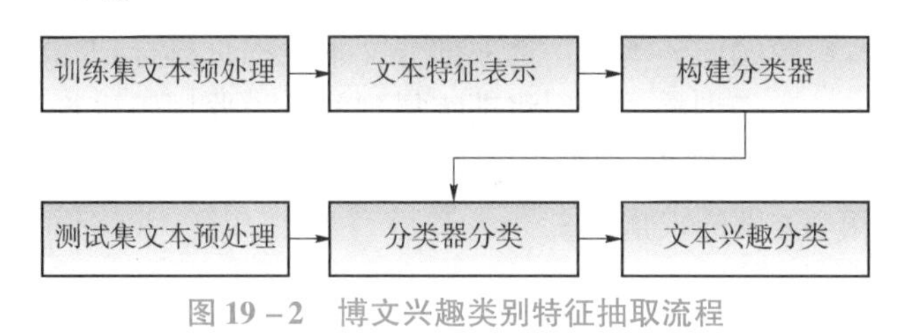

图 19－2　博文兴趣类别特征抽取流程

最后得到了每条博文的兴趣类别表示：

$$t_{\text{interest\_tag}} = \{w_A, w_B, w_C, w_D, w_E, w_F\}$$

式中，w_i 表示博文对于第 i 类别的权重值，则博文应该属于权重值最大的类别。

19.2.2　情感倾向标签特征

1. 情感倾向的定义

情感分析是自然语言处理中的一个重要课题。其中，对文本的情感倾向性分析又叫作文本情感分类。通常，对于一篇文档，既可以将其所表达的情感粗略地分为两大类：积极的和消极的。更进一步，也可以更加精细地分为五类：十分积极的、积极的、中立的、消极的和十分消极的。为了简化实验的工作，只考虑粗分类，也就是将情感分为两类，那么这样问题就可以被描述成一个二分类的问题。

Wang 等人认为，简单的机器学习算法在二分类问题上就有非常好的表现效果，斯坦福大学的 Socher 构建了一棵句法树，对每一个句子进行了句法分析，并对每个词进行了标注。这种使用句法分析的方法，大大提高了计算机对语义的识别，对于某些特殊的语言特色，如双重否定，都有很好的效果。Mikolov 通过循环神经网络对语料库进行训练，也对情感分类产生了良好的结果。Gregoire 等人通过结合多种不同的简单机器学习算法，也取得了不错的效果。Socher 通过比较不同的算法，如词袋模型、朴素贝叶斯等，发现循环神经网络的效果不错。Wang 和 Manning 等人通过比较 Unigrams、Bigrams 和 Trigrams，发现综合以上三种模型得到的新模型的效果最好。

上述方法都取得了良好的效果，但是 Socher 构建的句法树只能对单句进行分析，如果是多个句子，效果会降低。通常，循环神经网络训练时间开销长，对于很大的训练数据，其速度是难以忍受的。

2. 情感倾向的特征抽取

简要说明情感倾向特征的抽取，如图 19－3 所示。首先需要对文本进行预处理，包括繁简体转换、去除特殊符号、中文文本分词等过程。将预处理的文本通过词向量计算工具（如 Word2Vec）求得每个词的词向量，通过每个词的词向量，提取出段落的向量，常见的获取段落向量的方法有通过 Doc2Vec 计算段落向量、通过求得段落内词向量的平均值计算段落向量和通过计算词向量的加权平均值算得段落向量。在进行文本情感倾向分类前，选取部分文本数据进行标记。将标记的数据送入文本分类算法当中进行训练。最后将训练得到的分类器用于进行文本分类，得到最后文本情感倾向的分类结果，用 $t_{sentiment\_tag} = \{w_{positive}, w_{negative}, w_{neutral}\}$ 表示。其中，w_i 表示对于情感第 i 类别的权重值。

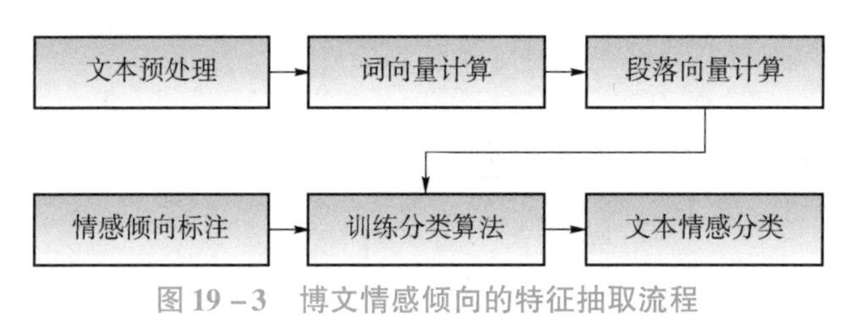

图 19－3　博文情感倾向的特征抽取流程

19.2.3　时序行为标签特征

时序行为特征是指用户在社交网络中发布帖文的时间行为特征，也就是用户活跃在社交网络的特征。针对用户的时序行为特征对博文的推荐所起到的作用，这里有一个简单的例子，比如，如果经常晚上在社交网络上发博文的用户，说明他之后社交网络晚上在线的概率大。那么晚上推荐博文，反馈的概率会大。所以这里做一个假设：在社交网络中，如果用户在某个时间段非常活跃，那么可以预测有很大的可能未来他会在这个时间段在线。

基于这个假设，将时间序列分为 24 类（即 1 点，2 点，…，24 点等），并且采用四舍五入的方式（即 6:10 算 6 点，6:40 算 7 点）处理时间点。通过这样的处理，就得到了类似（博文 - 整数时间）格式的数据，那么每条博文的时序特征表示为：$t_{\text{time\_tag}} = \{w_1, w_2, \cdots, w_{24}\}$。

19.3　基于多标签的兴趣度计算

获取到博文和用户的特征标签后，需要根据应用场景对用户和博文进行标签向量化表示，以便计算用户对博文的兴趣度。

19.3.1　用户和博文的标签向量化表示

特征标签包括兴趣类别标签、情感倾向标签和时序行为标签。其中兴趣类别标签包括社会（A）、军事（B）、政治（C）、经济（D）、娱乐生活（E）和其他（F），情感倾向标签包括中立、支持、反对。从博文内容的角度出发，兴趣类别标签应该和情感倾向标签组合生成新标签，那么组合标签就是 A + 中立、A + 支持、A + 反对、B + 中立、B + 支持、B + 反对等 18 个标签特征，它们代表着用户对每一类别博文的情感倾向。

对于兴趣类别特征抽取，最终得到 $t_{\text{interest\_tag}} = \{w_A, w_B, w_C, w_D, w_E, w_F\}$，表示博文的每个兴趣类别权重；

对于情感倾向特征抽取，最终得到 $t_{\text{sentiment\_tag}} = \{w_{\text{positive}}, w_{\text{negative}}, w_{\text{neutral}}\}$，表示博文的每个情感类别的权重；

则 $t_i = \{w_A w_{\text{positive}}, w_A w_{\text{negative}}, w_A w_{\text{neutral}}, \cdots, w_F w_{\text{positive}}, w_F w_{\text{negative}}, w_F w_{\text{neutral}}\}$ 就是通过上面两个特征表示，计算出的博文 i 的组合标签。该组合标签一共有 18 组，每种标签计算出的值可以理解成博文对于每个兴趣情感类别的权重值。权重值最大的就是博文所属的兴趣情感类别。

针对用户的兴趣情感特征，则是通过统计用户发布博文的兴趣情感类别得出的。则用户的兴趣情感表达式形式：

$$u_i = \left\{\frac{\text{Num}_{w_A w_{\text{positive}}}}{\text{Num}_{\text{all}}}, \frac{\text{Num}_{w_A w_{\text{negative}}}}{\text{Num}_{\text{all}}}, \frac{\text{Num}_{w_A w_{\text{neutral}}}}{\text{Num}_{\text{all}}}, \cdots, \frac{\text{Num}_{w_F w_{\text{positive}}}}{\text{Num}}, \frac{\text{Num}_{w_F w_{\text{negative}}}}{\text{Num}}, \frac{\text{Num}_{w_F w_{\text{neutral}}}}{\text{Num}}\right\},$$

每种特征值表示用户对于该特征的博文占他发布所有博文的百分比。

时序行为特征根据 24 个小时分类，所以共有 24 种时序行为标签特征。所以对于代表博文，有 24 种时序类型，博文的特征表示为 $t_{\text{time\_tag}} = \{w_1, w_2, \cdots, w_{24}\}$，然后针对用户的时序行为，对每个用户发布博文数据进行统计，则用户的每个时序特征值就是发帖百分比，即该用户未来在这个时间段在线的概率：

$$u_i = \left\{ \frac{\text{Num}_{w_0}}{\text{Num}_{\text{all}}}, \frac{\text{Num}_{w_1}}{\text{Num}_{\text{all}}}, \cdots, \frac{\text{Num}_{w_{24}}}{\text{Num}_{\text{all}}} \right\}$$

综上，如果将用户和博文用标签向量化表示，则为：

$$u = (u_1, u_2, \cdots, u_{42}) \quad \text{（用户多标签向量化表示）}$$

$$t = (w_1, w_2, \cdots, w_{42}) \quad \text{（博文多标签向量化表示）}$$

其中，1～18 维是组合标签；19～42 维是时序行为标签；u_i 和 w_i 分别表示用户 u 和博文 t 的第 i 维标签的特征值。

19.3.2 基于多标签的兴趣度计算

用户和博文都用向量化的方式表示后，用户 u 对博文 t 的兴趣度计算使用最简单实用的内积计算，计算公式如下：

$$p(u,t) = \boldsymbol{u} \cdot \boldsymbol{t}$$

式中，$\boldsymbol{u}$ 是用户的标签向量化表示；$\boldsymbol{t}$ 是博文的标签向量化表示。两个向量的内积就是用户对该博文的兴趣度。

19.4 本章小结

主要阐述了基于内容标签的个性化推荐模型。因为博文缺少转推信息，所以从用户和博文的属性中提取特征，构建标签特征，同时，对用户和博文进行标签向量化表示，利用用户的特征标签向量和博文的特征标签向量计算用户对待推荐博文的兴趣度，也就是用户和博文之间的匹配度，从而给用户推荐匹配度较高的博文。

第 20 章 基于转推网络和内容标签的混合推荐模型

本章主要阐述如何将上述两个模型融合，引申出三种混合模型：基于相似度和内容标签的个性化推荐模型、基于信任度和内容标签的个性化推荐模型、基于混合加权和内容标签的个性化推荐模块，同时，通过对比实验的方法比较模型算法的有效性。

20.1 基于转推网络和内容标签的混合推荐模型框架

基于转推网络和内容标签的混合模型，分别面向活跃与非活跃的用户群，利用基于转推网络的推荐模型和基于内容标签的推荐模型的输出结果，通过互补综合最终的结果来计算用户对博文兴趣度。但是因为基于转推网络的推荐模型，是由相似度矩阵和信任度矩阵分别计算出用户对博文的兴趣度，所以选择了三种方法计算最终用户对博文的兴趣度，根据平均准确率衡量三种不同方法的结果，然后选择一种效果最佳的组合方法作为模型。这三种方法如图 20 - 1 所示，包括基于信任度和内容标签计算用户 - 博文兴趣度、基于相似度和内容标签计算用户 - 博文兴趣度、基于混合加权和内容标签计算用户 - 博文兴趣度。

（1）基于信任度和内容标签计算用户 - 博文兴趣度

针对活跃用户，基于信任度计算用户对博文的兴趣度；针对非活跃用户，根据内容标签计算用户对博文的兴趣度，最终得出所有用户群兴趣度最高的 Top - *N* 博文。

（2）基于相似度和内容标签计算用户 - 博文兴趣度

针对活跃用户，基于相似度计算用户对博文的兴趣度；针对非活跃用户，根据内容标签计算用户对博文的兴趣度，最终得出所有用户群兴趣度最高的 Top - *N* 博文。

(3) 基于混合加权和内容标签计算用户 - 博文兴趣度

针对活跃用户，将相似度和信任度分别计算出的用户对博文的兴趣度进行加权，得到用户对博文的加权兴趣度；针对非活跃用户，根据内容标签计算用户对博文的兴趣度，最终得出所有用户群兴趣度最高的 Top - N 博文。

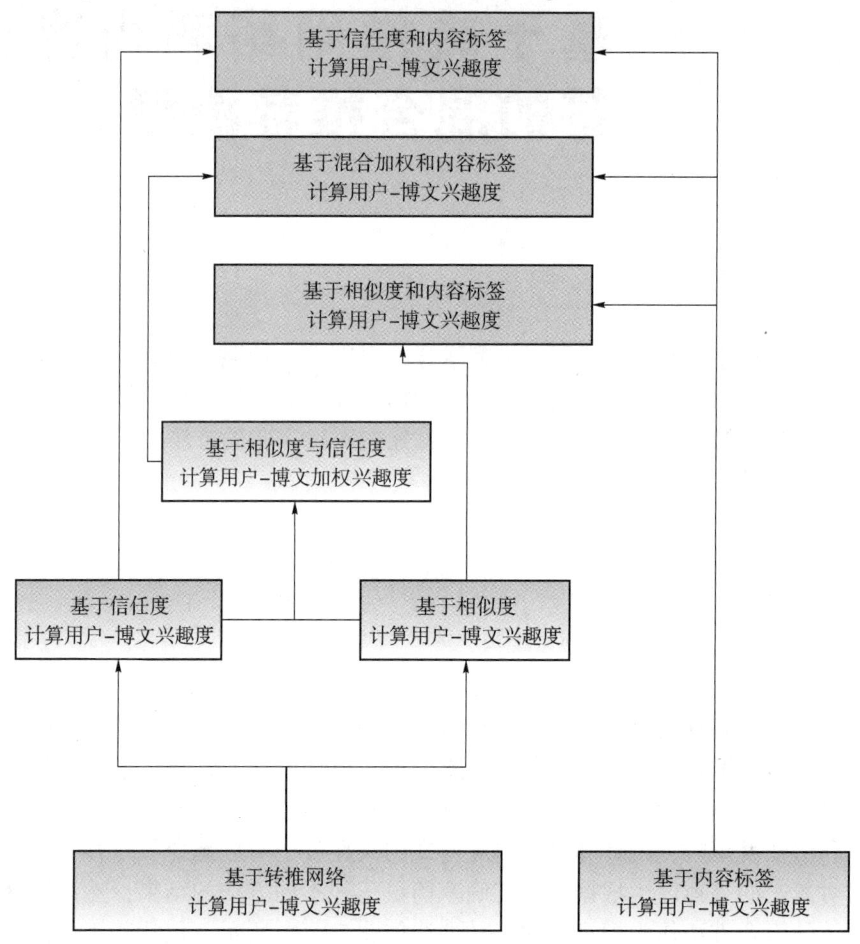

图 20 - 1　基于转推网络和内容标签的混合推荐模型框架

20.2　离线实验设计及分析

20.2.1　数据集及评价标准

1. 数据集描述

利用微博官方的 API，选取了一些用户作为种子节点，然后基于种子节点，通过采集用户的好友关系和粉丝关系来扩展种子节点库，同时，过滤掉好友数量小于 15 的用户。在 2014 年 3 月到 6 月期间采集了 186 545 个用户和这些用户在这四个月发布的 11 803 979 条的博文。把这四个月的数据作为离线实验的数据集。

2. 数据预处理

考虑到采集的数据可能存在缺失，为保证实验的有效性，将获取到的博文数据集按月分成四部分。然后分别对这四个月的数据进行预处理。

针对如下两个推荐模型：基于转推博文的个性化推荐模型和基于内容标签的个性化推荐模型，分别进行不同的预处理。

（1）活跃度过滤

首先该模型需要构建用户 – 博文的转推矩阵，但是对于一些转推行为频率较低的用户和被转推频率较低的博文，会使得转推矩阵更加稀疏，这样就会大幅度降低算法效率，同时也在很大程度上影响算法的结果。所以针对该模型，需要采用如下规则对用户和博文数据进行活跃度的过滤：

- 用户在该月必须转发至少 10 条博文，以保证用户的相对活跃度。
- 为了获取到博文的转推信息，所以该月的博文一定被转发过。

综上，该预处理是不断迭代的过程，直到数据集中的数据都满足以上两个条件。

（2）博文的哈希处理

获取到活跃度过滤后的转推博文集和用户集后，需要对转推博文做哈希处理，以便于提高后续算法的效率。哈希处理主要包括以下几步：

- 因为在微博中，博文的转发往往会追加很多格式的内容，这就造成了相同的博文内容不一致。所以需要用正则表达式去除一些元素，包括“RT”“rt”“@”及标签符号。
- 去除博文中转发用户的用户名，这一步在下一步抽取转推关系中用到了，这里不加详述。
- 使用非加密的哈希算法 murmurhash 算法作为哈希函数，输入为剩余的有效字符，输出就是提取出的哈希签名。

（3）抽取转推关系

最后是要获取到博文的转推关系，从而得到用户和用户之间的关系网络，方便之后模型计算用户之间的相似度和信任度。因为博文的来源各异，包括微博的手机端、网页端和其他第三方应用，导致博文所形成的结果各异。经过对各种转推博文进行分析和实验，得出有以下几种情况：

- RT @ sb：content 常规情况
- (RT @ sb：){n} content　eg：RT @ sb：RT@ sb：RT@ sb：content
- (RT @ sb：content){n}　eg：RT @ sb：content RT @ sb：content
- content. (RT @ sb：content){n}　eg：content RT @ sb：content RT @ sb：content

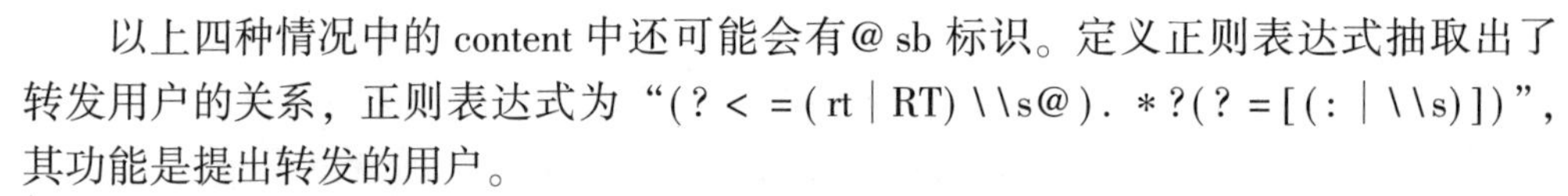

以上四种情况中的 content 中还可能会有@ sb 标识。定义正则表达式抽取出了转发用户的关系，正则表达式为“(?<=(rt|RT)\\s@).*?(?=[(:|\\s)])”，其功能是提出转发的用户。

（1）活跃度过滤

由于基于转推网络的个性化推荐模型过滤掉了活跃度较低的用户和博文，所以基于内容标签的个性化推荐模型选择活跃度较低的用户和博文作为模型实验的数据集，即这里构建的数据集就是对之前的模型数据集的补集。

（2）博文的非中文过滤

对得到的非活跃的微博博文集进行非中文过滤，得到中文博文集。中文过滤的规则主要分为以下几个步骤：

- 将博文按字符遍历，逐个判断博文中字符是否为中文字符，计算博文中的中文字符的长度。
- 将获取到的中文字符博文，利用正则表达式，去除中文字符中的重复词。正则表达式的写法为(?s)(.)(?=.*\\1)。这样就获取到了去除重复中文字符的博文长度。
- 计算中文字符所占博文的长度：

$$cp = \frac{\text{Length}_{\text{chinese}}}{\text{Length}_{\text{all}} + 0.1} \tag{20-1}$$

- 计算去除重复词的中文字符所占中文字符博文的长度比例：

$$cnrp = \frac{\text{Length}_{\text{non\_repeat\_chinese}}}{\text{Length}_{\text{chinese}} + 0.1} \tag{20-2}$$

- 计算博文长度和博文限定最长长度的比例：

$$cl = \frac{\text{Length}_{\text{all}}}{140} \tag{20-3}$$

以上三个公式都是对处理字符的博文长度进行归一化，使其值归一化后再计算博文的得分值（score）：

$$\text{score} = -a\lg cp - b\lg cl - c\lg cnrp, a + b + c = 1 \tag{20-4}$$

博文的得分计算公式包含 a、b、c 三个参数，是对这三个特征的权重比例。经过实验得到最优结果时的参数，分别选取 0.18、0.61、0.21 作为 a、b、c 的值。设定当 score 值小于 0.65 时，确认为非中文博文并进行过滤。

（3）统计过滤非中文用户

使用如下公式统计中文博文的比例：

$$\text{Ratio}_{\text{chinese\_tweet}} = \frac{\text{Count}_{\text{chinese\_tweet}}}{\text{Count}_{\text{all\_tweet}}} \tag{20-5}$$

即计算每个用户的中文博文数量和该用户发布的所有博文数量的比例，当比例值大于 0.6 时，该用户会被加入用户数据集中。

3. 训练集和测试集的构建

因为微博的官方 API 中不能直接获取到用户的 Homeline（用户关注好友的博

文)，所以唯一的方法是模拟用户的 Homeline，即模拟用户能够看到的博文。数据集收集了好友数量超过 15 的用户，把他们关注的好友的博文作为模拟用户能浏览到的博文集。把模拟每个用户能浏览到的博文按时间顺序排序，前 3/4 的博文放入训练集，后 1/4 的博文放入测试集中。表 20－1 为训练集和测试集中的博文数与用户数。

表 20－1　构建训练集和测试集

时间	训练集		测试集	
2014. 03	用户数：6 279	博文数：52 746	用户数：6 279	博文数：17 581
2014. 04	用户数：8 327	博文数：121 630	用户数：8 327	博文数：40 543
2014. 05	用户数：5 732	博文数：64 367	用户数：5 732	博文数：21 455
2014. 06	用户数：5 437	博文数：40 620	用户数：5 437	博文数：13 540

将用户中的活跃用户的转推博文放入训练集中，去构建相似度矩阵和信任度矩阵；非活跃用户放入训练集中，构建用户的标签向量。基于相似度矩阵、信任度矩阵和用户的标签向量计算用户对测试集中博文的兴趣度。

4. 评价标准

评价标准采用平均准确率 MAP。具体地，是对测试集中每个用户按兴趣度排序，分别计算其 AP 值：

$$\mathrm{AP}=\frac{\sum_{r=1}^{N}p(r)\times \mathrm{rel}(r)}{|R|} \tag{20-6}$$

式中，r 是指给定用户所能浏览到的博文，也就是该给定用户的待推荐博文集；$|R|$ 是给定用户实际转推的博文；$\mathrm{rel}(r)$ 是一个二分函数，用来描述用户是否转发博文，转发为 1，未转发为 0。

当得到了所有用户的 AP 值时，可以通过求取所有用户 AP 值的平均值，从而得到 MAP：

$$\mathrm{MAP}=\frac{\sum_{j=1}^{m}\mathrm{AP}_j}{m} \tag{20-7}$$

20. 2. 2　实验方案设计

实验方案是计算三种组合模型的结果进行对比实验，具体流程如下：

（1）基于信任度和内容标签计算用户－博文兴趣度

首先对博文数据进行预处理后，分别根据用户活跃度不同将其输入基于内容标签的推荐模型和基于用户信任度的推荐模型中。然后分别输出用户对博文的兴趣度，再将结果合并。最后根据合并的结果计算 MAP 值，如图 20－2 所示。

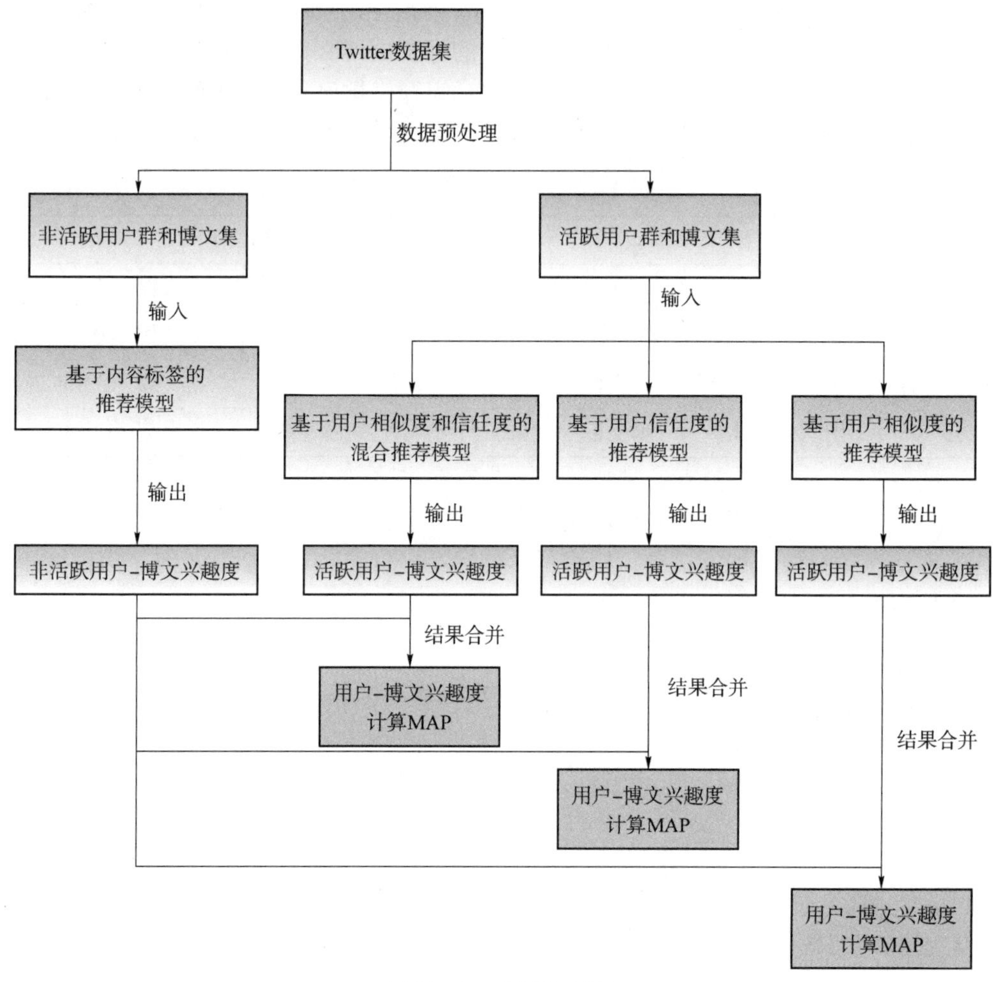

图 20－2　实验流程图

（2）基于相似度和内容标签计算用户－博文兴趣度

与基于信任度和内容标签计算用户－兴趣度的模型一致。

（3）基于混合加权和内容标签计算用户－博文兴趣度

与基于信任度和内容标签计算用户－兴趣度的模型一致。

（4）方法比较

将针对三种方式计算出的 MAP 值进行比较，得出最优的模型。

20.2.3　实验结果及分析

1. 实验结果对比

对于基于混合加权和内容标签计算用户－博文兴趣度模型，对于混合加权中加

权公式的参数 α，通过不断调整 α 参数值，得到在不同参数值时结果的 MAP 值。图 20－3展示了在每个月的测试集中不同 α 所得的 MAP 值。

当 α 在 0.2～0.3 时，模型取到最优的结果。这也说明在基于混合加权和内容标签的模型中，当相似度的权重大于信任度的权重时，模型的效果最好。于是将基于相似度和内容标签模型（Similarity－Tag Model，STM），基于信任度和内容标签模型(Trust－Tag Model，TTM)，以及选取最优参数的基于混合加权和内容标签模型(Similarity－Trust－Tag Model，STTM）三个模型的算法结果进行对比，实验结果如图 20－4 和表 20－2所示。

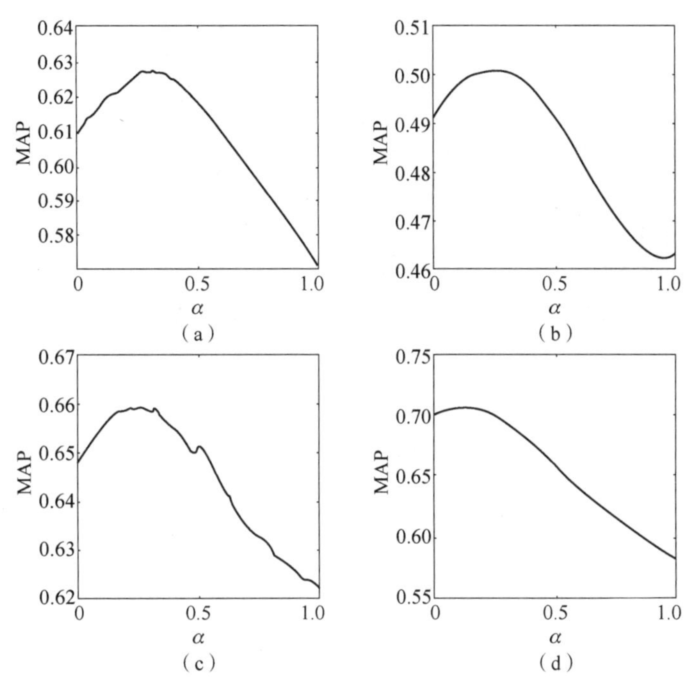

图 20－3　基于混合加权和内容标签模型的 α 值选取

表 20－2　三种模型的 MAP 值对比　　%

时间	2014.03	2014.04	2014.05	2014.06
STM	61.91	48.93	64.78	69.87
TTM	57.46	43.41	57.42	53.99
STTM	62.74	50.10	65.93	70.57

2. 结果分析

由图 20－4 和表 20－2 可以得出，基于混合加权和内容标签的模型（STTM）

的MAP值平均比基于信任度和内容标签的模型（TTM）高9.26%，比基于相似度和内容标签的模型（STM）高0.96%。这个结果说明了基于混合加权和内容标签的推荐模型（STTM）在数据集上，表现要优于基于信任度和内容标签的推荐模型（STM）及基于相似度和内容标签的推荐模型（TTM）。

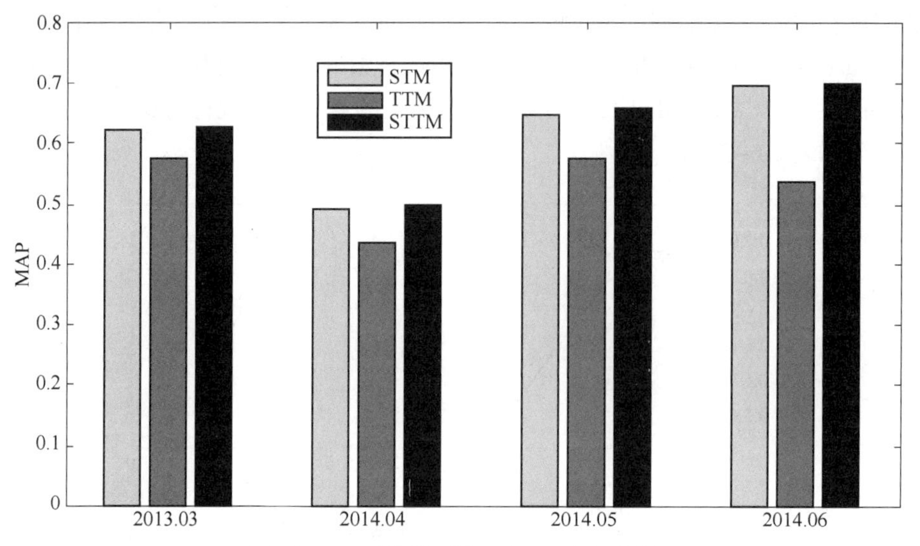

图20－4　三种模型的MAP对比柱状图

其中，基于相似度和内容标签的推荐模型（STM）表现要优于基于信任度和内容标签的推荐模型（TTM），同时，基于混合加权和内容标签模型的 α 值选取说明了STM的权重要大于TTM，那么也就说明了基于STM计算的平均每个用户的AP值高于TTM所计算的平均每用户的AP值，但是某些用户基于TTM计算出的AP值要高于基于STM所计算出的AP值。

需要分析在STM和TTM模型中推荐的用户和博文的实际含义。经过分析测试集中使用TTM表现优于STM时的用户和他们的博文，发现这些用户大都是一些追星族，他们关注了很多在现实世界都非常有名气的人，比如电影明星、歌手或者作家等。这些用户会非常频繁地转发他们喜欢明星的博文。因为计算用户相似度时，使用了热门博文的惩罚，所以导致基于STM计算出的AP值没有基于TTM计算出的AP值高。在这一类情况下，TTM的效果比STM的效果要好。

综上，就可以得到基于混合加权和内容标签的推荐模型是最佳的模型。其中，加权参数 α 的选取是根据数据集中类似追星一族的比例，根据比例来确定 α 的取值范围，如果数据集中追星一族的用户比例越大，则说明基于信任度的权重要大一些，所以权重参数 α 的取值越大。

20.3 本章小结

对两种模型（基于转推网络的个性化推荐模型和基于内容标签的个性化推荐模型）进行综合，从而引申出了三种方式：基于相似度和内容标签的个性化推荐模型（STM）、基于信任度和内容标签的个性化推荐模型（TTM）、基于混合加权和内容标签的个性化推荐模型（STTM）。然后进行了离线实验，构建了训练集和测试集，通过计算 MAP 指标来分别评估三种模型的效果，并对实验结果进行分析。最后，展示了基于 STTM 模型，面向微博的信息推荐原型系统的设计和实现。

第 21 章 基于排序学习的多因素融合推荐

排序学习（Learning to Rank）是源自信息检索的对显示结果进行排序的技术，目前已被深入研究并被更广泛应用于不同的领域，如文本挖掘、个性化推荐、生物医学等。将基于排序学习的方法对第 20 章论述的影响因素进行融合，并通过训练得出因素融合推荐模型，然后再通过实验研究模型的有效性。

21.1 概　述

21.1.1 排序学习概述

随着互联网和移动互联网的崛起，越来越多的用户使用并习惯使用 PC 机或手机来选择商品或服务，满足从衣食住行到吃喝玩乐各个方面的需求。如在淘宝中从各式各样的商品中选择想要购买的；住酒店时，在携程网上从众多酒店中选择适合自己要求的；在美团中寻找自己想吃的等。商品满目琳琅，用户基本上不会将所有商品一页页看完，通常情况下也就查看前几页，如果找不到满意的商品，则会退出，从而造成流单。因此，如何对商品进行排序，使得用户在短时间内或较少的筛选中找到自己感兴趣的商品或服务，使其快速完成购买行为，已经成为许多商家和研究团队的重要研究方向。另外，排序学习方法也开始用于社交网络中，根据社交用户的个人特征推荐合适的信息和好友用户。如微博，为了让用户尽快浏览到自己喜欢的内容，博文的排序已经不再单单是按照传统的时间线顺序从上到下排列，也会根据你的兴趣和浏览记录，适当地推荐一些遗漏掉的可能感兴趣的信息。

排序学习是机器学习领域的一个分支，在信息检索系统的排序模型构建中，通常使用的是监督式的、半监督式的或强化学习。其定义可以归纳为：利用机器学习中使用数据训练模型的方法来解决分类问题的思想，将多个特征或因素进行公式拟合，从而解决排序的问题。排序学习能通过自动学习，训练数据整合多个因素的特性，使它运来越广泛地被应用到多个领域，如文本挖掘、推荐系统等。

在相关学者关于排序学习的研究中，使用了最小二乘回归法对数据进行训练，学习得到得分函数并排序。微软亚洲研究院也对排序学习做出了许多探索，推动了整个机器学习和信息检索领域对排序学习的深入研究，使得排序学习越来越受关注。几个经典的算法奠定了排序学习发展的基础，如基于支持向量机的排序模型构建方法 Ranking SVM、使用相对熵作为损失函数并利用梯度下降算法来训练神经网络的排序模型 RankNet、使用提升策略（boosting）进行排序函数构建的方法 RankBoost。

21.1.2　排序学习方法

根据输入的处理对象及损失函数的不同，排序学习（Learn To Rank，LTR）一般有三类方法：点对方法（Pointwise Approach）、序列方法（Pairwise Approach）、列表方法（Listwise Approach）。

点对方法的处理对象是单一文档，在这种情况下，假设每个训练数据中的查询文档对具有数字或顺序分数，然后通过有序回归或者分类算法将其转化为机器学习中回归、分类或者顺序分类等问题进行求解。常见的方法包括 McRank、Subset Ranking 和 OC SVM 等。相较于点对方法，序列方法主要考虑文档顺序的关系，它将排序问题归为二元分类问题，可以在给定的文档对中识别哪个文档更好，目的是使平均倒数排名最小化。常见的序列方法有 Ranking SVM、RankBoost 和 RankNet 等。列表方法与上述两种方法的不同之处在于，它通过把每次查询对应的所有结果作为一个训练数据集并进行平均化处理，优化了评估指标。列表法根据训练得到优化的排序函数 F，对于给定查询文档对，能够计算出得分进行由高到低的排序，从而得到最终的排序结果。列表方法的代表模型有 Lambda Rank、ListNet、ListMLE、AdaRank 和 SVMap 等。

21.1.3　排序学习用户推荐模型

基于排序学习的用户推荐模型如图 21－1 所示。

在图 21－1 中，每个椭圆都表示一个用户，训练数据表示被@用户接受或拒绝推荐的历史数据，并按特征值提取的方法提取各个因素的特征值，然后利用排序学习方法和排序函数进行学习，得出用户推荐的排序函数，建立用户推荐模型；测试数据中使用和训练数据相同类型的数据，但不同于训练数据集中的数据，每个被推荐用户 u 经过训练数据集的测试和特征提取后，根据推荐模型和排序函数得到推荐得分的降序排列，从而将最终的排序列表作为该用户的推荐列表进行推荐。

目前的用户推荐研究绝大多数采用相对单一的信息，如 Instagram 中的给用户推荐的每一个用户都只是基于某一个单一的因素。微博中的用户推荐也是如此。推

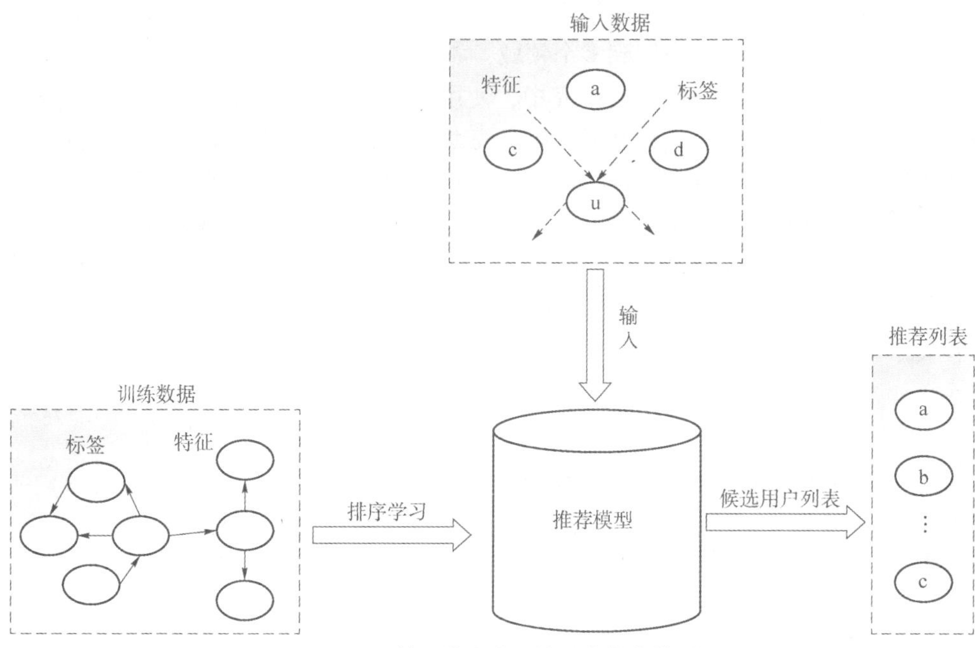

图 21-1　基于排序学习的用户推荐模型

荐效果不是很理想，用户有时甚至对某些推荐感到厌倦。为此，考虑多个影响因素，建立融合多方面信息的推荐模型对提高推荐的性能至关重要，实现有效推荐的关键问题是要解决多维度特征提取的参数估计问题，因为如果模型中参数过多，就会出现调参困难甚至过拟合等问题。

针对上述问题，排序学习就是一种典型机器学习（Machine Learn）的解决方案：在训练中，通过不断地优化迭代得出模型的参数，因此能够有效解决融合高维特征所带来的多参数估计问题。所以，重点论述了采用排序学习算法，并且综合考虑被发博文和目标用户之间的多方面特征相似性，达到为给定博文精准推荐@用户的目标。

21.2　排序函数定义

许多机器学习模型能够应用于排序函数中，来完成@用户的推荐任务。支持向量回归（SVR）是一种实践中证明了的非常适合复杂系统的回归算法，有较好的处理数据崩溃的能力以及泛化能力。重点论述基于 SVR 的机器学习排序函数来训练模型。

从本质上来说，@用户推荐可以看作一个信息检索问题，用户 u 在发布博文 q 时，需要从候选用户中找出相应的用户并@。这里把用户 u 的待发博文 q 记作 q_u，

将 q_u 作为检索条件来搜索出与 q_u 相关度高的用户。

当给定一个查询 q_u 和一个候选用户 v 时，就可以利用 SVR 算法，结合每个因素的特征值来计算出得分，用于表示 q_u 与用户 v 之间的相关性 $\mathrm{rel}(q_u,v)$。这里，将每对（q_u,v）的特征向量表示为：

$$\boldsymbol{x}=[x_1\ x_2\ x_3] \tag{21-1}$$

利用特征向量表示每个二元组（q_u,v），其中，x_1、x_2、x_3 分别表示兴趣相似度、转推意愿、地理位置这三个影响因素的特征值。先通过基于排序学习的方法建立用户推荐模型，然后基于一种不均衡的指派问题模型将用户在线情况融入推荐模型中，对其进行优化。用 b 来表示二元组（q_u,v）标签，若用户 v 接受了用户 u 的推荐，标签为 1，否则为 0。

SVR 评估函数的一般形式为：

$$f(x)=(w\cdot\phi(x))+c \tag{21-2}$$

式中，$w=\{w_1,w_2,w_3\}$ 表示各个因素特征值的权值；$\phi(x)$ 表示对 x 的非线性变换。SVR 的目标则是通过训练学习出 w 和 c 的值，使得回归风险最小化。风险回归函数为：

$$\mathrm{risk}(f)=C\sum_{i=1}^{n}L(f(x_i)-y_i)+\frac{1}{2}\|w\|^2 \tag{21-3}$$

式中，$L()$ 表示损失函数；C 表示常数，用于平衡评估导致的误差，它通过网格搜索和交叉验证技术得到。实验中使用多种不同的核函数来计算，并选取效果最好的核函数。

21.3　排序函数训练

21.3.1　实验数据集构建

将全部 S_1 数据集（S_1 表示采集到的 2016 年 6—9 月的博文集中@用户 v 且被用户 v 所转推的转推博文）作为样本。

训练数据中的每个用户 u 都有一组推荐用户，如果 u 接受推荐的用户 v，则将二元组（u,v）的标签 l_i 标记为 1；若不接受，则标为 0。然后选择提出的除用户在线情况外的三种因素的特征数据组成特征向量 $\boldsymbol{x}=[x_1\ x_2\ x_3]$ 表示的二元组（u,v），其中，x_1、x_2、x_3 分别表示兴趣相似度、转推意愿、地理位置三个影响因素的特征值。计算方法如下：

1. 兴趣相似度

$$x_1=\mathrm{iscore}(q_u,t_v) \tag{21-4}$$

式中，t_v 表示用户 v 的所有博文。计算 q_u 与 t_v 中每一条博文的相似度，然后求得其相似度平均值，即为 iscore(q_u, t_v) 的值。

2. 用户转推意愿

$$x_2 = \mathrm{cscore}(v) \tag{21-5}$$

式中，cscore(v) 即表示用户 v 的转推意愿。从 S 中找出用户 v 的所有已发博文，通过“text like ‘RT @’”的查询条件在数据库中查找到用户 v 的所有博文，然后计算转推博文占所有已发博文的比例，即为 cscore(v) 的值。

3. 地理位置

$$x_4 = \mathrm{lscore}(u,v) = 0 \text{ 或 } 1 \tag{21-6}$$

地理位置特征值的计算比较简单，若训练集中的一条博文 q 的原发用户 u 的地理位置与转发用户 v 的地理位置相同，则 lscore$(u,v)=1$；若是其他两种情况（一种是 u 或者 v 个人信息中没有地理位置信息，另一种是 u、v 都有地理位置但不相同)，则 lscore$(u,v)=0$。

这样，对于每一对（q_u，v)，即 S_1 集中的每一条转推博文，就生成了训练集中的一个初始的训练实例。

21.3.2 训练过程

训练过程如图 21－2 所示。

$$u\begin{cases}v_1\\v_2\\\cdots\\v_n\end{cases} -\text{label}\rightarrow u\begin{cases}v_1,l_1\\v_2,l_2\\\cdots\\v_n,l_n\end{cases} -\text{feature}\rightarrow u\begin{cases}x_1,l_1\\x_2,l_2\\\cdots\\x_n,l_n\end{cases} -\text{learning}\rightarrow\text{model}$$

图 21－2　排序学习用户推荐的训练过程

21.4 本章小结

阐述了基于排序学习的@用户推荐模型，从排序学习的基本理论出发，基于排序学习概念方法等知识，重点阐述了兴趣相似度、转推意愿和地理位置三个影响@用户推荐的因素，建立了基排序学习的@用户推荐模型；并通过真实 Twitter 数据集对模型进行训练，形成多因素融合的推荐模型。

第22章 基于指派模型的推荐优化模型

在微博@用户推荐中，找到在线用户或在线概率高的用户进行信息推送，能很好地提高推送的效率。而在微博中，用户在线情况对其他用户来说是不能直观可知的，在因素验证中，采用的是计算每一条转推博文的 Δt 来代替时间，验证了用户在线的影响。而在推荐模型中，对于任一条查询博文 q_u，无法确定它是不是会被@用户转推，因此事先 Δt 不能获取。本章阐述基于指派模型来优化推荐模型，利用指派问题求解将信息推荐给在线概率大的用户。

22.1 概　　述

指派问题是一个古老的数学模型，它的传统提法是用最佳的方式按照一对一的原则将任务进行指派。指派问题可以解决我们生活中经常遇到的很多问题，如一间出租车公司有三个出租车（代理商），有三个客户（任务）需要他们分别将其送至目的地。由于每个司机出发地和乘客的目的地不同，所以对于每辆出租车来说，搭乘特定客户的“成本”将取决于出租车到达起点的时间。分配问题的解决方案将是出租车和客户的任何组合，导致总成本最低。

经典的指派模型用于解决“一人一事”的问题，不少学者也对其进行了优化和改进，使其使用得到了推广，如“一事多人”和“一人多事”的不均衡指派问题等。

指派问题最常用的解法是由匈牙利著名数学家 Kuhn 提出的，称为匈牙利方法（the Hungarian method）。图 22－1 所示为匈牙利法的求解指派问题流程图。

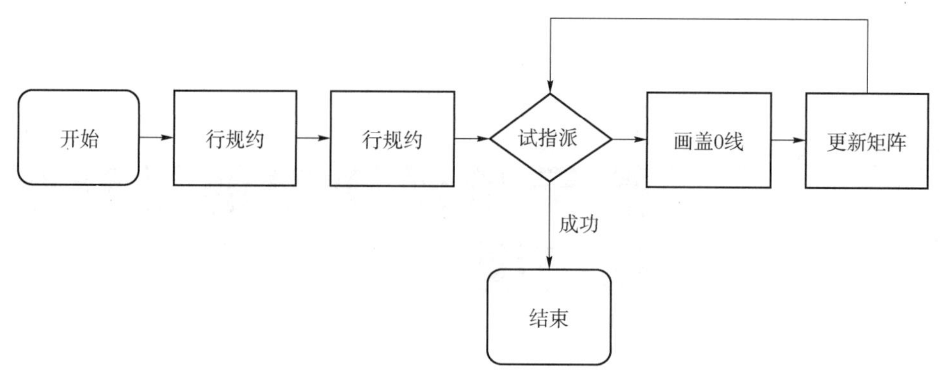

图 22-1　匈牙利法求解指派问题流程图

22.2　构建效用矩阵

22.2.1　在线概率效用矩阵

通过提及其他用户来使得推荐信息达到传播最大化的效果。直观上，目标用户每次发布博文时@的用户越多，信息传递就会越广，获取到效用的概率也越大。但是由于微博 API 的限制，用户每个小时的发帖数量和每条博文的字数都存在上限，因此，只有选择在合适的时机将博文@给合适的用户，才能最大化传播效用。

为了分析@候选用户的合适时机，这里将每天按小时分成 24 个时段，通过统计用户在各个时段的发帖数量来分析每个用户时序模型，用户在某个时段发帖数量越多，则表示他在线的概率也越大。

方差能较好地展示数据集的分布，因此，在某个时段的在线概率可以基于方差来进行分析，公式如下：

$$p = E\{[X - E(X)^2]\} \cdot n = \sum_{n} [X - E(X)]^2 \tag{22-1}$$

式中，X 表示一个用户在一段时间内某一个时段（如早上 7—8 点）的所有发帖；$E(X)$ 表示发帖的平均情况；n 表示这个用户三个月内在该时段的发帖总数量。

为了计算用户三个月内在一个时段的发帖时间间隔，先获取到每个用户在三个月内所有已发帖文的时间点 $\{t_1, t_2, \cdots, t_n\}$，将整点作为分布中每个时段的开始点。于是，时间间隔可以用以下公式计算：

$$\Delta t_i = \frac{t_i - t_0}{3\,600} \tag{22-2}$$

式中，t_0 表示每个时段的正点数，如 0:00:00、1:00:00、2:00:00 等；t_i 表示第 i 条博文的创建时间点；3 600（s）表示时段长度（1 h）。

一个用户在所有时段的时间间隔可以表示为 $\{\Delta t_1, \Delta t_2, \cdots, \Delta t_n\}$，因此，各个用户在每个时段的在线概率可以转换为：

$$p_h = \sum_{i=1}^{n} (\Delta t_i - \overline{\Delta t})^2 \tag{22-3}$$

式中，$\overline{\Delta t}$表示时间间隔 $\{\Delta t_1, \Delta t_2, \cdots, \Delta t_n\}$ 的平均值。该公式说明用户在各个时段的在线概率主要与两个因素有关：发布博文的数量和博文在该时段的分布离散度。

然而，现实中的有些用户有可能在某些短时间内活跃度很高，发帖数量很多，而在另外多数时间段发帖很少。通过以上公式推算出的这样的用户在线概率往往比较高，而实际上该类用户在大多数时段都是不在线的。因此，对于这类用户，式（22-3)的计算会不太准确。为了解决这个问题，除了统计用户在每个时段的发帖数量外，也将用户发帖的日期分布（天）考虑在内，用户发帖的日期越离散，则其在线概率越高。如用户 A 在 2016 年 7 月 11 日 8:00—9:00 之间发了 31 条博文，而 7 月的其他天数里没有在 8:00—9:00 之间发；用户 B 则在 2016 年 7 月的每天 8:00—9:00 间都发了一条博文。在 7 月的 8:00—9:00 时段，用户 A 和 B 都发了 31 条博文，但用户 B 发帖天数更离散，因此认为用户 B 在 8:00—9:00 时段在线的概率比用户 A 更高。

对于任一用户，将他有发帖的天数记作 $\{d_1, d_2, \cdots, d_n\}$，为了将时间统一维度到一个时段内，标准化公式为

$$\Delta d_i = \frac{d_i - d_0}{D} \cdot 3\,600 \tag{22-4}$$

时间的统一单位为 s，因此公式中乘以 3 600；d_0 表示每个时段的正点时间；D 是时间段的总天数（这里为 2016 年 7 月 1 日—9 月 30 日的 90 天)。

同样，将每个用户的天数间隔记为 $\{\Delta d_1, \Delta d_2, \cdots, \Delta d_n\}$，结合天数间隔后，用户在 D 内的在线概率为

$$p_y = \sum_{i=1}^{n} (\Delta d_i - \overline{\Delta d})^2 \tag{22-5}$$

式中，$\overline{\Delta d}$为$\{\Delta d_1, \Delta d_2, \cdots, \Delta d_n\}$的平均值。

因此，融合了一天各个时段的博文数量和博文天数分布的用户在线概率计算公式为

$$p = p_h \cdot p_y \tag{22-6}$$

到这里便可以计算每个用户在一天 24 个时段的在线概率，表示如下：

$$\vec{p}_i = (p_1, p_2, \cdots, p_{24})^{\mathrm{T}} \tag{22-7}$$

那么所有@候选用户的在线概率效用矩阵就可以表示为

$$\boldsymbol{P} = \begin{bmatrix} p_{1,1} & p_{1,2} & \cdots & p_{1,24} \\ p_{2,1} & p_{2,2} & \cdots & p_{2,24} \\ \vdots & \vdots & & \vdots \\ p_{n,1} & p_{n,2} & \cdots & p_{n,24} \end{bmatrix} \tag{22-8}$$

式中，n 表示所有候选用户数量。

22.2.2　融合多因素与在线概率的效用矩阵

将一条检索博文 q_u 输入第 3 章训练出来的基于排序学习的多因素融合推荐模型中后，就能得到相应的每个@候选用户的得分 $\boldsymbol{s}=(s_1,s_2,\cdots,s_n)$，再与上一节得到的在线概率效用矩阵进行加权融合，得到基于多因素的效用矩阵：

$$\boldsymbol{Q}=\alpha\boldsymbol{P}+\beta\boldsymbol{s}=\begin{bmatrix}\alpha p_{1,1}+\beta s_1 & \alpha p_{1,2}+\beta s_1 & \cdots & \alpha p_{1,n}+\beta s_1\\ \alpha p_{2,1}+\beta s_2 & \alpha p_{2,1}+\beta s_2 & \cdots & \alpha p_{2,1}+\beta s_2\\ \vdots & \vdots & & \vdots\\ \alpha p_{n,1}+\beta s_n & \alpha p_{n,2}+\beta s_n & \cdots & \alpha p_{n,n}+\beta s_n\end{bmatrix}$$

$$=\begin{bmatrix}h_{1,1} & h_{1,2} & \cdots & h_{1,24}\\ h_{2,1} & h_{2,2} & \cdots & h_{2,24}\\ \vdots & \vdots & & \vdots\\ h_{n,1} & h_{n,2} & \cdots & h_{n,24}\end{bmatrix} \tag{22-9}$$

式中，α、β 表示权值，且 $\alpha+\beta=1$。

22.3　模型优化

通过微博 API，一个微博账户可以实现自动发帖并在博文中@某些用户。然而，微博 API 做了两方面的限制：①每个账号每小时的发帖数不能超过 60 条；②每条博文的长度不能超过 140 个字符。在微博中，发帖频率过高的账号会被当作垃圾用户给屏蔽掉。

因此，对于一个发帖账号，优化模型可以定义如下：

$$\max z=\sum_{i=1}^{m}\sum_{j=1}^{n}c_{ij}x_{ij}$$

$$\begin{cases}\sum_{i=1}^{m}x_{ij}\leqslant 1, j=1,2,\cdots,n\\ \sum_{j=1}^{n}x_{ij}\leqslant \sigma_i, i=1,2,\cdots,m\\ \sum_{i=1}^{m}\sum_{j=1}^{n}x_{ij}\leqslant \delta\\ x_{ij}=0 \text{ 或 } 1\end{cases} \tag{22-10}$$

式中，x_{ij}表示用户 j 是否在 i 时段被@，如果被@，x_{ij}为 1，若不被@，则 x_{ij}为 0；

c_{ij}表示效用，来自效用矩阵 $\boldsymbol{Q}^{\mathrm{T}}$ 中的元素；m 表示时段，其最大值为 24；n 表示所有候选用户数量；为了避免 API 限制问题，将用户每个小时内的最大发帖数定为 σ_i；每条博文@ 的最大用户数定为 δ①，因为过多的@ 容易被当作垃圾信息，从而降低转推的概率。

推荐过程中，σ_i 的值并不是一定的。通常，用户在凌晨 1 点至早上 6 点之间在线的概率比较低，在这些时段，可以将 σ_i 调小；在晚上 9 点到 11 点时，用户在线的概率比较高，在这些时段，将 σ_i 值调大。所以，这里通过统计所有的博文在时段中的分布，来发掘用户在线的模式，并将所有用户的在线模式定义为：

$$p = \{s_1, s_2, \cdots, s_n\} \tag{22-11}$$

式中，s_i 表示在 i 时段所有博文总数。由此，为了避免过载，σ_i 的大小设置可以如下：

$$\sigma_i = \frac{s_i}{c} \tag{22-12}$$

通常，由一个虚拟账号所@ 的用户数量应该小于@ 候选用户的总数：

$$\sum_{i=1}^{24} \sigma_i < \delta \tag{22-13}$$

以上优化模型是不均衡的指派问题模型。任务是使用虚拟用户来@ 用户，每个时段窗口可看作完成任务的“人”。目标函数 z 则是为了通过任务指派使完成任务的效用最大化。其中第一个限制条件表明每个任务只能由一个人来完成；第二个条件表明一个人可以完成多个任务，但不能超过 σ 的限制；第三个限制条件表明任务总数小于 δ，因为被一个虚拟账号@ 的用户小于候选用户总数，部分任务是没有被完成的，即不是每个用户对会被虚拟用户@ ；第四个条件代表任务是否完成，完成是 1，否则为 0。

22.4　解决方案

前面已经提到，传统的指派问题是均衡的，一个任务只能被一个人完成，一个人也只能做一个任务，任务数和完成任务的人数相等。匈牙利法就是用来解决这样的指派问题的。

在指派模型中，不是每个候选用户都会被@ ，即任务数多于人数，则该问题就成了不均衡的指派问题。为了在不均衡的情况还能继续使用匈牙利方法求解，需要增加一些虚构的“人”来参与任务指派，使问题平衡。

该模型虽为不均衡的指派问题，但又与一般的不均衡指派有所不同。一般的不

① 考虑到推文的长度限制（不超过 140 字），一条推文一次发推只@ 一个用户，但可以通过在不同发推过程中@ 不同用户，来实现将该推文推送给多个用户。

均衡情况下，一个人只能去完成一项任务，而在该模型中，一个虚拟用户在一个时段是可以@不同的多个用户的。因此，我们的模型是不均衡的多指派问题。

为了能够应用匈牙利方法解该问题，效用矩阵需要进一步改进，使其在多任务下再次均衡。这里的解决方法是：当一个用户要在某个时段@多次时，就将该用户复制成多个用户，按多个用户的方式进行指派。

因此，改进后的新的效用矩阵可以表示为如下：

$$\boldsymbol{H}=\begin{bmatrix} \sigma_1\begin{cases} M-h_{1,1} & M-h_{2,1} & \cdots & M-h_{n,1} \\ M-h_{1,1} & M-h_{2,1} & \cdots & M-h_{n,1} \\ \vdots & \vdots & & \vdots \\ M-h_{1,1} & M-h_{2,1} & \cdots & M-h_{n,1} \end{cases} \\ \begin{matrix} \vdots & \vdots & \cdots & \vdots \\ M-h_{1,1} & M-h_{1,1} & \cdots & M-h_{1,1} \\ 0 & 0 & \cdots & 0 \\ \vdots & \vdots & \vdots & \vdots \end{matrix} \end{bmatrix} \tag{22-14}$$

式中，σ_i 表示第 i 个人完成 σ_i 个任务，因此 i 被加入矩阵中 σ_i 次。另外，为了使指派问题均衡，还有 $\delta-\sum_{i=1}^{24}\sigma_i$ 行 0 被加入矩阵中，表示虚构的人来完成任务。因为最初的模型的目标是求解 z 的最大值，所以这里加入大整数 M 来将最小化问题转换。

基于新的效用矩阵 $\boldsymbol{H}$，相应的新的优化模型应如下公式：

$$\min z=\sum_i\sum_j h_{ij}x_{ij}$$

$$\begin{cases} \sum_i x_{ij}=1, j=1,2,\cdots,\delta \\ \sum_j x_{ij}=1, i=1,2,\cdots,\delta \\ x_{ij}=0 \text{ 或 } 1 \end{cases} \tag{22-15}$$

至此，优化模型建立完成，问题均衡，可以使用匈牙利法求解，求解结果即为指派方案。

22.5 本章小结

针对第 21 章基于多因素融合的推荐模型中未融入用户在线情况的不足，引入了基于指派模型的推荐优化模型。由于在线情况无法直接获取和测量，所以通过分析用户的发帖时间规律来估算用户在各个时段的在线概率值，建立效用矩阵，最后抽象成指派模型并求解优化问题。

c_{ij}表示效用，来自效用矩阵 $\boldsymbol{Q}^{\mathrm{T}}$ 中的元素；m 表示时段，其最大值为 24；n 表示所有候选用户数量；为了避免 API 限制问题，将用户每个小时内的最大发帖数定为 σ_i；每条博文@ 的最大用户数定为 δ①，因为过多的@ 容易被当作垃圾信息，从而降低转推的概率。

推荐过程中，σ_i 的值并不是一定的。通常，用户在凌晨 1 点至早上 6 点之间在线的概率比较低，在这些时段，可以将 σ_i 调小；在晚上 9 点到 11 点时，用户在线的概率比较高，在这些时段，将 σ_i 值调大。所以，这里通过统计所有的博文在时段中的分布，来发掘用户在线的模式，并将所有用户的在线模式定义为：

$$p = \{s_1, s_2, \cdots, s_n\} \tag{22-11}$$

式中，s_i 表示在 i 时段所有博文总数。由此，为了避免过载，σ_i 的大小设置可以如下：

$$\sigma_i = \frac{s_i}{c} \tag{22-12}$$

通常，由一个虚拟账号所@ 的用户数量应该小于@ 候选用户的总数：

$$\sum_{i=1}^{24} \sigma_i < \delta \tag{22-13}$$

以上优化模型是不均衡的指派问题模型。任务是使用虚拟用户来@ 用户，每个时段窗口可看作完成任务的“人”。目标函数 z 则是为了通过任务指派使完成任务的效用最大化。其中第一个限制条件表明每个任务只能由一个人来完成；第二个条件表明一个人可以完成多个任务，但不能超过 σ 的限制；第三个限制条件表明任务总数小于 δ，因为被一个虚拟账号@ 的用户小于候选用户总数，部分任务是没有被完成的，即不是每个用户对会被虚拟用户@ ；第四个条件代表任务是否完成，完成是 1，否则为 0。

22.4　解 决 方 案

前面已经提到，传统的指派问题是均衡的，一个任务只能被一个人完成，一个人也只能做一个任务，任务数和完成任务的人数相等。匈牙利法就是用来解决这样的指派问题的。

在指派模型中，不是每个候选用户都会被@ ，即任务数多于人数，则该问题就成了不均衡的指派问题。为了在不均衡的情况还能继续使用匈牙利方法求解，需要增加一些虚构的“人”来参与任务指派，使问题平衡。

该模型虽为不均衡的指派问题，但又与一般的不均衡指派有所不同。一般的不

① 考虑到推文的长度限制（不超过 140 字），一条推文一次发推只@ 一个用户，但可以通过在不同发推过程中@ 不同用户，来实现将该推文推送给多个用户。

均衡情况下，一个人只能去完成一项任务，而在该模型中，一个虚拟用户在一个时段是可以@不同的多个用户的。因此，我们的模型是不均衡的多指派问题。

为了能够应用匈牙利方法解该问题，效用矩阵需要进一步改进，使其在多任务下再次均衡。这里的解决方法是：当一个用户要在某个时段@多次时，就将该用户复制成多个用户，按多个用户的方式进行指派。

因此，改进后的新的效用矩阵可以表示为如下：

$$
\boldsymbol{H}=\begin{bmatrix}
\sigma_1\left\{\begin{matrix} M-h_{1,1} & M-h_{2,1} & \cdots & M-h_{n,1} \\ M-h_{1,1} & M-h_{2,1} & \cdots & M-h_{n,1} \\ \vdots & \vdots & & \vdots \\ M-h_{1,1} & M-h_{2,1} & \cdots & M-h_{n,1} \end{matrix}\right. \\
\begin{matrix} \vdots & \vdots & \cdots & \vdots \\ M-h_{1,1} & M-h_{1,1} & \cdots & M-h_{1,1} \\ 0 & 0 & \cdots & 0 \\ \vdots & \vdots & \vdots & \vdots \end{matrix}
\end{bmatrix} \tag{22-14}
$$

式中，σ_i 表示第 i 个人完成 σ_i 个任务，因此 i 被加入矩阵中 σ_i 次。另外，为了使指派问题均衡，还有 $\delta-\sum_{i=1}^{24}\sigma_i$ 行 0 被加入矩阵中，表示虚构的人来完成任务。因为最初的模型的目标是求解 z 的最大值，所以这里加入大整数 M 来将最小化问题转换。

基于新的效用矩阵 $\boldsymbol{H}$，相应的新的优化模型应如下公式：

$$
\min z=\sum_i\sum_j h_{ij}x_{ij}
$$

$$
\begin{cases}
\sum_i x_{ij}=1, j=1,2,\cdots,\delta \\
\sum_j x_{ij}=1, i=1,2,\cdots,\delta \\
x_{ij}=0 \text{ 或 } 1
\end{cases} \tag{22-15}
$$

至此，优化模型建立完成，问题均衡，可以使用匈牙利法求解，求解结果即为指派方案。

22.5 本章小结

针对第21章基于多因素融合的推荐模型中未融入用户在线情况的不足，引入了基于指派模型的推荐优化模型。由于在线情况无法直接获取和测量，所以通过分析用户的发帖时间规律来估算用户在各个时段的在线概率值，建立效用矩阵，最后抽象成指派模型并求解优化问题。

参 考 文 献

[1] Xiang Wang, Ruhua Chen, Yan Jia, Bin Zhou. Short Text Classification using Wikipedia Concept based Document Representation [C]. International Conference on Information Technology and Applications (ITA2013), 2013.

[2] Blei D M, Ng A Y, Jordan M I. Latent dirichlet allocation [J]. Journal of Machine Learning Research, 2003, 3 (1): 993 – 1022.

[3] 丁兆云. 面向微博舆情的影响力分析关键技术研究 [D]. 长沙: 国防科技大学, 2013.

[4] Ding Z Y, Jia Y, Zhou B, et al. Mining topical influencers based on the multi – relational network in micro – blogging sites [J]. China Communications, 2013, 10 (1): 93 – 104.

[5] Jia Yan, Quan Yong, Han Weihong, et al. Individual Analysis Model and Related Research in Social Networks [C]. IEEE 4th International Conference on Cloud and Big Data Computing, 2018: 1837 – 1843.

[6] 全拥. 面向社交网络的影响力分析关键技术研究 [D]. 长沙: 国防科技大学, 2018.

[7] 韩云炙. 网络空间关键资产识别方法研究 [D]. 长沙: 国防科技大学, 2018.

[8] 程佳军. 基于深度学习的对象级文本情感分析方法研究 [D]. 长沙: 国防科技大学, 2019.

[9] Jiajun Cheng, Pei Li, Zhaoyun Ding, Sheng Zhang, Hui Wang. Sentiment Classification of Chinese Microblogging Texts with Global RNN [C]. Proceeding of IEEE First International Conference on Data Science in Cyberspace, 2016: 653 – 657.

[10] Jiajun Cheng, Shenglin Zhao, Jiani Zhang, Irwin King, Xin Zhang, Hui Wang. Aspect – level sentiment classification with HEAT (HiErarchical ATtention) network [C]. Proceedings of the 26th ACM International Conference on Information and Knowledge Management (CIKM), 2017: 97 – 106.

[11] 叶栋. 基于深度神经网络的军事机器阅读理解技术研究 [D]. 长沙: 国防科技大学, 2018.

[12] Ye D, Zhang S, Wang H, et al. Multi – level Composite Neural Networks for Medical Question Answer Matching [C]. IEEE Third International Conference on Data

Science in Cyberspace. IEEE Computer Society, 2018: 139 – 145.

[13] Quan Yong, Jia Yan, Zhou Bin, Han Weihong, Li Shudong. Repost Prediction Incorporating Time – sensitive Mutual Influence in Social Networks [J]. Journal of Computational Science, 2018 (28): 217 – 227.

[14] Deng Lu, Liu Qiang, Xu Jing, Huang Jiuming, Zhou Bin, Jia Yan. Predicting Popularity of Topic Based on Similarity Relation and Co – occurrence Relation [C]. International Conference on Intelligent and Interactive Systems and Applications (IISA 2017), 2017: 163 – 170.

[15] Herlocker J L, et al. Evaluating collaborative filtering recommender systems [J]. ACM Transactions on Information Systems (TOIS), 2004, 22 (1): 5 – 53.

[16] 郭亮. 面向 Twitter 的个性化信息推荐技术研究 [D]. 长沙：国防科技大学，2015.

[17] Liang Guo, Zhaoyun Ding, Sheng Zhang, et al. Collaborative model for predicting retweeting behaviors on Twitter [J]. Web Technologies and Applications (APWeb2015 Workshops), 2015 (9).

[18] 李越洋. 多因素融合的 Twitter 中@用户推荐技术研究 [D]. 长沙：国防科技大学，2016.

[19] Yueyang Li, Zhaoyun Ding, Xin Zhang. Confirmatory Analysis on Influencing Factors When Mention Users in Twitter [C]. The 18th Asia Pacific Web Conference, Sept 20 – 23, 2016, Suzhou, China, 2016 (9865): 112 – 121.

[20] Zhaoyun Ding, Xueqing Zou, Yueyang Li, et al. Mentioning the Optimal Users in the Appropriate Time on Twitter [C]. The 18th Asia Pacific Web Conference, Sept 20 – 23, 2016, Suzhou, China, 2016 (9932): 464 – 468.